Diesen Capital Hirsch von ungeraden 14 Enden, hat H. Rud. Grf. v. Lamberg
auf seiner Herrschaft Csákberény, Csákbereuner Revier. im Csonkabük, im
Cseresnyés Völgy, zur Brunst Zeit selbst geschossen. Am 22ten Sept 1830.
Gewicht. aufgebrochen 385 ℔ Umfang der Stangen ober den Augen-Enden $10\frac{3}{4}$
der der Rosen $11\frac{1}{2}$ Zoll.

PHILIPP MERAN

# SPÄTSOMMERABEND

Stocker

PHILIPP MERAN

# SPÄTSOMMER-ABEND

EIN JÄGER BLICKT ZURÜCK

LEOPOLD STOCKER VERLAG
Graz – Stuttgart

Umschlagkonzeption: Atelier Geyer, Graz
Umschlagausführung: Reproteam, Graz
Titelbild: Philipp Meran

Die Deutsche Bibliothek – CIP-Einheitsaufnahme

**Meran, Philipp**:
Spätsommerabend / Philipp Graf Meran. – Graz ; Stuttgart : Stocker, 1999
ISBN 3-7020-0856-X

ISBN 3-7020-0856-X

Printed in Austria
Textverarbeitung: Klaudia Aschbacher, Gratkorn
Lithographie: Reproteam, Graz
Druck: Druckerei Theiss GmbH, A-9400 Wolfsberg

*Gewidmet*

*dem Andenken meiner lieben verstorbenen Freunde:*

| | |
|---|---|
| *Marie Gräfin Goëss-Saurau* | *(gest. am 23. Mai 1996)* |
| *Herzog Albrecht von Bayern* | *(gest. am 8. Juli 1996)* |
| *Otto Graf Abensperg-Traun* | *(gest. am 29. August 1997)* |
| *László Graf Szápáry* | *(gest. am 22. Juli 1998)* |

*Sie haben in ihrem Leben für die Natur, die Kultur und das Waidwerk unendlich viel geleistet und Bleibendes geschaffen.*

*Für alle, die sie kannten und ihre Gastfreundschaft genossen haben, werden sie als Vorbilder unvergessen bleiben.*

# *Inhaltsverzeichnis*

# *Vorwort*

Das Leben ist wie ein Würfelspiel. Die Würfel sind wir Menschen. Gott und das Schicksal schütteln uns gehörig durch, und am Ende zeigt sich, wie viel wir wert sind. Im Würfelspiel gibt es keine Null. Im Leben auch nicht, denn jeder Mensch hat eine unsterbliche Seele. Das Würfelspiel wird mehrmals wiederholt. Man kann beim ersten Mal nur eine „Eins“ erzielen und am Ende der Partie trotzdem gewinnen. Unser freier Wille gibt uns diese Chance.

Dennoch spielen Schicksal und anscheinende Zufälligkeiten eine Rolle, wie im Würfelspiel. Wir können gewinnen oder verlieren. Unser Leben ist die Bühne, auf der wir durch unsere Taten zeigen, wie viel wir letztlich wert sind. Denn vor Gott, dem Lenker des Universums, sind alle Menschen gleich. Alle müssen wir die Bühne verlassen, mitnehmen können wir nichts, nur das Bündel, in dem unsere Taten sich befinden; die guten und die schlechten.

Einen bescheidenen Ratschlag hätte ich trotzdem: Bleiben wir uns immer und ausnahmslos treu. Kümmern wir uns nicht um Eintagsfliegen wie Trends, Mode und variable Weltanschauungen, die gerade „in“ sind. Aus dem Blickwinkel der Ewigkeit ist der jeweilige Zeitgeist weniger als der Atemzug eines Insektes.

Die Generationen des ausgehenden 20. Jahrhunderts durchlebten mehr Änderungen als die vorangegangenen. Nur die Starken, die in Bescheidenheit Selbstsicheren und die echt Gläubigen konnten mit Gottes Hilfe und Glück unverändert bestehen. In unserer jüngsten Geschichte haben gerade wir Österreicher so Unvorstellbares erlebt, dass wir hoffentlich einst einen milden Richter finden werden. Zwei Kriege, zwei Niederlagen, zweimalige Besetzung des kleinen Österreich, totale Verarmung, Flucht, Enttäuschungen und unverdiente Anschuldigungen haben unsere Generationen nicht gehindert, den Wiederaufbau und einen langen Frieden zu sichern. Doch neuerdings – im Zeitalter des Computers und der hemmungslosen Konsumgesellschaft – erleben wir plötzlich, wie versucht wird, alle unsere Werte, Ideale, Traditionen zu zerstören. Das nimmt dem ohnehin verunsicherten Menschen seinen letzten Halt.

Und die, die ihm helfen und beistehen sollten, versagen kläglich, bieten – mit wenigen Ausnahmen – ein in die Irre führendes Beispiel. Wohin alles das führt, das können wir nur ahnen. Nur der allmächtige Gott kann uns vor großem Unheil bewahren. In Ihn setzen wir all unsere Hoffnungen.

*Graz, im Sommer 1999* *Philipp Meran*

# *Mein zweiter Rehbock*

## 29. Juli 1941

Im Csákberényer Schloss stand am südlichen Ende des Ganges der Gewehrkasten. Eigentlich eine große gläserne Vitrine, aus Kirschenholz gefertigt und mit grünem Filz austapeziert. Der Schrank war immer zugesperrt, und den Schlüssel verwahrte Ferenc, unser alter Diener, Vaters enger Vertrauter. Durch die Glastüren des Gewehrkastens konnte man aber die darin befindlichen Waffen genau sehen. Da war das Hahnen-Sechzehner-Schrotgewehr, Fabrikat Steyr, das mein Großvater mütterlicherseits, alljährlicher Gast bei den Winterjagden, hier aufbewahrte. Dann stand hier jenes älteste Schrotgewehr, das Ferenc selbst – selten zwar, aber bisweilen doch – zu gebrauchen pflegte; eine Lefaucheux Damastflinte Kaliber 14 mit 80 cm langen Läufen. Dann waren hier die beiden Springer-Flinten meines Vaters, die 1896 gebaut wurden, sein alter Kirner-Kipplauf-Stutzen 8 x 57 R mit Hahn und einem Abzugsschutzbügel mit Rasten für vier Finger. Weiters ein Kleinkalibergewehr 9 mm Flaubert mit Achtkantlauf und Hahn mit drei Rasten, schließlich ein alter Expressstutzen Kal. 11 mm mit kleinem Fernrohr und Diopter. Später wurde hier unser 28er Schrotgewehr aufbewahrt.

Großvaters zwei Purdeys Kal. 12, seine drei Springer Kal. 20 sowie zwei Mannlicher-Schönauer-Stutzen Kal. 6,5 x 54 waren in einem eigenen Kasten in seinem Wohnzimmer eingesperrt, zu dem sein Leibjäger Emil Holubár bis zu seinem Tode im Jahr 1940 den Schlüssel persönlich hütete.

Die Schrotpatronen wurden in einem eigenen Kasten im Souterrain aufbewahrt. Vor den Niederwildjagden standen die Pyramiden der etwa tausend schwarzen Hubertus-Schrotpatronen in blaugelben 25er Schachteln am Gang, denn die Gäste bekamen ihre Patronen vom Hausherrn gratis zur Verfügung gestellt. Gute alte Zeit, als dies nicht nur möglich, sondern absolut selbstverständlich war.

Der Gewehrkasten am Gangende und die im Herbst aufgestellten blaugelben Schachtelpyramiden lagen wenige Schritte von unserem Lernzimmer entfernt, und so haben sich der Anblick des Kastens samt Inhalt und die Patronenschachteln schon sehr früh in mein Gedächtnis eingeprägt.

Das 11 mm Express-Kugelgewehr wurde meistens von Gästen verwendet, die ohne Waffe angereist waren, so z.B. von meinem Großvater Karl Eltz oder dem Schwager des anderen Großvaters, General Johann-Nepomuk Radey.

Im Jahre 1937 begleitete ich Großvater regelmäßig auf die damals übliche Wagenpirsch, vornehmlich nach Zámoly. Ich war sehr stolz darauf, dass er in diesem Jahr mit sieben Schüssen in 12 Tagen sechs Rehböcke erlegte. Die Büchse schoss ausgezeichnet, hatte den Öffnungsbügel unten, da an der Stelle, wo sonst bei Kipplaufgewehren die Öffnungsvorrichtung ist, ein Diopter montiert war, das man auf- und abklappen konnte.

Von meinem ersten Bock, den ich am 8. Juli 1941 mit Jäger Csákány am Bükkfakút erlegt habe und dessen Spießertrophäe ich gerettet habe, berichtete ich bereits an anderer Stelle.*

Nun möchte ich von meinem zweiten Rehbock berichten. Es war im selben Jahr, in der Rehbrunft, und zwar am 29. Juli 1941.

Vater hatte mir erstmals in meinem Leben erlaubt, im Revier Gánt, unweit der Horogvölgy, selbst zu blatten und einen Rehbock zu schießen. Er gab mir persönlich den alten Expressstutzen in die Hand und eine angebrochene Schachtel Patronen, in der sich noch vier Stück befanden. Das erste Mal allein auf einen Rehbock zu gehen, das war ein großes Ereignis, und so habe ich diesen Tag auch niemals vergessen. Die Großeltern durften in diesem Jahr nicht nach Ungarn ausreisen und daher waren die im Abschussplan sonst für Großvater reservierten Rehböcke für uns zum Abschuss freigegeben.

Es war ein herrlicher Sommertag wie die vorherigen Tage auch. Vormittag spielten wir Tennis, zu Mittag war Onkel Miki Szécsen gekommen, nach dem Essen hörten wir eine Sondermeldung im Radio, die von deutschen Siegen in der Sowjetunion berichtete. Onkel Miki war traurig und tief erschüttert, denn auch Ungarn war in den Krieg gegen Russland eingetreten, von dem er schon damals prophezeite, dass er mit einer Niederlage enden würde. Diese Sachen hörte ich nur am Rande. Ich war noch keine fünfzehn Jahre alt und hatte wirklich andere Interessen. In diesem Jahr war ich in Pécs Klassenerster der IV. B Klasse im Pius-

* Siehe: „Die Zeit wirft keine Schatten", Seite 23–29.

Kolleg geworden, und der Nuntius des Heiligen Stuhls, Erzbischof Angelo Rotta, hatte mir die Goldmedaille mit dem Bildnis von Pius X. an die Brust geheftet. Außerdem bekam ich noch je eine Silbermedaille als Klassenerster in Geschichte und Mathematik. Diese Auszeichnungen besitze ich noch heute.

Schon um 16 Uhr 30 machte ich mich auf den Weg. Es war schwer, die Hunde daran zu hindern, mir zu folgen. Ich ging über den Gemüse- und Obstgarten und verließ diesen durch die kleine Türe unweit des damaligen Trampler-Hauses. Die Hutweide war nicht mehr grün. Die Farbe des von den Schafen kurz gefressenen Grases spielte bereits ins Lichtbraune. Am Fußballplatz trainierte die Mannschaft für das sonntägliche Spiel gegen Csákvár, weit im Süden ratterte und dampfte die Bauxit-Bahn gegen Bodajk. Seit einem Jahr verdreifachten sich die täglich von Gánt zur Bodajker Bahnstation fahrenden, mit gelbroter Bauxiterde beladenen Züge. Es war Krieg, und Deutschland brauchte Aluminium für den Flugzeugbau.

Die Nyáriállás durchquerte ich langsam und vorsichtig. Hier war das Blattgebiet meines Vaters, der meistens vormittags hier zu blatten pflegte. Heuer aber hatte die Rehbrunft erst begonnen. Der herbe Duft des sommerlich-trockenen Eichenwaldes umfing mich. Da und dort huschten grüne Eidechsen in die Büsche, sobald ich sie bei ihrem Sonnenbad störte. Vor der Senke zur Horogvölgy, schon in Sichtweite des Flohhauses, am unteren Ende der Halomvölgy, blieb ich stehen und überlegte.

Ich stand unter jener angeblich 200-jährigen Eiche, auf deren Rinde immer Hirschkäfer zu sehen waren. Und richtig, unbeweglich, den Kopf bergauf haltend, hing ein kapitales Hirschkäfer-Männchen in Reichweite. Hätte ich meine kleine Box-Kamera mitgehabt, wäre da ein schönes Bild entstanden. Der Riesenkäfer flüchtete nämlich nicht, wahrscheinlich schlief er, denn umherfliegen sah ich diese schönen Insekten immer nur am Abend und des Morgens.

Da schon tagelang ein beständiger Südwind herrschte, wollte ich gleich hier im Hegwald zu blatten anfangen und dann gegen Süden bis zur Waldgrenze pirschen. Dort wo der Waldweg von der Horogvölgy in das Gánter Revier eindrang, auf dem Plateau, suchte ich mir den ersten Platz aus. Von Vater hatte ich gelernt, dass beim Blatten das Wichtigste der gute Ausschuss sei. Ich nahm aber die Tatsache nicht wahr, dass hier weit und breit kein Einstand war. Trotzdem versuchte ich es im düsteren, vom Sonnenlicht fast völlig abgeschirmten Eichenwald.

Wie wir es damals hielten, setzte ich mich, den Rücken an einen dicken Baum gelehnt, und nach fünf Minuten Wartezeit fing ich – ähnlich wie Vater es tat – zaghaft und in größeren Pausen – zu blatten an. Außer einem jungen Habicht, der auf den Ruf zustand, sah ich hier nichts. Nun ging ich wieder zurück in die Horogvölgy, denn auf deren Wiese konnte ich viel lautloser pirschen als im trockenen und von dürren Ästen wimmelnden Hochwald. Nach etwa 250 Metern, aber noch vor der Gánter Allee pirschte ich wieder in den Wald und suchte mir ein geeignetes Plätzchen zum Blatten. Da der Anmarschweg lang war und ich mir reichlich Zeit gelassen hatte, war es jetzt, wie meine Junghans-Uhr anzeigte, dreiviertel sieben. Die Gánter Allee war etwa 80 Schritt südlich von mir. Bis zu ihr reichte der Hegwald, weiter unten war eine sehr große Dickung. Hier erwartete ich mir etwas.

Aber der 29. Juli ist erst der Anfang, lange nicht der Höhepunkt der Brunft. Auch hier war mein Blatten erfolglos. Nun versuchte ich es unter der Gánter Allee, die eigentlich ein öffentlicher Weg, die kürzeste Verbindung von Csákberény nach Gánt war.

Nun, das war kein klassischer Blattplatz. Ich fand hier einen alten Bodenstand, eigentlich einen Korbschirm, der zur Zeit aufgestellt wurde, als diese Dickung noch ein Kahlschlag war. Hinter ihm fand ich Deckung, konnte aber nicht sitzen, weil keine Bank in dem alten Schirm war. Ich richtete mich halbwegs ein, machte dabei ein wenig Lärm wegen gebrochener trockener Äste, als plötzlich unmittelbar vor mir ein Blasen und Brechen entstand, das ich im allerersten Moment nicht deuten konnte. Dann sah ich plötzlich drei Sauen ganz nahe vor mir verhoffen. Es waren ein großes und zwei mittlere Stücke. Eines der schwächeren deckte das große fast vollständig. Ich war noch unerfahren, konnte mich nicht zu einem Schuss entschließen, versäumte die mir gebotene kurze Zeit und mit einem Rumpler und weiterem Blasen war der Spuk vorbei. Ich hatte drei Sauen auf 25 Schritt vor mir gehabt und war nicht im Stand zu schießen! Die Dickung hatte sie verschlungen, und ich hörte noch lange ihr Brechen.

Da nun in der Richtung ihrer Flucht Rehe zu schrecken anfingen, verzichtete ich auf das Blatten und ging nun geradewegs zum Ujrét-Schlag, um es ein letztes Mal mit dem Blatten zu versuchen.

Die untergehende Sonne sandte schon zum Abschied ihre letzten Strahlen in den Wald, der den Schlag säumte, die Schatten wurden größer, und die Baumkronen erstrahlten im roten Licht. Im Hochwald war das Blatten nicht mehr zu empfehlen, denn dort wurden die Schatten langsam, aber unwiederbringlich zur Dunkelheit.

Am Rande des Ujrét-Schlages stellte ich mich auf einen alten, aber stabilen Baumstamm, der mit trockenem Moos bewachsen war, nahm einen unterwegs organisierten provisorischen Stock zum Zielen in die Hand, wartete drei Minuten und fing zu blatten an. Kaum hatte ich begonnen, raschelte es vor mir, und es erschienen zu meiner größten Aufregung zwei Rehe und verhofften nicht weiter als 20 Meter am Rande einer kleinen Lichtung, aber zum Großteil verdeckt. Unerfahren wie ich war, blattete ich weiter, was man natürlich unterlassen sollte, wenn das angesprungene Wild schon so nahe ist. Hier aber handelte es sich um treibende Rehe und die Gais schien auf den „Kitzruf" gesprungen zu sein, den treibenden Bock mit sich nehmend.

Nun nähern sich die beiden Rehe, und plötzlich sehe ich das Haupt und den Vorschlag des Bockes auf 15 Schritt vor mir. Weißes Haupt, starke, geperlte Stangen, kurze Enden, ein schussbarer Bock. Ich spanne lautlos den Hahn, steche und das Fadenkreuz bleibt am Stich stehen. Da die Entfernung so kurz ist, schadet mir – Gott sei Dank – mein allmählich einsetzendes Jagdfieber nicht mehr.

Der Schuss bricht. Der Rückstoß hätte mich fast vom Baumstamm geworfen, die Gais flüchtet, und zu meiner unendlichen, unbeschreiblichen Freude ist der Bock leblos in sich zusammengesunken. Der erste Rehbock, den ich allein erpirscht, ohne Hilfe selber erblattet habe. Ich gehe die paar Schritte zu ihm und nehme meinen kleinen schwarzen Hut herunter.

Da liegt er nun, der alte Recke mit dem starken, knuffigen Gehörn, den Einschuss der großkalibrigen Bleikugel mitten am Stich. Ich weiß nicht, ob die Freude oder mein nachwirkendes Jagdfieber größer ist. Am Ende aber obsiegt, ja vergrößert sich die Freude. Der Bock ist im Wildpret stark, zum Heimtragen (die fünf Kilometer) doch etwas zu schwer für einen Vierzehneinhalbjährigen. Ich breche ihn auf, wie ich es von Heger Müller gelernt habe, und will ihn gerade zum nahen Hochwald ziehen, wo ich ihn an einem Ast festmachen will, als auf der Gánter Allee Pferdegetrappel und Quietschen eines Bauernwagens ertönt. Schnell renne ich dorthin, denn der Wagen geht in Richtung Csákberény. Ich habe – wie in der Jugend so oft – unverschämtes Glück. Es ist der Bauer Szabó, unser Nachbar, der da mit Frau und Kind mit bepacktem Leiterwagen von Gánt her kommt. Schnell haben wir den Bock aufgeladen. Ich werde neben ihn auf einen prallen Sack gesetzt, und ab geht die Fahrt nach Csákberény, über die Hutweide, den Kórintus zum Haus des Nachbarn.

Ich bitte ihn zur Schlosseinfahrt vorzufahren, damit ich den Bock dort strecken kann, wo jeder bei uns erlegte Rehbock gestreckt wird. Vor dem Fenster der Bibliothek, die jetzt unser Salon ist, wird der Bock gestreckt. Er wiegt aufgebrochen 21,5 Kilogramm und das Gehörn mit der bei uns kleinen Hirnschale laut Jagdbuch 305 Gramm. Die ersten Gratulanten sind die beiden Hunde, Pajtás und Lumpi. Dann kommt nacheinander die ganze Familie heraus. Vater gratuliert mir zum guten alten Bock, den er nicht kannte und der ihm auch nicht gemeldet wurde.

Beim Auskochen, Zurechtschneiden, -sägen und -feilen bin ich dabei. Aber das macht Ferenc mit Können und Routine, ich darf nur zusehen. In jenem Jahr war mein Bock einer der drei besten im Csákberényer Wald erlegten Böcke. Nur Vater schoss im Zámoly einen Kapitalen mit 400 Gramm. Leider ist dieses Gehörn im Krieg verloren gegangen. Ich hatte es nur drei Jahre lang in meinem Zimmer auf einem Ehrenplatz hängen. In meiner Erinnerung aber ist dieser Ehrenplatz, so lange ich lebe, gesichert.

Nachbar Szabó wird mit Sohn auf einen Imbiss eingeladen, und Ferenc erhält den Auftrag, ihm eine fünf Liter fassende Korbflasche Csókaer Wein mitzugeben. Sein inzwischen ebenfalls alt gewordener Sohn erinnerte sich an diese Episode noch 50 Jahre später. Von allen Beteiligten ist nur der alte Wald erhalten geblieben. Der Schlag vom Ujrét aber ist heute ein stattlicher Hochwald.

# *Erdzieselansitz in Csákberény*

## 1937 und 1943

Die Erinnerung ist eine Festung, aus der uns niemand vertreiben kann; weder Geschichtsfälscher noch die Vergesslichkeit mancher Menschen. Tagebuchschreiber und passionierte Fotografen stützen ihre Erinnerung mit Belegen und Beweisen. Sie haben es daher leichter, von Zeiten zu erzählen, die die meisten ihrer Mitmenschen schon längst vergessen haben. So verhält es sich auch mit mir. Das alte Csákberény mit dem Schloss und Park in seiner Mitte, die schmucken, reinen und gut gepflegten Dorfhäuser, die gut gelaunten Menschen und die vielen gepflegten Gärten leben unauslöschlich in meiner Erinnerung durch meine Tagebücher, Fotoalben und sonstigen Aufzeichnungen. Die jetzigen jämmerlichen Reste des zuerst im Krieg und dann in 40 Jahren Kommunismus völlig heruntergekommenen ehemaligen „Herzeig-Dorfes“ der ganzen Umgebung sind in keiner Weise mit dem alten Dorf zu vergleichen. Trotz technischer Neuerungen

*Aus der Fotosammlung des Autors „Der Jahreszyklus“*

und Modernisierungen in der Wohnkultur ist die tiefe Kluft nicht zu übersehen. Bis zum Anfang der Vierzigerjahre des 20. Jahrhunderts gab es dort noch lange kein Fernsehen und nur wenige Badewannen, aber im Grunde viel wesentlichere Dinge. Das Volk war gläubig, ausgeglichen, zufrieden, wissbegierig, belesen und optimistisch.

Man hatte zwar kein „Volkshaus der Kultur" wie heute, dafür aber viel mehr Kultur, die in der Tradition gewachsen war. Das ganze Jahr hindurch fanden Theateraufführungen statt – ich habe selbst in etlichen mitgewirkt – es gab Musikkapellen, mindestens drei Chöre, Lesezirkeln und sogar einen Verein für Amateurforscher. Für öffentliche Aufführungen standen vier große Säle zur Verfügung, heute nur das als Schank und Caféhaus benützte „Kulturhaus". Eine große Rolle in der Bildung spielten die beiden Seelsorger, natürlich mein Vater und die damaligen Abgeordneten Czermann, Hunyady und Grieger, die sich bei der Förderung vieler Talente einsetzten. Die Pfarrer hatten es damals auch leichter, denn sie waren wohlhabend und gut bezahlt. Csákberény war damals voller Jugend. Ich selbst kannte sechs Familien, die mehr als acht Kinder hatten.

Die Bevölkerungszahl um 1930 betrug 2.000 Seelen, 1998 sind es knappe 1.400. Heute sieht man eine Überzahl ärmlicher, verbitterter älterer Leute. Die Lebenserwartung ist drastisch gesunken, die Selbstmordrate gestiegen. Doch auch die Infrastruktur war früher besser, bzw. ist gleich geblieben. Die Asphaltstraßen wurden erst lange nach dem Krieg angelegt und berührten das Dorf nur am Rande. Im Dorf selber wurde nichts asphaltiert. Dafür waren die Schotterstraßen in einen ausgezeichneten Zustand, doch sind sie seither völlig verkommen, vor allem aber für die trotz Armut angeschafften Personenautos unbrauchbar. Das zeigt sich ins Auge springend bei etlichen Verbindungsstraßen zwischen den Nachbardörfern, die heute nicht asphaltiert sind, wie zum Beispiel die Straßenverbindung zur westlichen Nachbargemeinde Csókakö; zu meiner Zeit eine ganz normale Landstraße, heute zu einem Feldweg degeneriert, der bei längerem Regenwetter für Pkws unbefahrbar ist. Früher konnte man auf dieser Landstraße sowohl mit dem Auto als auch mit dem Viererzug fahren, sie war wie alle anderen Überlandstraßen.

Unsere vier Weingärten hatten gut erhaltene, gepflegte und schön eingerichtete Winzerhäuser, und in den tiefen und großen Kellern lagerten Holzfässer, die teilweise aus dem 18. Jahrhundert stammten. Ebenso museumsreif waren die aus Holz gefertigten alten Weinpressen. Sie sind teils verheizt worden, teils stellte man sie zur Dekoration ins Freie. Sämtliche Winzerhäuser wurden abgetragen, obgleich sie älter waren als unser Schloss. Nun ja – hier tobte drei Monate die Front hin und her. Vom Alten, bestens Bewährten hat man nichts übrig gelassen, außer den beiden Kirchen, die man sogar renoviert hat.

Csákberény hatte bis zirka 1950 eine Dampfmühle, die wie ein überlauter Traktor die ganze Zeit ratterte und vier Ortschaften mit Mehl versorgte. Sie existiert nicht mehr.

An Stelle der zahlreichen Blumengärten und auch vieler Gemüsegärten wächst heute meterhohes Unkraut. Wilde Mülldeponien sind überall, aber besonders an den schönsten, malerischsten Stellen. Es ist keine Erfindung meinerseits, keine Nostalgie, wenn ich sage: In Csákberény ist nichts besser, sondern alles schlechter geworden – in den 40 kommunistischen Jahren.

Es war im Frühsommer des Jahres 1937. Feri und ich waren damals Privatschüler und hatten einen etwa 40-jährigen Gymnasiallehrer, János Mészáros, einen netten Menschen. Ich war damals zehn Jahre alt und jagte schon, und wenn ich schlimm war, wurde mir als Strafe die Waffe für gewisse Zeit entzogen.

Heute gingen wir in der Früh mit Mészáros auf die Erdzieseljagd. Auch auf den Lehrer hatten wir die Jagdpassion „übertragen". Unser Ziel war die legendäre Hutweide. Das Erdziesel ist ein dem Murmeltier sehr ähnlicher Nager, jedoch kleiner als der Hamster. Es lebt in Erdhöhlen, in Löchern eigentlich, die meistens senkrecht in die Tiefe gehen. Die Erdziesel waren damals sehr häufig und wurden wegen ihres großen Schadens, den sie an Getreidefeldern anrichteten, auch von den Bauern stark verfolgt. Die „Jagdmethode" der Bauern war eine sehr unwaidmännische: das Ziesel-Ausschütten (ungarisch: ürgeöntés). Aber diese Landleute waren ja damals zum Großteil keine Jäger und mit der Jagd höchstens als Treiber oder Wilderer in Berührung gekommen. Die geschickten und sehr emsigen Bauernjungen gossen so lange Wasser in die Wohnröhren der Ziesel, bis diese, um nicht zu ertrinken, durch den einzigen Ein- und Ausgang flüchten, wo sie geschickt am Hals gepackt und erschlagen werden konnten. Das taten die unbewaffneten Bauernbuben, denn die Ziesel lebten vom Getreide und richteten aufgrund ihrer sehr großen Zahl enormen Schaden an.

Die Gemeinde zahlte übrigens pro Zieselschwanz 10 Fillér, was eine zusätzliche Einnahmequelle der Jugend war. Von einem wird erzählt, dass er die Schwänze ablieferte, das Geld kassierte und dann beobachtete, wohin der Gemeindediener und Trommler (kisbiró genannt) die „entwerteten" und bezahlten

Zieselschwänze warf. Das war meistens der Misthaufen im Garten des Notars (Jegyző). Nun ging der kleine Gauner dorthin, sammelte die Schwänze ein und kassierte wieder und wieder, bis man ihm wegen des „haut gout", dem Verwesungsgestank, auf die Schliche kam. 10 Fillér war viel Geld. Eine Sonntagszeitung kostete so viel oder eine Fahrt mit der Straßenbahn in Budapest. Für einen Pengő, das sind 10 x 10 Fillér, konnte man ein Menü von drei Gängen bekommen.

Von da an ging der Gemeindediener daran, die „bezahlten" Zieselschwänze mit roter Farbe zu kennzeichnen, und fürderhin sollen derartige „Geschäfte" nicht mehr vorgekommen sein.

Wir aber wollten unsere Ziesel am Ansitz durch einen waidgerechten Kugelschuss erlegen und kannten genau die Plätze, wo viele Baue waren. Da war einmal die Gegend südlich von Csákberény, auf der Csákvárer Straße, wo die karstigen Hügel für unsere Gegend so charakteristisch sind. Dort waren die meisten Ziesel, denn hier waren sie den Feldern am nächsten. Auch heute sind in dieser Gegend noch Ziesel zu sehen, doch da hier keine Schafe mehr grasen, die das Gras klein halten, ist es für Ziesel keine optimale Gegend mehr. Die letzten Ziesel in größerer Zahl sah ich bei Hajmáskér an der 8. Staatsstraße Graz–Budapest, wo früher ein Übungsgelände der Russen war, heute die ungarische Armee Manöver abhält.

Wir spazierten gemütlich durch den Obstgarten hinauf zur Hutweide. Diese war seinerzeit das Weidegelände für unsere Schafherden, auch der Fußballplatz befand sich hier und existiert – wie alles Schöne in Csákberény – heute natürlich nicht mehr. Man hatte nämlich die Schnapsidee gehabt, dieses Gelände mit Föhren zu bepflanzen. In der unbeschreiblich steinigen Trockenheit des Terrains ist ein Großteil dieser Föhren verkommen, das Wild mag diesen Wald nicht, der ganze Liebreiz der ehemaligen Hutweide ist vernichtet worden. Die ehemalige Hutweide erstreckte sich vom Rand des mit einer hohen Mauer eingezäunten Obstgartens bis zum Waldrand, reichte mit Ausläufern im Norden bis zum Kirchenberg (Szentegyházi hegy) und im Süden bis zu den schon erwähnten karstigen Hügeln. Sie war mit einer Reihe verschiedener Dornenbüsche bedeckt, ein Charakteristikum ungarischer Weiden. Da gab es Brombeeren, wilde Rosen, Weißhagedorn- und Schlehdornbüsche, sehr bevorzugt von unserem nach dem Spatzen häufigsten Wild der damaligen Kinderzeit, dem Dorndreher, Grau- und Raubwürger.

Unweit des Obstgartens Csicsali und Rigó war der ehemalige Tennisplatz des örtlichen Sportvereines; kein Sandplatz, sondern ein gewalzter Lehmplatz, wie er auch in Brandhof und zu jener Zeit überall noch üblich war. Wir wählten unsere Plätze auf dem Plateau ober dem unteren Auslauf der Köves-Völgy (Steiniges Tal) am Fuße des Strázsahegy (Wachtberg) und setzten uns in guter Deckung an, etwa 60 bis 80 Meter voneinander entfernt. Der Lehrer war oder schien uns am gierigsten zu sein. Ich war auf der rechten Seite, in der Mitte – zwecks Aufsicht – der Lehrer, schließlich auf der linken Seite Bruder Feri. Mein Bruder führte den Walther-Tesching, damals noch ohne Fernrohr, ich hatte ein Scheibengewehr der örtlichen Levente-Jugend ausgeborgt, das sehr gut schoss, und unserem Erzieher blieb das älteste Flaubert, mit dem ich mein erstes Stück Wild, einen Spatzen, geschossen hatte. Vor mir waren vier gut bekannte und befahrene Zieselbaue. Hier hatte ich einmal mit meinem Vater, unbewaffnet spazierend, beobachtet, wie einer der in unserem Wald nistenden Kaiseradler ein Erdziesel schlug. Damals entdeckten wir, dass die Ziesel die Hauptnahrung unserer Adler waren.

Ich lud mein Gewehr und blieb in guter Deckung unbeweglich sitzen. Sehr bald zeigte sich der Kopf eines Nagers. Da musste man am ruhigsten sein. Schießen durfte man erst, wenn das Ziesel aus dem Bau herauskam und von dessen Eingang wegging. Da wir damals schon von den höchsten Pappeln die ganz oben sitzenden Spatzen herunterholten, war der Schuss auf ein Ziesel mit dieser „Levente-Puska“ auf etwa 40 Schritt nicht schwer. Als es herauskam und nach links hoppelte, sogar „Männchen“ machte, schoss ich, und das Ziesel legte sich auf die Seite.

Bald knallte es bei Feri und auch beim tanár ur, bis eine Pause eintrat. Im Falle, dass einer der Nachbarn gerade schoss, wenn bei einem das Erdziesel aus dem Loch spähte, dann war es sofort wieder unten. Es dauerte nach einer solchen Störung eine Viertelstunde, bis es wieder den Kopf heraussteckte. Hinter uns, in den hohen Bäumen des Csicsali, gurrten die Turteltauben – dann und wann strich die eine oder andere im Balzflug über uns. Auf Anweisung des Vaters durften wir sie jedoch in der Brutzeit nicht erlegen. Plötzlich war vor mir ein kleines Tier in Zieselgröße, das ich noch nie gesehen hatte. Ein kleines Wiesel war aus einem der Baue gekommen und zeigte für einen Moment seine weiße Weste.

Eine unbeschreibliche Aufregung bemächtigte sich meiner. Ich, der so besonnen und ruhig auf Spatzen, Würger und Ziesel schoss, wackelte nun ganz gehörig, verriss den Schuss und verpatzte mein erstes Wiesel schändlich. Weg war es. Dabei sah ich es unmittelbar nach dem Schuss noch einmal, als es neugierig, wie Wiesel nun mal sind, was ich damals nicht wusste, mich noch einmal beäugte. Ich hatte aber in meiner Aufregung noch nicht nachgeladen.

Da wir pünktlich zum Essen zu Hause sein mussten, wusste ich, dass uns nur noch eine knappe Stunde blieb. Ich schoss noch zwei Ziesel, der neben mir lauernde tanár ur insgesamt zwei, Feri fünf. Ganz zum Schluss kam ein Raubwürger und setzte sich ganz nahe auf einen Busch. Da vor uns der Wald war, der Winkel günstig schien und keine Gefahr bestand, dass die Kugel irgend jemand gefährden könnte, schoss ich und der schöne große Raubwürger kam herunter. Dann legten wir Strecke. Es lagen zehn Ziesel und ein Raubwürger. Leicht hätte noch ein Wiesel hier liegen könne. Aber es dauerte noch zwei Jahre, bis ich mein erstes Wiesel erlegen konnte. Und zwei Jahre sind in einem Kinderleben eine kleine Ewigkeit. Gott sei Dank dauerten die großen Ferien zweieinhalb Monate. In der rasenden Zeit des abgeklärten, in der Routine erstarrten Erwachsenen ein kurzer Zeitabschnitt. Im Leben eines Kindes aber – Gott sei Dank – eine unbeschreiblich lange, wundervolle Zeit, die tief in der Erinnerung verbleiben wird und deren Höhepunkte wir bis zum Tod nie vergessen werden.

Von einer weiteren Erdzieseljagd möchte ich noch erzählen, die sich im Jahr 1943, ebenfalls im Sommer, zutrug, als Großvater wieder bei uns weilte, nachdem ihm das Regime zwei Jahre kein Ausreisevisum erteilt hatte. Unser Walther-Tesching hatte damals bereits ein vierfaches Fernrohr mit einfachem, dünnem Fadenkreuz. Wir überredeten den immer für jede Jagdart zu habenden Großvater, mit uns auf die Erdziesel zu fahren. Ich war 16 Jahre vorbei und hatte bereits das Abenteuer mit meinem – bis heute – stärksten Keiler hinter mir.

János spannte die Ikrényer Vollblüter ein, und nach dem Frühstück fuhren wir mit Großpapa zu den Csákvárer Karsthügeln auf Erdzieseljagd. Großpapa fuhr immer in der niedrigen Kalesche. Ich saß am Bock, Maxi saß neben ihm. Der alte Herr – gerade von einer Lungenentzündung genesen – war in den letzten zwei Jahren im Gesicht eingefallen und in meinen Augen sehr alt geworden. Aber er blieb der alte Routinier. Zuerst musste ein Probeschuss gemacht werden, vorher die Optik des Zielfernrohres auf seine zwar sehr guten, aber weitsichtigen Augen eingestellt werden. Der Probeschuss auf eine Scheibe, das ein sitzendes Erdziesel darstellte, fiel hervorragend aus. Bald hielten wir den Pferdewagen in der Deckung eines großen Holunderbusches an und warteten. Schon bei unserer Ankunft waren alle Erdziesel in ihren Bauen verschwunden. Wir waren auf einem Feldweg, am Rande der Bauernfelder, westlich der Hügel gefahren, und Pferdewägen waren sie ja von den Bauern her gewöhnt.

Großpapa wartete in gewohnter Spannung, den Walther-Automaten auf das niedergelassene Dach der Kalesche gestützt. Die Pferde und der Kutschbock waren fast vollständig vom Busch verdeckt, der hintere Teil des Wagens mit den ledergepolsterten Sitzen ragte aber hinaus. Ich dachte mir Folgendes – was ich auch in meinem Tagebuch niederschrieb: Da sitzt ein fast 77-jähriger Mann, der weiß Gott viel in seinem Leben gejagt hat, dessen Lebensstrecke erheblich ist, und wartet jetzt mit einem Kleinkaliber auf das Erscheinen eines Erdziesels. Wie seltsam ist doch die Jagdpassion! Ein wirklicher Jäger konzentriert sich immer auf das Erlebnis. Und dieses ist für ihn erfolgreich, wenn es die wichtigsten Komponenten der Jagd beinhaltet – unabhängig davon, ob man einen Brunfthirsch oder ein Erdziesel vor sich hat: warten, lauern, hoffen, sich ausmalen, überlisten, Vorfreude, schließlich erbeuten.

Nach genau sechs Minuten erscheint der Kopf eines Ziesels. Großpapa hat es schon gesehen, geht in Voranschlag. Dann ist das Ziesel draußen, macht einige Schritte, entfernt sich auf 50 cm vom Loch. Der alte Herr zielt und das Ziesel hat alle vier Läufe oben. Ich sehe, wie der Schuss Großvater freut. Wir bleiben sicherheitshalber sitzen, und schon nach weiteren drei Minuten zeigt sich wieder ein Ziesel, etwas weiter, auf 60 m, und zwar ganz frei. Es muss aus einem Loch, das hinter einem Weißdornbusch versteckt lag, hervorgekommen sein. Über unseren Holunderbusch ragten der Kopf von Kutscher János und meiner. Das recht große, anscheinend alte Ziesel wird misstrauisch, macht noch schnell ein Manderl und fällt, durch die Brust geschossen, mausetot um. Großvater schießt von dieser Stelle aus noch zwei, dann beendet er die Zieseljagd. Er bedankt sich bei uns, lobt in hohen Tönen unseren Walther-Repetierer, der keinen Stecher hat wie seine Gewehre, und dann fahren wir noch nach Zámoly.

Es ist der 3. Juli 1943 und Großvater muss in drei Tagen nach Graz zurückfahren. Er will sehr korrekt sein, denn sein Ziel ist, noch einmal für die Zeit der Hirschbrunft eine Reiseerlaubnis zu beantragen. Nach zwei Jahren abschlägiger Bescheide hält er alles für möglich. Wie schon diktatorische Regime im Krieg sind, auch diesmal hat man nur ihm eine Ausreiseerlaubnis erteilt. Großmama musste zu Hause bleiben. Und dabei wäre ja sie Besitzerin von Zámoly und Ikrény, nicht Großpapa.

Das Jahr 1943 brachte zwischen dem Deutschen Reich und Ungarn sehr ernste Differenzen. Die Niederlage bei Stalingrad, die von deutscher Seite auch den – schlecht ausgerüsteten – Ungarn in die Schuhe geschoben wurde, löst eine Rückzugs-, ja Fluchtbewegung aus, bei der ein beachtlicher Teil der zweiten ungarischen Armee verloren geht. Reichsverweser Horthy nimmt darauf die Armee aus Russland zurück. Die heimkehrenden Soldaten berichten zu Hause, und die Unruhe sowie der Unmut gegen die Verbündeten wächst im ganzen Land. Noch ist die Front weit weg, aber das nächste Jahr wird unser letztes in Csákberény sein, was wir natürlich als Halbwüchsige weder voraussehen noch glauben können.

Großvater aber bekommt die Ausreise zur Hirschbrunft, und diese jagdlich für ihn erfolgreiche Reise ins alte, geliebte Csákberény ist zugleich sein letzter Besuch. Er wird Csákberény nie mehr wiedersehen. Wir alle wissen nicht, dass er nur noch vier Jahre zu leben hat. Auch ahnte keiner von uns, dass der 1943 noch nicht fünfzig Jahre alte Vater ihn nur um drei Jahre überleben würde.

Es ist eine der größten Gnaden Gottes, dass er uns über die Zukunft im Unklaren lässt. Wie hätten wir das letzte halbwegs noch front- und bombenfreie Jahr so unbeschwert und glücklich genießen können, wenn wir gewusst hätten, welche Zukunft auf uns und das geliebte Csákberény noch wartet.

# *Brandhofer Kindheitserinnerungen*

Der Spätsommer in Brandhof gehörte zu unserer Kindheit wie die Luft zum Atmen, das Wasser zum Trinken und der August zum Jahresablauf. Denn es war vor allem der ganze August, den wir als Kinder alljährlich am Brandhof verbrachten. Meine Großeltern luden in den Sommerferien nämlich alle ihre Enkel – rund 50 an der Zahl – nach Brandhof ein.

Als Kleinkinder und später als Volksschüler, die ihren eigenen Lehrer im Haus hatten, fuhren wir um den 20./25. Juli nach Brandhof und kamen etwa am 10./15. September nach Csákberény zurück, erst nach Ende des Gamsjagdséjours, doch immer vor Beginn der Hirschbrunft. Mein Vater musste zur Stelle sein, da der Jagdherr, Großvater, die Tage vor dem 22. September in Csákberény verbrachte, um anschließend seine Zelte zur dort später beginnenden Hirschbrunft ins Hochgebirge zu verlegen. Da mein Vater der Jagdleiter war, musste er sofort nach den Gamsjagden, die in der ersten Woche des September in Brandhof begannen und an denen er von 1908 bis 1937 (mit Ausnahme von zwei Jahren) teilnahm, noch vor dem Kindertross nach Csákberény zurück. Ich persönlich kann mich noch sehr gut an die Feiern des 60. Geburtstages meiner Großmutter erinnern, die 1930 stattfanden.

In den ersten Jahren, an die ich mich erinnern kann, fuhren wir mit dem Zug von Stuhlweißenburg nach Graz, von dort nach Kapfenberg, wo wir den Schmalspurexpress nach Au-Seewiesen bestiegen. Im Jahr 1934 waren wir zufälligerweise am Tag der Ermordung von Bundeskanzler Dollfuß durch die Nationalsozialisten auf der Reise nach Brandhof. Ab 1938 bis zur endgültigen gefährlichen wie strapaziösen Flucht im Frühjahr 1945 durften weder Vater noch Mutter und die Kinder in die besetzte „Ostmark“ ausreisen, da Vater als Monarchist und Legitimist von Deutschland kein Visum bekam. Bloß meine Mutter konnte mit den Zwillingen Anfang März 1938 noch einmal ihre Eltern in St. Florian bei Linz besuchen, und gerade während dieses Besuches marschierte die Wehrmacht in Österreich ein. Sie war in Linz auf dem Weg zum Bahnhof, als Hitler im offenen Auto und unter – für damals – unvorstellbarem Jubel durch die Stadt fuhr. Später gab es auch für sie und die Kleinen kein Visum mehr. Eine Ausnahme bildete 1939 ein auf 24 Stunden befristetes Visum für meinen Vater anlässlich des plötzlichen Todes und der Beerdigung seines Schwagers Kunata Kottulinsky in Neudau, das nicht weit von der ungarischen Grenze liegt.

1935 fuhren wir mit dem Auto nach Brandhof. Es wurden mitgenommen: Antatelle, die Gouvernante, ein Kindermädchen, wir Kinder und natürlich der Fahrer Jóska Kléber. Die Reiseroute von uns Csákberényern ging über Győr, Sopron, Wiener-Neustadt, Neunkirchen, Mürzsteg, das Niederalpl, Wegscheid nach Brandhof. Die damaligen Autos hatten Reservesitze, sodass wir alle Platz hatten. Die Eltern und unsere älteren Schwestern kamen mit dem Schnellzug etwas später nach. Damit es keine Probleme mit dem Erbrechen im Auto gab, wurden von Antatelle vorsorglich Nautisan-Zäpfchen verabreicht. „Fais grosdos!“, sagte sie, und schon war der misstrauisch betrachtete Fremdkörper im Darm verschwunden. Wenn wir in den früheren Jahren mit dem Zug fuhren, war es selbstverständlich, dass wir die dritte Klasse benützten. Darüber schüttelten unser folkloristisch adjustierten Paradekutscher immer ein wenig die Köpfe. Nicht nur wir Csákberényer fuhren aus Ungarn nach Brandhof, die weitaus entfernter lebenden Kőrösladányer mussten von der rumänischen Grenze anreisen. Sie machten allerdings in Mór bei Tante Emmy Trauttenberg-Almássy, einer ganz nahen Verwandten, einen Tag Pause.

Wir besaßen – soweit ich mich erinnern kann – zuerst einen dunkelgrünen Ford, ein Cabriolet, dann einen kaffeebraunen Ford, eine Limousine, schließlich einen dunkelblauen Ford aus der Kölner Fabrikation, der interessanterweise mit Petroleum (Kerosin) fuhr. Die Onkel Hansis hatten einen gelbbraunen Nash und ihr Chauffeur hieß Hornok. Die Stainzer wiederum kamen mit einem Tatra, der wie ein Motorrad oder ein Traktor ratterte, und hatten den Chauffeur Ferdinand.

In Brandhof angekommen, war das Erste, das uns Kindern auffiel, der intensive Geruch des Zirbenholzes. Wir bezogen zwei Zimmer im zweiten Stock, genau gegenüber der „schwarzen Kammer“, dem Raum am Dachboden, wo sich das Uhrwerk der großen Schlossuhr befand, und unweit der Stelle, von wo man die Glocke zum Angelus läutete. Das Zweite, das uns beeindruckte, war der Brunnen im Hof. Denn das Wasser rann ohne Unterlass, gleichmäßig, plätschernd und sozusagen ewig in sein Steinbecken. Das Massenquartier der Enkel in Brandhof war nur durch einen geordneten Tagesablauf und strenge Disziplin zu leiten.

Die absolute Herrscherin war unsere Großmutter, die ihre Enkel zwar abgöttisch liebte, aber auch nicht verabsäumte, in die Erziehungsarbeit der Tetas und Gouvernanten einzugreifen. Tagtäglich gab es zum Frühstück sehr dunkles Brot und kleine wohlschmeckende Butterkügelchen, herrlich frische warme oder kalte Milch und Polentasterz. Ich kann nicht behaupten, dass ich Letzteres besonders gerne aß, aber auf dem Frühstückstablett von Großpapa sah ich auch denselben gelben Maisbrei, nur hatte der alte Herr im Unterschied zu uns so wie auch in Csákberény noch zwei weiche Eier und starken Kaffee. Ich weiß das deswegen so genau, weil es zu unseren Morgenpflichten gehörte, den Großvater in seinem Schreibzimmer im Parterre aufzusuchen, ihm artig guten Morgen zu wünschen und die Hand zu küssen. Das war damals eine Selbstverständlichkeit, und wir beobachteten oft, wie auch seine Söhne Franz, Philipp, Hans und Karl in Habtachtstellung vor seinem Schreibtisch standen, obgleich sie zum Teil Weltkriegsteilnehmer und Familienväter waren. Das patriarchalische Familiensystem, heutzutage so vehement bekämpft, hatte auch seine Vorzüge: Die Großfamilie Meran hielt eisern zusammen, und auch heute noch mit all ihren ungeheuer angewachsenen Verzweigungen ist sie eine Einheit, was die in Brandhof abgehaltenen Familientage und Mariazeller Wahlfahrten in regelmäßigen Abständen mit immer weit über 100 Teilnehmern unzweifelhaft beweisen.

Einer meiner Verwandten mit kinderreicher Familie sagte vor nicht so langer Zeit: „Wenn es mit der Abtreibung und dem rückläufigen Kindersegen so weitergeht, dann werden in diesem Land in 50 Jahren nur mehr Aristos und Zigeuner leben." Doch zurück zum Ablauf eines Brandhofer Ferientages. Gegenüber dem Schloss, unter der Trampelbude, war links vom Kellereingang eine Nische, wo auch heute noch ein Gemälde der Mariazeller Muttergottes hängt. Hier war für die Vormittagsjause Schwarzbrot und in einer rosafarbenen Terrine Paprikatopfen vorbereitet. Die verschiedenen Familien hatten manchmal gemeinsame, dann wieder getrennte Programme. Spazierengehen war groß geschrieben, und zwar ohne Unterschied, ob es regnete oder die Sonne schien. Bei Regen gingen wir entlang der Straße, die unmittelbar vor dem Schloss vorbei und nach Norden in der vom Erzherzog gepflanzten Buchenallee fast bis nach Gollrad führte. In den Pfützen der Schotterstraße glänzte Öl. Die sonst mit offenen Verdeck vorbeifahrenden und nur kurz vor dem Brandhof haltenden Postomnibusse hatten ihr Verdeck aufgestellt, und die seitlichen aus gelblich getöntem Zelluloid bestehenden Fenster flatterten im Fahrtwind.

Wer kann sich heute noch an diese herrlichen offenen Postautobusse erinnern? An den Geruch ihres Treibstoffes? Oder an die immer bunt und in Trachten gekleidete Gesellschaft, die da von Kapfenberg-Aflenz über Gusswerk gegen Mariazell fuhr. Noch gute 15 Jahre nach dem Zweiten Weltkrieg trugen fast alle Männer in der Obersteiermark Lederhosen, die feschen, jüngeren solche mit aufgestülpten Rändern. Es brauchte mehr als ein Dutzend Jahre, bis die saloppe Weltmode der unseligen „Bluejeans" auch hier Einzug hielt, aber so effektiv, wie sich heutzutage eben jenes durchzusetzen versucht, das vor allem gegen Althergebrachtes und Traditionelles gerichtet ist. Davon könnte mein aus Afrika in die Obersteiermark übersiedelter Neffe ein Lied singen, ein wahrlich typisches und „garstig Lied". Als er nichtsahnend in seiner neuen Schule in Lederhosen erschien, verprügelten ihn die Mitschüler. Geschehen in jener Gegend, die man das „Herzstück der Steiermark" nennt und nicht in einer Stadt! Man hat Jeans zu tragen und fertig. Die Lederhose kleidet heute höchstens den blond gefärbten Sänger angeblicher volkstümlicher Musik, einem grauenhaften Misch-Masch aus verpopten Volksliedern und computergesteuerten Melodien.

Mittags wurden die älteren Kinder mit den Erwachsenen in das große Speisezimmer, die jüngeren in das kleine dirigiert. Das große Speisezimmer am Brandhof befindet sich im Erdgeschoß zwischen den zwei Eingängen und dient bei Gottesdiensten auch als zusätzlicher Raum für die Gläubigen, Gäste, Angestellten und Arbeiter sowie die Revierjäger. Als Hauptspeise gab es meistens Wild, nicht selten Gams, freitags aber ausnahmslos herrliche Forellen aus der Salza. Die Vitamine wurden uns in Form von verschiedenen Obstsorten der Saison durch ein zweimal in der Woche kommendes Lastauto nach Brandhof gebracht. Dieses kleine Lastauto hieß das „Obstauto". Es brachte Zwetschken, Pfirsiche, Frühäpfel und Ringlotten, niemals Obst, das vor der Saison aus dem Ausland importiert wurde, auch keine Südfrüchte.

Nachmittags sollten wir ein kleines Schläfchen einlegen, das wir Kinder nicht mochten, erst danach ging es wieder an die Luft. Ganz „Auserwählte" durften als Begleiter mit einem Onkel oder auch Großvater auf die Pirsch gehen, die anderen begaben sich meistens auf Schwammerlsuche. Der beste Platz war der sogenannte Ochsenboden, südöstlich vom Brandhof. Manche spielten bei der Almhütte, andere spazierten auf die Seebergalm oder in den Gollrad-Graben, wo eisenhältige Steine gesammelt wurden. Bei der Seebergalm mündete östlich ein Tal, die Lopeen, sie hatte linker Hand, also nördlich, eine Felsenwand, die zum Steigen geradezu einlud.

Es musste einmal unweigerlich kommen, dass ich mich in dieser Wand so unglücklich verstieg, dass ich zum Entsetzen von Antatelle weder nach unten noch nach oben konnte und in Panik geriet und still zu weinen anfing. Ein Holzknecht, der aus dem Gasthaus Zusel von der Seebergalm geholt wurde, stieg hinauf, packte mich und holte mich hinunter. Den Biergeruch, der ihn umschwebte, rieche ich heute noch. Aber für einen echten Bergmenschen seiner Statur war der Felsen der Lopeen nur eine Kleinigkeit.

Immer wieder fuhren Lastautos mit Menschen am Brandhof vorbei, die Fahnen schwangen und brüllend Lieder sangen. Wir Kinder wussten nicht, was los war, aber es brodelte schon ganz schön im damaligen Österreich und nicht selten sah ich bei den Erwachsenen sorgenvolle Mienen. Dann und wann fuhr man nach Weichselboden und in die Höll, öfters nach Mariazell, wo ich mir einmal von meinem Taschengeld eine kleine versilberte Basilika kaufte, die ich dann lange noch, bis die Russen kamen, in meinem Zimmer auf dem Nachtkastl stehen hatte.

Die Umgebung des Brandhofes war es immer wert erkundet zu werden. In der großen Garage standen die nach Leder, Gummi, Lack und Benzin duftenden herrlichen Autos. In einer Wagenremise schöne Kaleschen. Oberhalb des Brandhofes war eine kleine Hütte mit einem Balkon auf Stelzen-Piloten gebaut, das sogenannte Sonnenbad. Da bräunten sich manchmal die Tanten, manchmal aber die zahlreichen Kindermädchen. Man konnte gut unter dem Balkon durchkriechen und die Mädchen belauschen, doch schien mir das Thema ihrer Gespräche wenig interessant. Oben, von der Trampelbude gegen Westen, war ein typisch alpenländischer Gemüse- und Blumengarten. Dahinter eine stabil gebaute Kegelbahn, die wir oft benutzten. Östlich des Brandhofes hinter der „Almhütte“ war der Tennisplatz, dessen Boden platt gewalzte Lehmerde war. Wenn es regnete, und im Sommer regnet es am Brandhof sehr oft, musste man zwei Tage warten, bis man wieder spielen konnte. Dahinter begann der Krampelgraben, ein beliebtes Wanderziel mit einer großen Wildfütterung, die man von einer geschlossenen Hütte aus besichtigen konnte. Im Sommer allerdings wurde sie ganz selten von Wild aufgesucht.

Wenn man auf der Erzherzog-Johann-Allee gegen Gollrad ging oder fuhr, sah man auf dem damaligen Kahlschlag am Hahnenkamm sehr oft Wild stehen. Ich erinnere mich an das Jahr 1935, als von der Allee aus ein prominenter Jagdgast über das tiefe Tal auf den Schlag hinüberschoss und einen Rehbock erlegte. Es war der damals in österreichischen und ungarischen Adelskreisen sehr beliebte ägyptische Prinz Jussuf Kamal, der zu den bevorstehenden Gamstreibjagden angereist war. Jussuf war damals zur Zeit des Königreiches, also bis zum Jahr 1952, ein steinreicher Mann, den erst der sozialistische Moslem, Oberst Nasser, enteignete. Er besaß im oberösterreichischen Strobl einen kleinen Besitz, der ihm dann verblieb.

Bei seinem ersten Besuch in Brandhof schoss er 16 Gams, dafür bezahlte er mit drei nagelneuen Springer 20er Flinten, die Großvater, der bis dahin mit Purdeys Kal. 12 gejagt hatte, in der Zukunft benutzte.

Die Brandhofer Gamsjagden begannen alljährlich fast immer am 1. Montag des September. Dies war die günstigste Zeit für die großen Treiben im Hochgebirge, weil die jahrelange Statistik zu dieser Zeit ruhiges, sonniges Spätsommerwetter verhieß. In alten Zeiten dauerten die Gamstriebe zwei Wochen, später zehn Tage, ab Mitte der dreißiger Jahre eine Woche. Sonntags wurde nie gejagt. Die Hälfte der Treibjagdtage waren sogenannte Hochtriebe in der Latschenregion, die andere Hälfte Waldtriebe.

Unter den Hochtrieben waren im Revier Seewiesen folgende Namen zu erwähnen: die Bruch, Kämm, Stangen, Wetterkogel, Pera, im Revier Höll Mitterboden, Grübl, Oberer und Unterer Ring. Als in Seewiesen auch noch die linke Seite meinem Großvater gehörte, war der prominenteste Trieb das „Gschirr". Kaiser Franz Josef nahm zweimal als Gast seines Oheims Erzherzog Johann an den Brandhofer Gamsjagden teil. Einmal im Gschirr, einmal am Ring. Im Gschirr gab es den „Kaiserstand", den später meistens der Ehrengast besetzte. Allerdings waren zu Großvaters Zeiten Ehrengäste sehr selten. Er legte Wert darauf, dass seine Söhne und Schwiegersöhne bei den Gamsjagden dabei waren, und auch wenn von diesen zwei als Schützen niemals teilnahmen, ergab so die unmittelbare Familie sieben Schützen, wenn Tante Lori einen Stand bekam, sogar acht. Und mehr als zehn Stände gab es in keinem dieser Gamstriebe.

Aus der Kinderperspektive war die Zeit der Gamstreibjagde sehr aufregend. Da im unteren großen Speisesaal die Jagddiners stattfanden, musste die Kinderschar im oberen Speisezimmer und dem anschließenden Rauchzimmer verköstigt werden. Mir ist die allmorgendlich vorfahrende Reihe von 12–14 Autos, die so lange war, dass sie vom nördlichen bis zum südlichen Hoftor reichte, in lebhafter Erinnerung geblieben. Besonders die bunte Farbe der Cabriolets und Limousinen und die Uniform der Chauffeure blieben in meinem Gedächtnis haften. Dass wir uns sehr für Automobile interessierten, war kein Wunder. Im damaligen Ungarn gab es nur wenige davon, in Csákberény hatte z.B. nur mein Vater eines.

So konnten wir gut zwischen den einzelnen Typen unterscheiden. Da gab es den DKW, Wanderer, Lancia, Adler, Steyr 220 und 50, Tatra, Horch, Ford, Nash, Opel – nur ganz selten einen Mercedes. Wenn sich diese lange Autokolonne gegen den damals sehr steilen Seeberg in südlicher Richtung in Bewegung setzte, mussten die Gendarmen von Seewiesen an den gefährlichen Straßenstellen den Verkehr regeln, da die damalige zwar gute, aber nur geschotterte und sehr schmale Straße das Vorbeifahren eines Postautobusses oder der Anfang September so zahlreichen Pilgerautobusse nicht überall zuließ. Auch wurde die Dullwitz, wenn Gamsjagden stattfanden, einige Stunden lang für alle Touristen gesperrt, denn einige Stände befanden sich unmittelbar neben den Touristensteigen. Es ist niemals vorgekommen, dass sich deswegen irgend jemand aufgeregt hätte. Die Touristen waren den Jägern wohlgesinnt, nicht nur geländekundig, sondern durch ihre Wanderungen zutiefst naturverbunden. Den heutigen städtischen Waldbegeher, Jeans- und Halbschuhwanderer gab es damals nicht. Allerdings war die Jagdleitung von Brandhof mit den Touristenzentralen in ständiger Verbindung, so dass sie an diesen wenigen Treibjagdtagen rechtzeitig andere Wanderrouten wählten. Meistens war der Hochschwabgipfel ihr Ziel, und dieser war sowohl über Aflenz und die Fölz als auch von Weichselboden aus erreichbar.

Die Brandhofer Gamsriegler wurden in der Nazizeit verboten. Erst mein Vater ersann im Jahr 1945 zur Aufrechterhaltung der alten Traditionen und zum Ermöglichen von einigen Rieglern im Jahr die „Brandhofer Jagdvereinigung“, die aus guten und zahlungskräftigen Freunden bestand. Ihm, der die ungarischen Güter jahrzehntelang verwaltet hatte, war nämlich nur zu gut bewusst, was die Erhaltung des Brandhofer Jagdbetriebes kostete und wie viel damals, als das noch möglich war, aus den ungarischen Gütern der Großeltern, Zámoly und Ikrény, aus diesem Grund jährlich nach Brandhof überwiesen werden musste. Nach dem Krieg lebten die Gamsjagden wieder auf. Allerdings meistens auf vier oder höchstens auf sechs Tage beschränkt: zwei Hochtriebe und zwei bis vier Waldtriebe.

Nach Seewiesen und Brandhof übersiedelte man für die restlichen Tage in das Jagdhaus Höll, von wo aus die zum Revier Steinschallen, Höll und Weichselboden gehörenden Revierteile nach genau festgelegtem Turnus abgejagt wurden. Ich habe es in meinen Büchern schon erwähnt, wiederhole es aber hier wieder. Die Gamstreibjagden und Riegler hatten in Brandhof nicht nur Tradition, sie wirkten sich auch günstig aus. Wo ein Hochtrieb abgehalten wurde, fiel drei bis vier Jahre lang kein Schuss, wo Waldtriebe genommen wurden, war der Abschuss zwei Jahre lang gesperrt. Der Abschuss in diesem so wildreichen Gamsgebiet war nach Plan so hoch, dass man zu seiner Erfüllung das Revier während der Schusszeit fast täglich hätte beunruhigen müssen, um den Abschuss zu erfüllen. Das Ansprechen bei Gamsrieglern ist entgegen der Auffassung verschiedener Kritiker durchaus gut möglich, da auch der getriebene Gams sich durch „Steindln" bemerkbar macht und die Gewohnheit niemals aufgibt, immer wieder zu verhoffen, ein Haberl zu machen. Außerdem war der Abschuss streng limitiert. Ein Schütze durfte einen abschussreifen Bock und drei bis vier Stück Scharwild erlegen. Schoss man eine alte gelte Gamsgais, die oft sehr gute Krucken hatte, so entfiel das Recht, einen Bock zu erlegen.

Soviel vom Wesen der Brandhofer Gamsjagden. Ich hatte die Freude, nach unserer Flucht aus Ungarn von meinem Onkel Franz alle zwei bis drei Jahre zu einem Gamsriegler eingeladen zu werden. Wenn ich allein am Stand, also ohne Begleitjäger war, schoss ich aus Vorsicht meistens nur auf schwache Jahrlinge,

Oben links: *Gemälde von Franz Lamberg im Speisezimmer des „Roten Hauses" (Kellerstöckel in Csokakö)*
Oben Mitte: *Hans Meran sen. auf der Jagd in Stainz, 1961*
Oben rechts: *Jäger Michael Zimmermann mit Johann Meran bei erlegtem (letztem) Kapitalhirsch in Csákberény, 1943*
Mitte links: *Johann Meran (rechts) begrüßt seinen ältesten Schwiegersohn Kunata Kottulinsky; links der Vater des Autors 1913 in der Fölz*
Mitte rechts: *Die Mutter des Autors, links der Autor, rechts sein Bruder Max Meran. Jagdhaus Höll, 1949*
Unten links: *Philipp Meran mit seiner zahmen Dohle, Eggenberg, 1960*
Unten rechts: *Kammerdiener Ferenc Vègh in seiner Dienstkleidung, 1944*

Derby. WIEN
1926.

CO 946

zwei- bis dreimal gelang es mir, alte Böcke zu erlegen, einer davon war kapital, der kam mir am Ende eines Treibens im Staritzenbruch auf ganz kurze Distanz. Später, als Vetter Fritz Mayr Melnhof die Staritzen pachtete, veranstaltete er hin und wieder kleine Riegler, wie zum Beispiel den Klausgraben.

Doch zurück zu den Kindheitserinnerungen. Nachmittag so um 17 Uhr kam die imposante Autokolonne nach Brandhof zurück. Ein Tee wurde serviert, bei dem wir zu den diversen Onkeln und Gästen vorgelassen wurden. Dann war etwa um 20 Uhr das Jagddiner bei Kerzenlicht, und anschließend trafen sich Jagdherren, Familie, Schützen, Revierjäger, Treiber und Belegschaft in der Moarstuben, wo nach alter, noch vom Erzherzog stammender Sitte bei Harmonikamusik gesungen, getanzt und ein wenig gefeiert wurde. Mit Rücksicht auf die Treiber und Jäger wurde aber um Mitternacht Schluss gemacht, denn die passionierten, geübten und äußerst gewandten, absolut unentbehrlichen Helfer sollten, bevor sie frühzeitig aus den Federn mussten, noch einige Stunden erholsamen, tiefen Schlaf genießen.

Ich durfte erst ab meinem achten Lebensjahr als Zuschauer und Begleiter an den Brandhofer Gamsjagden teilnehmen. Einmal war ich mit Vater in der Bruch auf dem Stand. Ich hatte sogar das einzige Brandhofer Kleinkalibergewehr, ein Flaubert mit langem achtkantigem Lauf, mühsam auf den Stand geschleppt. Vater erlaubte mir nämlich, nachdem er seinen Vater gefragt hatte, von seinem Stand aus ein Murmeltier zu schießen. Es war im Jahr 1935, und ich erinnere mich noch sehr gut daran. Noch lange vor dem Hebschuss erschien auf mindestens 80 Meter ein Murmeltier – Vater meinte, es wäre ein starker Bär gewesen. Ich

Links oben: *Nach dem Sieg im österr. Galopper-Derby, 1926; in der Mitte Johann Meran, links (mit Bart) Franz Meran jun., rechts von ihm Franz Meran sen. und Philipp Meran sen. (Vater des Autors)*
Links, 2. Bild v. o.: *Gesellschaft bei der Silbernen Hochzeit der Eltern des Autors, Stainz, 1946*
Links, 3. Bild v. o.: *Der Vater des Autors mit seinen Geschwistern im Brandhof, 1906; Von links: Franz, Marie-Therese, Philipp, Hans, Marianne, Ladislaja, Eleonore, Marie-Valerie*
Links unten: *80. Geburtstag des Oberjägers Neubacher; von links: Ferry, Max, Marianne Meran, Johann Neubacher, Philipp sen., Lori und Philipp Meran*
Rechts oben: *Karl und Christine Elz (geb. Gudenus), Großeltern des Autors*
Rechts Mitte: *Kapitän Victor Muset und Antatelle, 1944*
Rechts unten: *Victor Muset (franz. Kriegsgefangener) war zwischen 1940 und 1944 als Chauffeur in Csákberény angestellt*

zielte in unendlicher Aufregung, der Kleinkaliberschuss peitschte unglaublich laut in die Bergesstille, und das Murmeltier war verschwunden. Unweit von diesem Platz erlegte ich genau zehn Jahre später mit dem Militärkarabiner, den ich den Russen gestohlen hatte, mein erstes und einziges „Mankei".

Diese zwei Schüsse waren in meinem Leben die einzigen, die ich auf Murmeltiere gemacht habe.

Ein Jahr später, dem letzten Jahr vor dem Krieg, in dem ich nach Brandhof zur Sommerfrische durfte, ich war neuneinhalb Jahre alt, nahm Vater außer mir den sehr passionierten Chauffeur Jóska auf den Stand mit. Er hatte eine Operation hinter sich und konnte seinen Rucksack nicht schleppen. Die kurzläufige Hahnen-Kipplaufbüchse, die er liebevoll „Pistole" nannte und mit der er weit über 300 Gams geschossen hatte, trug er aber selbst.

Es wurde bei Weichselboden „Tirnach Presseni" getrieben. Jóska hatte sich jagdlich angezogen, denn er war ja ein alter Brandhofer Hase. Bei seiner ersten Fahrt in die Obersteiermark hatten ihn die Berge, die weite Aussicht und das Gelände nicht nur fasziniert, sondern auch schwer getäuscht. Er glaubte, mit Halbschuhen die Grau-Alm besteigen zu können. Zum Glück war das Wetter gut, aber als er merkte, dass er dem so nahe scheinenden Berg hinter dem Brandhof kaum näher gekommen war und schon zwei Stunden vergangen waren, begann er fast fluchtartig den Abstieg und landete in Seewiesen. Dieses Lehrgeld hat Jóska nie vergessen.

Auf diesem Stand schoss Vater einen starken Bock, zwei Gaisen und einen Jahrling. Damals war ich natürlich voll begeistert von seinem sauberen Schießen, hielt es aber mehr oder weniger für selbstverständlich. Heute nach einem wirklich reichen Jägerleben muss ich aber noch immer staunend feststellen, dass ich das Schießen mit der Büchse, insbesondere auf flüchtendes Schalenwild, nie in annähernder Kunst erlernt habe, wie es mein Vater beherrschte. Damals war er 41 Jahre alt und Großvater 68. Oh, wie die Zeit, die dem Menschen auf Erden vergönnt ist, schnell vergeht. Das Kind empfindet diese Schnelligkeit überhaupt nicht, diese Einsicht kommt erst später und steigert sich im Alter rapide.

Was ist mir noch aus der Kindheit in Erinnerung geblieben, was mit dem lieben Brandhof im Zusammenhang steht? Wie gesagt, fuhr Vater nach dem letzten Jagdtag sofort nach Csákberény zurück. Wir Kinder folgten einige Tage später mit Tross. Am Semmering war in eine Wiese eine Reklameaufschrift gemäht: „Sphinx Mobil-Oil", weithin sichtbar. Auf der Neunkirchner Allee viele Autos, meistens Steyr 50er in prachtvoll glänzenden Farben. Zu Hause empfing uns in unserem Kinderzimmer der Geruch von frischer weißer Farbe. Man hatte in unserer Abwesenheit die Wände und einen Teil der Möbel neu gestrichen. Gerüche bleiben ein ganzes Leben lang in Erinnerung. Wenn man sie verspürt, lebt eine Zeit wieder auf – unglaublich lebhaft und unvergesslich –, auch wenn fast 65 Jahre dazwischen liegen.

# *Jäger Zimmermanns Ermordung*

Der Revierjäger von Kápolna, der im Jahre 1944 53 Jahre alt war, hieß Michael Zimmermann und diente zuerst unter dem Förster Ernst Zechner, ab 1941 unter dem Förster August Maurer. Er betreute das Revier Kápolna. Wir Kinder mochten ihn sehr. Er hatte die Aufsicht über Vaters Jagdhütte, und so kamen wir schon in jungen Jahren öfters mit ihm zusammen. Er war ein Schwabe aus der Umgebung der Ortschaft Gánt, wo sein Bruder Adam Bürgermeister war. Da er natürlich gut deutsch sprach, begleitete er meistens meinen Großvater auf die Pirsch.

Zimmermann hatte drei Kinder. Einen Sohn, der 1920 geboren wurde und Peter hieß, sowie zwei Töchter: Elisabeth (1929 geboren), spätere Frau des János Rajkai, und Therese (1932 geboren), verwitwete Frau Franz Brandl. Alle drei Kinder des Revierjägers sind 1998, als ich die Zeilen schreibe, noch am Leben. Von ihnen und der Tochter des Försters Maurer, Anna, habe ich die weiter unter geschilderten tragischen Ereignisse erst in letzter Zeit authentisch erfahren.

Die Zimmermanns bauten sich in Gánt ein schönes Haus, das im Oktober 1944 fertig wurde. Da die Wände noch feucht schienen, blieb die Familie in der Dienstwohnung des Revierjägers in Kápolna, mit der Absicht, nach Kriegsende nach Gánt zu übersiedeln. Dies erwies sich, wie wir sehen werden, als tragische Fehlentscheidung.

Zimmermann, den wir liebevoll Miska bácsi oder Misi bácsi nannten, betreute, wie gesagt, das Jagdhaus Kápolna, in dem sich meine Eltern am liebsten aufhielten. Er sorgte für Holz, Petroleum, Wasser und andere wichtige Dinge.

Im Jahre 1943 weilte Großvater das letzte Mal in Csákberény zur Hirschbrunft. In Begleitung von Zimmermann erlegte er in der Föhrengarten-Sutte einen kapitalen Sechzehnender. Von der Strecke wurde ein Foto gemacht, auf dem neben Großvater mit der unvermeidlichen Pfeife auch Jäger Zimmermann zu sehen ist.

Wie gesagt, uns war Miska bácsi schon in den Jahren der Kindheit ans Herz gewachsen. Und wir liebten dieses – im steirischen Stil gebaute – Jagdhaus über alles. Wenn wir dort waren, war auch Miska da. Er zeigte uns Kindern jene Plätze, wo die schönsten Herrenpilze und saftigsten Walderdbeeren wuchsen. Später, als wir schon jagten, verriet er uns die besten Schnepfenplätze. Auch durften wir in Sachen Waidwerk viel von ihm lernen.

Ewig bleibt mir in Erinnerung, wie er mir ganz einfach erklärte, auf welche Weise man der Stimme nach das Alter der meldenden Brunfthirsche unterscheiden kann. Seiner Theorie nach ruft der junge Hirsch (zumindest in Kápolnaer Wald) „Aoo", der mittelalte Hirsch gibt einen Ton wie „Auu" von sich, der alte Hirsch aber röhrt „Aüü". Diese einfache Formel, die – wie auch Zimmermann andeutete – nicht immer stimmte und nur für eine gewisse Population der Ungarnhirsche galt, habe ich bis heute nicht vergessen.

Im Kápolnaer Jagdhaus wurden im Jahre 1944 Flüchtlinge und Verfolgte, über die uns Vater aber aus Sicherheitsgründen keine Auskunft gab, zeitweise versteckt. Er wollte ein solches Risiko allein tragen und das, obgleich er als Legitimist auf der schwarzen Liste der Gestapo stand. Trotz seiner Befürchtungen wurde er aber von der deutschen Besatzungsmacht nicht belästigt, weder verhört noch verhaftet. Wie es sich später herausstellte, soll sein alter „Akt" bei einer Bombardierung in Berlin in Verlust geraten sein. Zimmermann war eingeweiht und sozusagen der Mittelsmann.

Im Kápolnaer Jagdhaus waren schon im Spätherbst 1944 Flüchtlinge mit präzise angegebenen Ausweichorten für den Fall einer unvorhergesehenen Kontrolle. Niemand ahnte, dass bereits seit Sommer 1944 russische Partisanen in unseren Revieren weilten, die mit Fallschirmen abgesprungen waren, wahrscheinlich bei den nächtlichen Einflügen mit Flugzeugen, die man ihrem Motorengeräusch nach „Nähmaschinen" nannte.

Am 14. Dezember fiel der erste Schnee. Zimmermann hatte – wie bei Neuschnee immer – die neuralgischen Stellen seines Reviers abgespürt. Diesmal hatte er einen Fuchs im Bau bestätigt und einen Steinmarder in einem alten Keller mit Sicherheit fest. Es war stockfinster, als er heimkam. Seine Frau bereitete das Abendessen, und nachdem sie die Tiere versorgt hatten, legten sie sich schlafen. In der Nacht bellte ein Hund in der nahen Siedlung so laut, dass sogar Miska bácsi aufwachte. In der Früh stellte sich heraus, dass zwei Kälber von unbekannten Tätern aus Kápolna gestohlen worden waren. Miska wurde vom

Gemeindevorsteher aufgefordert, mit einigen Männern und zwei Gendarmen die Spur der Diebe aufzunehmen. Die Fährte von diesen Männern und der zwei Kälber war leicht zu finden. Zu Miskas Erleichterung führte die Fährte ein gutes Stück südlich des „besetzten" Jagdhauses in Richtung Horogvölgy und dann in den Csonkabükk. Unweit des hohen Hochstandes (der heute noch steht) war eine undurchdringliche Dickung, wahrscheinlich jene, in der sich seinerzeit der französische Keiler eingeschoben hatte.

Plötzlich wurde geschossen und Kugeln pfiffen über sie hinweg. Die zwei Gendarmen hatten das Feuer erwidert, und als man nach einiger Zeit vorsichtig vorrückte, fand man einen verwundeten Partisan vor dem Eingang zu einem gut getarnten Bunker. Da er den typischen Wattejanker russischer Soldaten trug, schloss man sofort daraus, dass es ein Russe war. Der Bunker war von den anderen Partisanen durch den Hinterausgang fluchtartig verlassen worden. Das eine Kalb lebte noch und stand angekettet hinter dem Bunker, das andere war schon zerwirkt. Die Männer fesselten den Verwundeten und drangen dann vorsichtig vor. Staunend sahen sie, dass hier ein perfekter Bunker gebaut worden war. Die Schießscharten waren in Bodennähe, vom Hinterausgang führten gut ausgeputzte und trotzdem getarnte Steige in verschiedene Richtungen. Hätte man das geahnt, wäre bei Umstellung der relativ kleinen Dickung nicht ein Partisane entkommen.

Die Insassen konnten bei ihrer Flucht kaum etwas mitnehmen. Die Männer staunten, was alles in diesem Partisanenbunker zu finden war: Da waren sowjetische Zeitungen und Flugblätter, Sprengstoff, Handgranaten, ein Funkgerät, Drähte, Kisten mit Munition, amerikanische Konserven, ein Fass voll Trinkwasser, Wodka, Personenlisten, Landkarten des gesamten Vértesgebietes und des Frontverlaufes, ein aufklappbarer Tisch, ungarisches Geld, ein Eisenofen, eine russische Kamera, Schlafsäcke, Küchenzubehör usw.

Zimmermann schloss messerscharf und richtig, dass die Deutschen nach Ablieferung des Gefangenen eine Razzia vornehmen würden, und dann waren die versteckten Flüchtlinge sowie deren „Quartiergeber" in größter Gefahr. Gott sei Dank schmolz der Schnee fast zur Gänze dahin. Miska konnte noch in der Nacht die Flüchtlinge warnen, und sie waren bald in einer alten, ganz von Dickicht verwachsenen Fütterung untergebracht. Zimmermann hatte Recht. Die Truppen durchkämmten das Gelände, fanden aber nur einen verlassenen Bunker.

In einer anderen Jagdhütte im Revier Csákberény befanden sich zu dieser Zeit Deserteure und andere einberufene „Drückeberger". Anscheinend hatten sich dort mit den anderen Partisanen, die dem Bunker entkommen waren, Schwierigkeiten ergeben. Ein ehemaliger Angestellter von uns, der Bruder von Diener Ferenc, wurde durch einen Schuss in dieser Hütte schwer am Bein verletzt und blieb bis zu seinem Lebensende ein Invalide.

Inzwischen näherte sich zusehends der Donner der Front wie ein ununterbrochenes Grollen. Deutsche und ungarische Fronttruppen verschanzten sich in den Bergen und den Dörfern. Als die ersten Granaten einschlugen, flüchteten die Leute in die Keller. Dann entstand plötzlich eine kurze, aber um so unheimlichere Stille.

Am Weihnachtsabend waren die Russen plötzlich in Kápolna. Fremdartige, kehlige Laute waren zu hören. Sofort stürzten sie sich auf die Frauen. Die Front blieb nicht lang hier, man rückte nach Westen weiter. Dieser erste Vorstoß führte die Russen bis nach Mór. Dann stabilisierte sich dieser Frontabschnitt.

Csákberény zum Beispiel wurde zweimal zurückerobert, in Kápolna zeigte sich kein Russe mehr. Nur in Gánt erkundigte sich ein russischer Major nach dem Jäger, der die Männer zu den Partisanen geführt hatte. Das war natürlich der geländekundige Zimmermann. Da aber damals noch sein Bruder der Bürgermeister war, konnte dieser den Offizier abwimmeln.

Dann kamen zwar gefährliche, aber doch nicht ständig lebensbedrohende Tage. Ende Februar zogen ungarische Truppen nach Kápolna, manche bezogen Bunker an den strategisch wichtigen Höhen, andere quartierten sich in der Siedlung ein. Ein immer stärker werdendes Grollen kündete von der nicht fernen Front. Am 16. März 1945, in den Morgenstunden, wie wir es aus der Geschichte wissen, auf breiter Front Marschall Tolbuchins Großoffensive. Sie sollte bis zur Eroberung von Wien nicht Halt machen.

Über den tragischen 16. März erzählen die Tochter Elisabeth – heute noch zutiefst erschüttert – sowie Anna Maurer das Folgende: Zimmermann hatte entgegen dem Ratschlag des Försters Maurer nicht nur nicht rechtzeitig sein Haus in Gánt aufgesucht, sondern das auch endgültig versäumt, denn Gánt war nun schon seit Wochen russisch, während das auf vier Kilometer liegende kleine Kápolna von ungarischen Soldaten besetzt war. Nun verließen sie wenigstens die abseits gelegene Dienstwohnung und zogen in einen der Keller in Kápolna. Unterwegs waren sie öfters in Gefahr, von den Splittern der Geschosse und

Bomben getroffen zu werden. Die Zimmermanns suchten Obdach im Keller des Josef Grosseibl. Leider waren in diesem Keller auch zwei ungarische Soldaten, die Zivilkleider angelegt, ihre Waffen aber behalten hatten. Und da geschah das Unfassbare. Als die Russen sich näherten und auch in die Häuser sowie in deren Keller schossen, taten die von allen guten Geistern verlassenen Soldaten eine verbrecherische Dummheit. Sie schossen zurück. Nun kamen die Russen herein, trieben alle Männer von Kápolna, auch jene aus den anderen Kellern auf einen Hof und begannen die gesamte männliche Bevölkerung mit Maschinenpistolen niederzumähen. Von den Männern aus dem Grosseibl-Keller fielen alle sofort um. Außer dem treuen Jäger Zimmermann waren alle tot. Er hatte einen Schuss (mit Ausschuss) unterhalb der rechten Schulter abbekommen und wäre bei ärztlicher Versorgung zu retten gewesen, obgleich er schrecklich blutete und vor Schmerz jammerte. Liegen konnte er nicht, weil das viele nach innen geflossene und teilweise gestockte Blut Erstickungsanfälle verursachte. Die Frauen, darunter seine Töchter, Frau Roth und Frau Molnár, bemühten sich um Hilfe, aber die Russen drohten, ihn mit dem Kolben der MP zu erschlagen. Von Hilfe keine Rede, nur Drohungen. Endlich war die Schießerei vorbei und die Russen plötzlich weg.

Miska wurde auf ein Bett gesetzt, da man ihn nicht legen konnte, und die Frauen mussten verzweifelt zusehen, wie er langsam verblutete. Am Vormittag des 17. März hauchte er seine gütige, unschuldige Seele aus. Die gesamte männliche Bevölkerung von Kápolna wurde ausgerottet. Es gab Väter, die mit ihren 16- bis 18-jährigen Söhnen zusammen starben.

Fast alle Häuser von Kápolna wurden dem Erdboden gleichgemacht oder angezündet. Als die Front weiterzog, ging der Rest der Bevölkerung nach Gánt. Dort erwartete die Familie Zimmermann, die nun ohne ihr Oberhaupt weiterleben musste, eine weitere schreckliche Tragödie. Das mittels Spargroschen errichtete schöne neue Haus war vernichtet, ausgebrannt. Elisabeth Zimmermann, damals 16-jährig, hatte über Nacht graue Haare bekommen. Und der Sohn Peter war noch in Russland, kam erst viel später nichtsahnend zurück. Auch er ist heute noch am Leben.

Über dieses grauenvolle „Klein-Lidice" durfte niemand all die Jahre der russischen Besetzung hindurch ein einziges Wort verlieren. Erst nach der endgültigen Befreiung fingen die Leute an, sich über diesen Tag zu unterhalten, da ja noch viele Zeitzeugen am Leben waren. 1990 hat ein wandernder Imker durch Zufall zwischen den Büschen ein Kreuz gefunden mit der Inschrift 16.3.1945. Hier liegen die unschuldig ermordeten Männer von Kápolna, vom Jüngling bis zum Greis sinnlos und grausam hingemordet. Man hatte sie heimlich in einem Massengrab verscharrt, ohne Pfarrer, ohne Sarg.

Über dieses Verbrechen der Russen durfte die ganzen Jahre über kein Wort gesprochen werden. Wenn einer nur Andeutungen machte, wurde er eingesperrt oder interniert. Die Angst war so groß, dass einige Berichterstatter noch Ende der 90er Jahre nur Initialen preisgaben. Elisabeth schrieb mir am 23. Juni 1998 einen genauen Bericht und erteilte mir ihre Genehmigung, über den Tod ihres Vaters endlich authentisch zu erzählen. Sie schrieb mir, dass sie bei der Schilderung der schrecklichen Stunden vom 16. und 17. März 1945 – also nach 53 Jahren – von Weinkrämpfen geschüttelt wurde. Der Brief endet mit den Worten: „Die Erinnerung lebt in mir, als ob das alles gestern geschehen wäre. In meiner Seele ist eine Wunde, die niemals heilen kann. Nur im Gebet kann ich täglich an die armen, unschuldigen Menschen von Kápolna zurückdenken. Ich bitte den lieben Gott, dass es nie mehr einen Krieg gibt und dass die armen Männer von Kápolna, darunter mein heißgeliebter Vater, die ewige Seligkeit genießen." Soviel von dieser schrecklichen Tragödie.

Von der Befreiung der mittlerweile in das Jagdhaus von Kápolna zurückgekehrten Flüchtlinge, die Zimmermann so treu und umsichtig vor den Deutschen rettete, berichtet unser guter Freund, der französische Capitaine Victor Muset, 1946 an Antatelle, unsere geliebte Gouvernante, die als Schweizerin noch 1944 in ihre Heimat zurückgekehrt war:

*Als wir merkten, dass sich nach einer längeren Pause russische Soldaten dem Jagdhaus näherten, atmeten wir auf. Nun war die lange andauernde Flucht vor den Deutschen, die sich zurückgezogen hatten, zu Ende. Einige von uns liefen ihnen freudestrahlend entgegen. Sie wurden mit Schüssen, die in die Luft abgegeben wurden, gestoppt. Dann kamen sie in das Haus, suchten nach Waffen, verlangten Uhren, bedrohten uns, obgleich wir von den Deutschen verfolgte Menschen verschiedener Nationalität waren und uns über unsere Befreiung sichtlich freuten.*

*Die finster und böse blickenden jungen Russen störte das wenig. Wir wurden ausgeplündert, manche sogar bis auf die Unterwäsche ausgezogen, ihrer Schuhe und Mäntel beraubt. Vorerst blieben wir im Haus, bis wir mit einem Offizier vernünftig reden konnten. Aber auch danach dauerte es Tage, bis wir in der*

*Bezirkshauptstadt rehabilitiert und mit Dokumenten versehen wurden. Man verlegte uns in eine Kaserne, wo wir zwar verköstigt wurden, diese aber nicht verlassen durften. Später wurden mein französischer Kamerad und ich von Offizieren der „Sureté" verhört, endgültig befreit und von einem Feldflugplatz Richtung Heimat (auf großen Umwegen und unter einigen Abenteuern) ausgeflogen. Es war auch höchste Zeit. Denn unsere Ausweise und Armbinden in den Farben der Trikolore schienen die Soldaten nicht daran zu hindern, Plünderungsversuche zu unternehmen. Diese scheiterten aber, weil wir wirklich nichts mehr hatten. Ich verdanke mein Leben meinem ehemaligen Chef und Freund, dem Grafen Meran, der mich unter großen Risiken vor den Deutschen versteckt hatte. Soweit Victor Muset aus Grenoble.*

Miska Zimmermann, der Revierjäger von Kápolna, war, als er starb, 54 Jahre alt. Er hätte noch viele Jahre leben können. Das mörderische Verhalten der sowjetischen Soldaten in diesem Frontabschnitt war kein Einzelfall. Die meisten unserer Nachbarn wurden liquidiert, etwa 15 Prozent der Dorfbevölkerung Csákberénys kam um. Wir retteten unser Leben mit Sicherheit, als wir beschlossen, Csákberény – wo die Front drei volle Monate toben sollte – in letzter Sekunde zu verlassen.

*Anmerkung:*

Bis zum Schluss glaubten wir, Zimmermann wäre schon beim ersten Einmarsch der Russen zusammen mit der ganzen männlichen Bevölkerung von Kápolna erschossen worden, weil er die Partisanen aufgestöbert hatte, was zur Verhaftung eines ihrer verwundeten Offiziere führte. Die Wahrheit erfuhren wir erst nach dem Abmarsch der Russen aus Ungarn durch die Tatzeugin und eigene Tochter und das Gedenkkreuz mit dem Datum 16. März 1945.
Auch heute noch sind die Leute, die das Massaker überlebten, so eingeschüchtert von den seinerzeitigen Drohungen, ja nicht über die Taten der Besatzungsmacht zu sprechen, dass sie nur unter großen seelischen Anstrengungen über diesen feigen Massenmord berichten können.

# *Das schwere Schicksal des Jägers Müller*

In den zu Csákberény gehörenden Revieren hatten die meisten Förster und Revierjäger deutsche Namen. So hieß in Csóka der Förster Maurer und die beiden Revierjäger Schneider und Preszter, in Kápolna der Förster Zechner und der Revierjäger Zimmermann, in Csákberény selbst der Förster Müller und der Revierjäger ebenfalls Müller, in Zámoly der Oberjäger Öhlmann und der Hilfsjäger Satzger.

Revierjäger Josef Müller, von dem in diesem Kapitel berichtet wird, war ein Vertrauter unserer Familie. Von Natur aus war er sehr schweigsam und taute nur auf, wenn er ein wenig von seinem Rotwein getrunken hatte. Als wir Kinder waren, „gestaltete" er alljährlich am 5. Dezember den heiligen Nikolaus. Da er ein edles Profil hatte und einem Onkel meiner Mutter ähnlich sah, nannte sie ihn den „Eltz-Müller". Müller war treu, aber selbstbewusst. Einmal, als Großpapa ihm Vorhaltungen machte und er sich unschuldig fühlte, wollte er kündigen. Allein meinem Vater gelang es, Müller zum Bleiben zu bewegen, und auch Großpapa war – als er seinen Irrtum erkannte – sofort bereit, sich bei Müller zu entschuldigen.

Müller war unser Schweißhundeführer. Er betreute „Hirschmann", einen aus der Obersteiermark stammenden bayrischen Schweißhund, und später, nach Hirschmann, „Virtus", eine Hündin – trotz dieses männlichklingenden Namens. Wir nannten ihn Jóska bácsi (Onkel Joschka) und lernten viel von ihm. Er besaß zwei Gewehre; das eine war eine Büchsflinte, syde-by-syde, Kal. 16 und Kal. 8 x 57 R, sowie eine Hahnenflinte, doppelläufig 16/16.

Mit Hirschmann vollführte Müller bravouröse Nachsuchen. Die vielleicht spektakulärste war jene, als er einem kapitalen 16-Ender, von Onkel Fritz Mayr-Melnhof am Großen Cser relativ leicht am Vorderlauf angeschweißt, im Revier Gánt – nach einer sieben Kilometer langen Nachsuche – den Fangschuss gab.

Hirschmann hatte durch Müllers Dressur auch die Gabe, Schnepfen beim Bouschieren anzuzeigen und dann aufzutreiben, was ich selbst öfters miterlebt hatte. Müller war übrigens ein Meister des Rehrufes. Und zwar blattete Müller ausschließlich mit bestimmten Grashalmen. Dieser Ruf klang vielleicht noch weicher und echter als jener mit dem Birken- oder Buchenblatt.

Als die Russen unser Dorf am zweiten Weihnachtstag, Stefani 1944, eroberten, konnte Müller seine Frau und seine Töchter so gut verstecken, dass ihnen von den Fronttruppen nichts geschah. Sein Haus befand sich direkt gegenüber der römisch-katholischen Kirche, wo seine zweitälteste Tochter Magda heute noch als Witwe lebt. Müllers großer Kummer war, dass sein „Versteckbunker", wo Vaters und Großvaters beste Trophäen und alle Fotoalben meiner Mutter versteckt waren, von den Sondertruppen der NKVD entdeckt wurde.

Müller war jähzornig. Als ein Russe seine geliebte Virtus vor seinen Augen erschoss, wie es die Russen übrigens mit allen Hunden im Ort taten, wollte sich Müller sofort auf ihn werfen. Schon hielt der erschrockene Russe – allein durch die zornigen Augen Müllers alarmiert – die Maschinenpistole auf ihn gerichtet, als ein Offizier einsprang und ihn vorm sicheren Tod rettete.

Seine Waffen hatte er gut versteckt. Als die Sondertruppen von unseren Förstern und Jägern die Ablieferung der Jagdwaffen verlangten, sagte Müller seelenruhig, dass ihm diese von den Deutschen abgenommen wurden.

Als Bruder Feri und ich 1945 nach Csákberény heimkehrten, kümmerten sich die Müllers rührend um uns. Die ältere Tochter Annus war nach Australien emigriert, wo sie heute noch lebt. Jóska, Frau Mici und Tochter Magda lebten in Csákberény. Müller bekam eine Stelle als Forstaufseher bei den staatlichen Forsten, und ich als der unbewaffnete Heger der Jagdgesellschaft kam oft mit ihm im Wald zusammen. Der in den dreißiger Jahren von unserem Betrieb – wohlbegründet – entlassene Forstmeister Márkossy, vormals Schillinger, ließ sich nach Csákberény zurückversetzen und rächte sich nun an uns. Wir konnten auch nicht für Geld Holz aus dem enteigneten Wald bekommen. Müller organisierte es, mit dem Risiko, seine Stellung zu verlieren, dass wir trotzdem genügend Holz zum Heizen und Kochen bekamen. Das war in den Wintern 1945 und 1946 lebenswichtig und befreite uns davor, in unserem eigenen Wald Holz zu stehlen. Sooft wir bei den Müllers eingeladen waren, wurde uns der Stolz seines Weingartens, „Müllers Perle" (Müller gyöngye), aufgetragen. Wie gut schmeckte uns dieses Gesöff, von dem allerdings der französische Jagdgast Menier sagte: „Je ne savais pas, que le vinaigre hongrois avait une couleur rouge." (Ich wusste nicht, dass der ungarische Essig eine rote Farbe hätte.)

Noch am Ende des Krieges wurde Müller zu einer Art Arbeitsdienst einberufen. Es war überhaupt typisch für die angebliche Militärdiktatur Horthys, dass viele, unendlich viele Männer im besten Militäralter nicht nur nicht einberufen, sondern auch niemals militärisch ausgebildet wurden. Es gelang ihm, sich so bald als möglich zu seiner Familie abzusetzen. Vom anderen Forstpersonal wurde überhaupt niemand einberufen, außer dem Csókaer Jäger Preszter, der 1943 am Don gefallen ist.

In den drei Jahren, die ich in Csákberény unter beginnender kommunistischer Herrschaft verbrachte und die die meisten meiner Jagdfreunde und Leser zur Genüge kennen, war unsere Freundschaft zu den Müllers offensichtlich. Das allein störte die Bolschewisten schon, außerdem war Müller ostentativ parteilos. Einige Versuche der (als jugendliche Aufbaubrigaden getarnten) Geheimpolizei, Müller als Spitzel aufzubauen, misslangen; bei anderen waren sie aber umso erfolgreicher. Ein unsichtbarer schwarzer Fleck blieb – in den Augen des Regimes – auf seiner weißen Weste. Damals herrschte in Ungarn offiziell noch die Kleinlandwirte-Partei, in Wirklichkeit aber der allmächtige russische Statthalter Marschall Kliment Woroschilow, später Generaloberst Swiridow.

Die Polizei und 'AVO waren von allem Anfang an rein kommunistisch geführt. Sie hatten natürlich eine gewisse Anlaufzeit notwendig, um ein undurchdringliches Netz von Polizeiagenten aufzubauen. Einer der in der Horthy-Ära bei der Polizei war oder gar bei der Gendarmerie, kam nicht in Frage. Die Pfeilkreuzler-Exekutive war auch nicht geeignet, entweder geflüchtet oder exekutiert worden.

Man musste also neu anfangen und das unter russischer Anleitung. Die Russen hatten aber in Ungarn solch unbeschreibliche Greueltaten vollbracht, dass ihre „Popularität" gleich null war. Die wenigsten wollten sich zur neuen 'AVO melden.

Es blieben daher russische Staatsbürger, erpressbare und fragwürdige Elemente übrig. Als ich in Ungarn (bis September 1948) war, kannte ich einige aus unserem Dorf, die bei Schulungskursen in Russland waren. Einer war sonntags bei der Messe, wo er ganz ungeniert die Predigt unseres Pfarrers mitstenografierte. Beim Hinausgehen wichen die meisten Leute von ihm weg, aber ich hatte noch mitgehört, als er sich auf mich deutend äußerte: „Was will denn der noch hier?"

Sein Name war Mester, und wir hatten als Kinder oft zusammen Fußball gespielt. Da unser Pfarrer Choleriker war und einer der besten Stegreifredner, die ich kannte, gestaltete er seine Predigt so, dass der „Stenograf" sie überhaupt nicht verstand und einen roten Kopf bekam.

Von Tag zu Tag nahmen die Aktivitäten der Geheimpolizei zu und die Zahl der Spitzel ebenso. Auch Jäger Müller beklagte sich, dass er beobachtet wurde. Man wollte ihm auf irgendeine Weise eine Falle stellen, einen Grund für seine Festnahme finden. Ende September – wohl ihm allerletzten Moment – verließen wir schweren Herzens Csákberény, um es – was mich anbelangt – ein Vierteljahrhundert später wiederzusehen. Vorher übergab ich Müller noch die unter großen Mühen gesammelten Hirschtrophäen, die wir in der neuen Wohnung hängen hatten, damit er sie – bei dieser dritten Flucht – aufbewahre.

Was nun folgte, das weiß ich durch Müllers persönlichen Bericht und zahlreiche Erzählungen seiner Frau Mici, die ich seit 1981 alljährlich besuchte. Ein halbes Jahr nach unserer Flucht geschah zunächst nichts. Dann wurde Müller plötzlich entlassen. Eine Entlassung im Kommunismus bedeutete immer ein tiefes Absinken. Arbeitslosenunterstützung gab es nicht, da jeder die Pflicht zu arbeiten hatte. Aber wo und wie, das ist die Frage. Er war Hilfsarbeiter, Tagelöhner, Straßenkehrer und Forstarbeiter. Wenn einer vom geachteten Posten eines Forstbeamten zum Tagelöhner wird, ist das in Ungarn, wo die Menschen sehr stolz sind, schon eine Katastrophe. Wenn aber der neue Forstaufseher ein ehemaliger Wilderer ist und der Revierjäger, der ihn einmal ertappte, Forsthilfsarbeiter, so wird die Sache schon fast unerträglich.

*Spätsommerabend*

Dreimal waren die Schergen schon zu einer Hausdurchsuchung angerückt, um versteckte Waffen zu finden. Sie blieben aber erfolglos. Müller, der sein Revier liebte und den Wald wie einen Dom verehrte, litt unsäglich unter den Unmenschlichkeiten, die man ihm in ständig steigendem Ausmaß antat.

Eines Sonntagmorgens stand er gerade vor dem Fenster und rasierte sich – er wollte die Messe besuchen –, hatte sich gerade eingeseift und begonnen, sich mit einem altmodischen Rasiermesser das Gesicht zu schaben, als zwei Geländewagen russischen Typs zwischen der Kirche und seinem Haus vorfuhren. Sieben schwerbewaffnete, neu uniformierte 'AVO-Soldaten unter einem Offizier kamen im Laufschritt zu Müllers Wohnung. Einige alte Frauen, die frühzeitig zur Kirche gingen, sahen, wie die Schergen den mageren, schmächtigen und ehrwürdignobel aussehenden Revierjäger, nur mit einem ärmellosen Trikot bekleidet, unter Gebrüll zu den Autos stießen.

Es war im Jahre 1951, Anfang Juni, der Tag ist mir entfallen, obgleich ihn mir Müller bei unserem ersten Treffen Anfang der siebziger Jahre sagte. Er glaubte, dass die Schergen ihn nach Stuhlweißenburg, der nächsten großen 'AVO-Zentrale, bringen würden. Dem war aber nicht so. Man brachte ihn nach Budapest in die berüchtigte Andrássy-Straße 60. Hier kam er in eine Zelle, die für sechs Personen gebaut war, in der jedoch 40 Platz nehmen mussten.

Müller wurde nicht, wie anscheinend ursprünglich geplant, wegen unerlaubten Waffenbesitzes angeklagt. Nein, das schien für ihn eine zu kleine Nummer zu sein. Man beschuldigte ihn schlicht und einfach, an einer der damals zahlrei-

*Abendstimmung in der Puszta* (Gemälde von Robert Muray)

chen, vom Rákosi-Regime aus dem Finger gesogenen „Verschwörungen" gegen die Volksrepublik teilgenommen zu haben, ein Volksverräter zu sein.

Müller wurde täglich und ausschließlich in der Nacht verhört. Er war stur und unterschrieb nichts, was ihn belastet hätte. Dafür wurde er ununterbrochen mit Gummiknüppeln bearbeitet. Das Allerschrecklichste war seiner Erzählung nach die Bastonade, das Schlagen auf die Fußsohlen. Das erste Mal konnte man sich den furchtbaren Schmerz noch verbeißen, aber dann, wenn sie auf die offenen, wunden, angeschwollenen, aufgesprungenen Fußsohlen immer wieder einschlugen, hielt man es nicht mehr aus. Müller verriet mir, dass er wie ein todwundes Tier, wie ein gerade abgestochenes Schwein brüllte und jammerte. Jahre später, als er schon frei war, sagte mir Frau Mici, dass er fast jede Nacht Alpträume hätte und brüllte, dass die Nachbarn anklopften und fragten, was Furchtbares geschehen wäre.

Nach drei Wochen ununterbrochener Folter, Schlafentzug, unmenschlicher Verhältnisse in der Zelle, wo ähnlich gefolterte, arme Menschen sich aufhielten, war Müller immer noch nicht bereit, etwas zu unterschreiben, was er nicht verbrochen hatte. Alle Mitgefangenen rieten ihm, es zu tun, aber er blieb stur. Erst als sie begannen an seinen intimsten Körperstellen abscheulich sadistische Quälereien durchzuführen und er zu merken anfing, dass seine Widerstandskräfte nachließen, er einfach spürte, dass er nur mehr höchstens eine Woche leben würde, wenn er nicht nachgab, unterschrieb er. Von diesem Augenblick an ließen sie ihn mit Torturen in Ruhe. Er wurde auch in eine andere Zelle, in einen anderen Trakt gebracht, und dort besuchte ihn ein Anwalt, den sie zu seiner „Verteidigung" abkommandiert hatten.

Der Prozess wurde ihm im Herbst 1951 in der Markó utca gemacht. Müller bekam zuerst „lebenslänglich", später, nach einer Berufung, wurde er rechtskräftig auf 15 Jahre Zuchthaus verurteilt. Er wurde nach Vác gebracht, in eines der berüchtigtsten Zuchthäuser Ungarns. Von der Familie hörte er nichts; auch die Familie wusste nicht, ob er noch lebte. Endlich, am 27. Oktober 1956, nach fünf Jahren Zuchthaus, öffneten sich die Tore des Gefängnisses und alle politischen Häftlinge wurden von den Freiheitskämpfern der glorreichen ungarischen Revolution freigelassen.

Müller fuhr mit dem Zug nach Hause, vom Bahnhof Bodajk ging er zu Fuß. Seit fünf Jahren hatte er den freien Himmel, seinen geliebten Wald nicht mehr gesehen. Seine Familie war überglücklich und begann ihn aufzupäppeln. Er wog damals nur mehr 48 Kilogramm. Da er immer sehr mager und sehr schmächtig war, hatte er vielleicht die fürchterliche Zeit leichter überstanden. Aber das Glück dauerte nicht lange. Nach sechs Wochen kamen die Häscher und brachten Müller wieder dorthin, wo er schon die letzten fünf Jahre verbracht hatte – ins Zuchthaus Vác.

Er hatte alle Ratschläge, das Land zu verlassen, in den Wind geschlagen. Er verbrachte die Wochen seiner Freiheit, an deren Endgültigkeit er übrigens nicht glaubte, fast ausnahmslos im Wald und in seinem geliebten Weingarten. Langsam gewöhnte er sich wieder an die „Müller-Perle", wurde zusehends gesünder und zeigte sich wieder unter Menschen. Inzwischen hatte der sowjetische Kommunismus wieder die volle Macht errungen, und von da an begannen die dunkelsten Zeiten der Kádár-Ära, nämlich jene der grausamen Vergeltung für die „Konterrevolution" (übrigens den einzigen blutigen Kampf gegen die Supermacht Sowjetunion, die je ein von ihr unterdrücktes Volk unternommen hatte – mit Tausenden toten Sowjetsoldaten und Hunderten vernichteten Panzern).

Es kam die Zeit, die im Volksmund noch heute das „Kinderhängen" genannt wird, waren ja die größten Stützen des Freiheitskampfes die Arbeiter und die Jugend, vor allem letztere. Müller wurde vorerst in Ruhe gelassen, denn an der Revolution war er wirklich nicht beteiligt gewesen. Nach sechs Wochen kamen sie ihn wieder abholen. Es geschah auf Befehl des KBG-Chefs Ivan Scrow, dass all jene ehemaligen politischen Häftlinge, die von den Revolutionären befreit wurden und das Land nicht verlassen hatten, wieder „eingesammelt" wurden.

Müller, der bei seiner ersten Verhaftung noch keine fünfzig Jahre alt war, schien äußerlich sehr stark gealtert. Frau Mici sagte mir einige Jahre später, dass die Polizisten, die ihn das zweite Mal abholten, weniger brutal schienen und einige sogar Verständnis und Mitgefühl zeigten. Von da an war Müller weitere drei Jahre im Gefängnis. Dann wurde er plötzlich durch eine Generalamnestie des Kádár-Regimes – anlässlich eines Geburtstages des Präsidenten – nach Hause entlassen, aber nicht rehabilitiert. Da er sein Haus der Tochter Magda mit ihrem Mann und den drei Kindern vermacht hatte, zog er nach Mór in ein Haus seiner von dort stammenden Frau – in der Deák-Ferenc-utca. Dort besuchte ich ihn insgesamt dreimal und verbrachte viele Stunden mit ihm.

Das Ehepaar bewirtete mich wie in alten Zeiten mit einem guten Essen und der unvermeidlichen Müller-Perle aus dem Csákberényer Weingarten. Nur das erste Mal erzählte er auf meinen Wunsch über seinen Leidensweg. Ich fühlte, dass er nicht gerne darüber sprach, aber andererseits wollte ich wissen und erfahren, was die Schergen des Bolschewismus mit einem einfachen, hochanständigen, völlig unschuldigen Menschen angestellt hatten, zu welchen Taten diese Bestien fähig waren. Nie erwähnte Müller mit einem einzigen Wort den Umstand, dass ja schließlich auch seine Freundschaft und Treue zu den „geächteten, volksfremden Elementen", nämlich uns, bei seiner Haft eine Rolle gespielt hatten. Dazu war dieser Mann viel zu nobel und gerecht.

Wir sprachen fast ausschließlich von alten gemeinsam erlebten Zeiten, so von meiner ersten Sau, meiner Fuchs- und Schnepfdublette, von den Nachsuchen mit Hirschmann und Virtus, von den großen Saujagden und den stärksten Hirschen von Csákberény, so vom Lebenshirsch meines Vaters 1938, dessen Erlegung Jóska und ich vom Hochstand aus miterlebten. Müller war es auch, der damals mit dezidiertem Ernst erklärte, dass die Gemeinde Csákberény meinem Vater schier alles verdanke und sich trotzdem so undankbar erwies.

Unsere letzte Begegnung fand im September 1982 statt. Müller war alt geworden und ihn fröstelte es immer. Ich konnte ihm noch warme Kleidung und eine Mütze schenken. Anderthalb Jahre später starb dieser aufrechte Mann nach kurzer Krankheit im Spital an den Spätfolgen der unmenschlichen Behandlungen. Frau Mici lebte etwa noch sechs Jahre länger, allein und gebeugt, und es gab keinen Ungarnbesuch, bei dem ich sie nicht aufsuchte.

Wie viele solcher guter Menschen hat das von Grund auf unmenschliche kommunistische Regime im Laufe der Zeit verschleppt, gefoltert, eingekerkert und zu (vorzeitigem) Tod gebracht? Darüber schweigen die Medien und Annalen. Eines ist sicher: die Mitglieder dieser Folterbande sind niemals wirklich verfolgt worden. Nicht nur in Ungarn, im ganzen Ostblock nicht! Sogar ihr Chef, der General Péter, lebte bis zu seinem Tod mit guter Pension in einer Budapester Wohnung. Ganze Generationen dieser Mörder sind „friedlich im Bett eingeschlafen", ihre kaum überbietbaren Verbrechen werden ihnen nicht vorgeworfen. Unser Jäger Müller kam auch völlig unschuldig in ihre Klauen. So gesehen und auf seine Art war er ein Heiliger. Unsere Familie verdankt ihm unendlich viel. Ehre seinem Angedenken!

# *Eine Protokolljagd in Ungarn*

Jänner 1971

Drei Tage und drei Nächte hatte es geschneit. Nach einem milden Dezember war der Januar mit seiner ganzen winterlichen Wucht über das Land gekommen. Schon vor einer Woche hatten die älteren Menschen nicht schlafen können, denn das sich ändernde Wetter, mit heutigen Worten die „Kaltfront", kündigte sich rechtzeitig an. Man merkte es schon an den Autofahrern, die schlechter reagierten, an den vielen Rettungsautos, die mit Sirenengeheul vorbeifuhren, an der Nervosität der Hunde, der Ansammlung vieler Vögel an den Fütterungsstellen und einer wartenden, horchenden Trägheit, die über der Landschaft lag.

Der Schnee war am Anfang ganz fein und kaum sichtbar, dann wurde er dichter und hörte auch nicht auf, als die Temperatur bis unter minus 10° C sank. In meiner Jugend hieß es immer: In großer Kälte fällt kein Schnee! Heutzutage ist das alles anders. Wir freuten uns damals über den Schneefall, denn für uns Kinder kam die lustige Zeit der Schlittenfahrten, das Eislaufen auf dem Dorfteich, die glockenbimmelnde, Kinderherzen für immer erwärmende Weihnachtszeit. Damals gab es kein Weihnachten ohne Schnee.

Heute aber ist es ganz anders. Nach einem eiskalten November folgt ein abnormal warmer Dezember, im Spätherbst gefallener Schnee ist weggeschmolzen, wie niedergewalzt, braun und abgestorben schämen sich die nackt darniederliegenden Wiesen, der uralte Rhythmus ist unterbrochen, und die Natur, das Tier und der Mensch vermögen sich nicht umzustellen.

Es war am 16. Jänner 1971. Der Schneefall hatte aufgehört. Über den weiß behangenen Wäldern und verschneiten Feldern glänzte ein dunkelblauer Himmel, und die Sonne blendete mich so störend, dass ich – nach Osten fahrend – eine dunkle Brille benützen musste. Wir waren zu dritt von der ungarischen Regierung zu einer anderthalbtägigen Saujagd in die Gegend von Nova eingeladen worden, die wichtigsten Leute des österreichischen Pavillons auf der in diesem Jahr veranstalteten 1. Weltjagd-Ausstellung in Budapest. Hans Kottulinsky, Heribert Horneck und ich. Eine Protokolljagd im Westen Ungarns, wie ich sie mir vorstellte, war mehr Repräsentation als Jagd. An der Grenze kamen wir zusammen und fuhren dann in einem Auto weiter. Die ungarischen Straßen waren kaum gereinigt. Nur die russischen Laster und Geländewagen hatten eine Spur auf einigen Seitenstraßen gelegt. Doch der mit neuen Winterreifen ausgerüstete Volkswagen meines Vetters kam gut voran.

Es war das erste Mal, dass ich seit dem Krieg diese Grenze in Richtung Ungarn passierte. Im Vorjahr, beim Kongress des Internationalen Jagdrates in Budapest, war ich aus Vorsicht mit dem Flugzeug angereist. Diesmal aber hatten wir Papiere, die der Landwirtschaftsminister unterschrieben hatte, und die Kontrolle war gemäßigt. Abschreckend erschienen mir die bis an die Zähne bewaffneten Soldaten, der Grenzschranken auf ungarischer Seite mit 30 cm Durchmesser und die Gesichter der höheren Grenzpolizisten und Zollbeamten. 'AVO-Visagen, wie sie im Buche stehen! Ordinäre Gesichtszüge, keine edlen Bauerngesichter, eher Russen ähnlich, eiskalte wässrige Augen, verkniffene Lippen und eine nicht nur Respekt, sondern auch Unterwerfung gebietende Körpersprache. Die ungarische Winterluft allerdings erinnerte mich an meine Kindheit. An die Tage, als wir mit von Mutter gestrickten dicken Wollpullovern und Wollhauben mit Antatelle auf die Hutweide zum Rodeln gingen. Der Geruch frisch gefallenen Schnees, Pferdemistes, das Hundegebell und der auf Seitenstraßen fast völlig fehlende Verkehr.

Auf den Misthaufen, die in der Kälte dampften, saßen träge und aufgeplustert die Saatkrähen, die Büsche waren voller Spatzen, die bei der Annäherung eines Autos nicht einmal aufflogen. 1971 – das waren die heute zeitweise zurückersehnten Jahre der „besseren“ Kádár-Zeit, doch für uns, die erstmals aus dem Westen hinüberfuhren, war die Armut und die Stagnation offensichtlich und konnte von keiner noch so zauberhaften Winterlandschaft verdeckt werden. Die Menschen gingen zwar nicht in Lumpen, doch recht ärmlich und in mehr oder minder einheitlicher Kleidung einher. Sie schauten kaum auf, wenn ein damals hier noch seltenes westliches Auto vorbeifuhr. Vor den Dorfschenken lehnten Pyramiden von Fahrrädern, und ein Blick in die Schank erzählte uns, dass ein Teil des kargen Lohnes in Alkohol umgesetzt wurde. Ganze Schlangen stauten sich da; ein für mich ungewöhnlicher Anblick. Und noch etwas wunderte mich, das ich schon im Jahre 1955 in Brünn beobachtet hatte: Am helllichten Vormittag hatten die Menschen Zeit, im Wirtshaus zu sein. War denn der Kommunismus, wie wir es gelernt haben, nicht eine Art Sklaverei, halbe Zwangsarbeit, sozusagen mit strengen Kontrollen und so kleinem Lohn, dass man gerade nicht verhungerte? Waren so viele Tachinierer möglich?

Hans schaute nachdenklich und Heribert konnte sein Staunen nicht verleugnen. Wir waren in einer anderen Welt: im Großreich des Mafia-Bosses Breschnjev, dessen Syndikat man Poliltbüro und dessen Außenstellen man Bruderstaaten nannte. Wir allerdings nannten sie Satelliten, wenn auch dieser Ausdruck seit Juri Gagarins „Sputnik" einen anderen Sinn bekommen hatte. Weder wir noch die Fürsten der Nomenklatura konnten damals ahnen, dass die Tage des europäischen Kommunismus gezählt waren, dass irgendwo schon der Countdown begonnen hatte – am allerwenigsten konnte aber irgend jemand daran denken, dass nach einmal erfolgter Wende durch Einführen eines bei uns unbekannten Brutalkapitalismus und des unseligen Computers die heute teilweise gleichermaßen armen Menschen einmal Sehnsucht nach dem Kádárschen Kalaschnikov-Schlendrian haben würden. Schon damals, bei unserem ersten Autoausflug nach Ungarn, bemerkten wir mit Staunen, dass immer wieder am Straßenrand sowjetische Lastautos abgestellt waren, an denen verzweifelte Soldaten versuchten, Reparaturen vorzunehmen. Die Großmacht Sowjetunion hatte zwar über hunderttausend Kampfpanzer, aber ihre Lastautos sahen noch immer so aus wie jene, mit denen die Amis 1945 in Österreich einmarschiert waren. Und das ganze Drumherum (die Infrastruktur, sollte man eigentlich sagen) hatte sich seit meiner Flucht 1948 überhaupt nicht geändert. Es ist interessant, grübelte ich am Rücksitz des Volkswagens meines Vetters, dass diese Stagnierer und Reaktionäre, die paar Dutzend kommunistischen Feudalfürsten, die solch ein – vor dem Krieg völlig – westlich ausgerichtetes Land durch östlich-rückständige Sitten unterdrücken, das Wort Fortschritt noch in den Mund zu nehmen wagen. Mit einer solchen Armee, deren Lastautos völlig veraltet und kaputt waren, werden sie die Weltrevolution nie zustande bringen.

Der wackere Volkswagen durchfuhr auch im Flachland der Komitate Vas und Zala etliche, allerdings pulverig-weiche Schneeverwehungen. Die Seitenstraßen, die wir abweichend von der Hauptstraße jetzt befuhren, wurden damals, 1971, noch von nicht wenigen Schlitten befahren. Welch ein anheimelnder, Erinnerungen weckender Anblick! Und der Geruch, der Anblick der dampfenden

Pferdeleiber, der Peitschen, der Glöckchen, der hinterdrein laufenden Köter, das alles ging mir so ans Herz, dass ich mit den Freunden auch darüber sprechen musste.

Als wir irgendwo den Weg nicht wussten, war ich es, der Passanten um Auskunft fragte. Und nun zeigte sich der Unterschied zwischen den pfiffigen, schnell reagierenden Ungarn und den trägen, freundlich-langsam reagierenden Steirern. Während Letztere mit Sicherheit „Was, Wie, Warum" anbrachten, um Zeit zum Nachdenken zu haben, sprudelten die Ungarn in Blitzesschnelle eine so präzise Antwort heraus, dass nun wiederum wir es waren, die nicht so schnell begriffen. Unser Ziel war das Jagdhaus Nova, ein ehemaliger Besitz des Grafen Zsigmond Batthyány, mit dem ich viel gejagt habe, des Vaters meines Klassenkameraden Zsiga.

Ja, die beiden Zsigas hatten mir viel von diesem Jagdhaus, das eigentlich früher eine kleine Kurie war, erzählt. Den berühmten Jäger Zsiga – einem Stammgast in Pusztaszer – habe ich wiederholt auf den guten Jagden der Steiermark, Brunnsee und Finkenegg, getroffen. Nun luden mich die „neuen Herren" in sein Jagdhaus, in sein Revier ein.

Endlich waren wir beim Jagdhaus Nova. Es war größer, als ich gedacht hatte. Es erwarteten uns schon der damaliger Chefredakteur der ungarischen Jagdzeitschrift, Iván Karczag, ein Kollege von Heribert, der Obermanager der Jagdausstellung, László Studinka, und der mitgekommene, nicht jagende Jagdmaler Pál Csergezán.

Studinka brauche ich nicht vorzustellen, er hat sich international durch seine Bücher und seine immensen Kontakte zu westlichen Jägern bekannt gemacht. Durch seinen guten Freund Hans Auloch, dessen damaliger Wohnort in der Türkei war und der ihn überall in der Welt auf Jagden einlud, hat er im letzten Drittel seines Lebens, als er der Oberjagdleiter des südungarischen Jagdreviers Lábod wurde, Schottland, Spanien, England, die Türkei, Afrika und die jetzt zu Rumänien gehörenden ehemals ungarischen Karpaten als Jäger besuchen können. Laci war leider nicht gesund, er rauchte so viel, dass Daumen, Zeige- und Mittelfinger schwarzbraun waren. Und nicht irgendwelche leichte Zigaretten, sondern die stärksten, die es gibt, und diese „kettenmäßig". László Studinka war der Sohn eines Wenckheimschen Gutsdirektors und hat in Oxford studiert. Er war einer der wirklich echten und von Kindheit an mit der Jagd aufgewachsenen Waidmänner. Zahlreiche Initiativen, die auf den Vorschlag dieses anerkannten Fachmannes in Ungarn durchgesetzt wurden, haben den Nachkriegsweltruhm der ungarischen Jagd begründet.

Bei der Weltjagdausstellung schmückten sich viele mit seinen Ideen und den aus ihnen entstandenen Erfolgen. Im CIC habe ich oft sagen gehört, dass die Jagdausstellung Budapest die beste war, die man jemals organisiert hat, und das ist zu einem gerüttelten Maß Studinka zu verdanken, wer immer auch am Präsidiumstisch sitzen mochte.

Studinka war in den Kreisen der Bonzen unbeliebt. Er war ein Herr, altungarischer Gentry, kannte den Westen, sprach fließend deutsch, französisch und englisch; das erzeugte schon Komplexe bei Neidern. Aber er war auch cholerisch und nicht imstande, seine Zunge im Zaum zu halten, sagte wiederholt hohen und höchsten Nomenklaturisten offen und frei seine Meinung. Solches wurde ihm nicht vergessen. Jetzt zur Zeit der Weltjagdausstellung brauchte man ihn, aber später fiel er in Ungnade. Kommunistische Fürsten vertragen keine Kritik, nur ganz wenige unter ihnen hielten trotzdem zu ihm.

Der Redakteur Iván Karczag stammte ebenso aus einer großbürgerlichen oder kleinadeligen Familie. Er wurde beauftragt, die offizielle Zeitung des MAVOSZ (Magyar Vadászok Országos Szövetsége) zu modernisieren, was ihm zum Teil gut gelungen ist. Er besuchte sowohl Heribert als auch mich öfters in Graz, ist aber leider (ebenso wie Laci und Heribert) allzufrüh verstorben. Paul Csergezán, ein Maler, der dem Schah von Persien wie aus dem Gesicht geschnitten war, gilt als einer der drei besten ungarischen Jagdmaler der Nachkriegszeit. Er war armenischer Abstammung und kein ausübender, jedoch ein „begleitender" Jäger.

Wir suchten unsere gemütlich eingerichteten, aber maßlos überheizten Zimmer auf. Das Nachtmahl war für 19 Uhr festgesetzt. Zu diesem Nachtmahl erschienen der oberste MAVOSZ-Funktionär vom Komitat Vas, András Sipos, und sein Kollege aus Zala, Béla Nagy. Ferner hatte man, um mir eine Freude zu bereiten, den schon in meinem Kapitel über eine Horthy-Jagd in Csákvár beschriebenen ehemaligen Oberförster von Onkel Moritz Esterházy, Jenő Schneider, eingeladen, da man wusste, dass ich ihn kannte. Die beiden MAVOSZ-Oberen waren mir von ihrem Besuch in Graz bestens bekannt. Sipos war damals Mitglied der Jagdgesellschaft Vasvár, wo ich mit Hubi Rothermann 11 Jahre später das erste Mal zur Hirschbrunft weilte.

Im Jahre 1971 war ich gerade erst 44 Jahre alt geworden. Nagy wiederum kam viele Jahre später von Zalaegerszeg her, um mir zu meinem Lebenshirsch in

Ligetfalva zu gratulieren. Da war er noch immer auf seinem Posten, obgleich es bereits 1988 war. Auch ein Beispiel dafür, dass in der späteren Kádár-Ära führende Persönlichkeiten ihre Posten lange behielten. In Westungarn allerdings wehten andere Winde als z.B. in Nordungarn. Nach der Wende wurden die beiden Herren des MAVOSZ ebenso ihres Postens enthoben wie der MAVOSZ selbst liquidiert wurde. Der meinen Lesern aber aus dem Revier Visznek bekannte Parteisekretär und Jagdvorsitzende, Lajos Tóth, ist immer noch auf seinem Posten. Allerdings nur in letzterer Funktion.

Das Essen war irgendwie feierlicher als andere Jagdessen, galt es ja drei bekannte österreichische Jäger, die bei der Weltjagdausstellung mitarbeiteten, zu ehren. Es wurden Reden geschwungen, und da mein Vetter Hans ein hervorragender Redner war, konnte ich mich dem gemütlichen Jagdgespräch widmen, da Studinka die Rolle des Dolmetschers gerne übernahm. Es wurde relativ spät, bis sich die Gäste verabschiedeten. Der Wein war leicht und gut, das Essen fett und der Paprika scharf. Da die Funktionäre nur ungarisch sprachen, war es meine Aufgabe gewesen, mit ihnen zu parlieren.

Dabei lernte ich eine interessante Eigenart kennen, die den Umgang der einheimischen Jäger mit den hochrangigen Männern der Macht betraf. Äußerlich schienen da keine Unterschiede zu sein. Man duzte sich, man riss Witze, man trank gemütlich miteinander. Aber wenn der Mächtige nur leise einen Wunsch äußerte, wurde dieser sofort erfüllt, sollte er ein Gespräch nur beiläufig unterbrechen, verschwiegen die Gesprächspartner. Dabei waren das nur Parteifunktionäre auf Komitatsebene. Das neue Klassensystem war nach außen wesentlich besser getarnt, als man annehmen würde, es konnte eher ein so hoher Herr, auch wenn er nach außen hin einfaches Mitglied der Jagdgesellschaft war, ohne Anmeldung im Revier jagen. Für ihn galten auch die Beschränkungen nicht, die dem einfachen Mitglied auferlegt wurden. Ein Parteioberer konnte jeden Kapitalhirsch erlegen, während die Mitglieder (wie ja auch er eines war) keinen Hirsch über sechs Kilogramm schießen durften. Höhere Bonzen auf Minister- und gar auf Politbüro-Ebene haben bisweilen so viele Spitzenhirsche erlegt, dass sie für einige weder in der Datscha noch in der Stadtwohnung noch im Privatjagdhaus einen Platz zum Aufhängen hatten. In diesem Fall verschenkten die meisten die Hirsche an jene Jagdgenossenschaft, wo sie sie erlegten. Aber es gab auch einige wenige, die sie verkauften. Ob einem Zwischenhändler oder dem Knopfmacher, entzieht sich meiner Kenntnis.

Natürlich gab es auch Ausnahmen und Jagdgesellschaften, in denen sich auch die Bonzen streng an die Regeln hielten. Doch bestanden diese Gesellschaften dann meistens ebenfalls aus Bonzen oder die Präsidenten und Jagdleiter waren solche. Auch am heutigen Tag hörte ich den guten Laci Studinka wieder lautstark irgendetwas am herrschenden System kritisieren. Mir gegenüber aber sagte er, dass es den Ungarn jetzt eigentlich recht gut gehe.

Am nächsten Tag waren zwei Treiben vorgesehen. Im ersten standen wir alle auf einer langen Allee. Vor uns Föhrendickung, hinter uns Föhrendickung. Es kam mit großem Gerumpel eine Rotte Überläufer, Hans und ich schossen je einmal, aber leider ohne Erfolg. Ich hatte das Fernrohr abgenommen und war gut abgekommen. Doch schon damals bemerkte ich die eingebürgerte „Unart“ in Ungarn, dass man, wenn kein Schweiß vorhanden war, nicht länger nachsuchte. Ich habe aber Schnitthaar gefunden, verbrach den Anschuss, doch die Köter durften nicht ausgelassen werden, weil sie sonst abgehauen wären, und Schweißhunde gab es auch in den besten Revieren damals nur ganz ganz selten. Man ließ mich auch nicht mehr als einen Blick in die Bürstendickung machen, folgen durfte ich der Fährte nicht. Dann kam das Essen.

Ich hatte vergessen zu berichten, dass wir in diesem schönen Wald mit Schlitten unterwegs waren. Das war schon ein großes Erlebnis! Allerdings waren es keine Schlitten der eleganten Art, wie wir sie zu Hause hatten, sondern auf Kufen gesetzte Oberteile von Bauernwägen mit einfachen Brettern oder – was besser war – Strohballen als Sitzgelegenheiten. Zwei Geländewägen der russischen Type GAZ begleiteten uns. Der Schnee war, wie ich aus meinen vorhandenen Fotografien gut nachvollziehen kann, mindestens 40 cm hoch, sodass die Schlittenfahrt angenehm war.

Das Essen war auf einer Waldlichtung, wo bei zwei großen Feuern kleine Tische und Bänke in den Boden eingelassen waren. Es dauerte lange, sehr lange, aber es war ja eine „Protokolljagd“. Zum Nachmittagstreiben fuhren wir um 13:30 Uhr los. Es sollte ein großer Trieb sein, unsere Stände waren weiter auseinander, sodass ich keinen meiner Nachbarn sehen konnte. Vielleicht wurden wir auf die Wechsel gestellt? Studinka und die beiden Parteijäger jagten mit, der ungarische Redakteur bekam keinen Stand.

Ich hatte meinen Stand auf einem Waldweg. Die Äste waren voller Schnee, die Durchsicht schlecht. Außerdem hatte es sich bewölkt, doch der mäßige Wind stand gut. Lange hörte und sah ich nichts. Dann erschien plötzlich – wie aus dem

Nichts – ein wunderschöner roter Fuchs und verschwand hinter einer Buche. Ich hatte angeschlagen, und es geschah das Wunderbare, Unfassbare, als der Fuchs hinter der Buche hervorkam, hielt er inne, verhoffte zurück. Das Fadenkreuz war mitten auf seinem Blatt. Als der Stecher knackte, sah ich einen Moment in sein erschrockenes Gesicht, aber es war schon zu spät. Im Schuss blieb er liegen, als hätte er nie gelebt, rührte sich nicht mehr. Entfernung 25 Meter. Eine Welle der Freude erfasste mich. Ein Kugelfuchs! Und zwar der erste ungarische Fuchs seit 1946, als ich beim „illegalen" Rebhühnerjagen im Kukuruz einen geschossen hatte. Und musste ich es jedem auf die Nase binden, dass er gerade verhofft hatte?

Ein Winterfuchs im weichen hohen Schnee. Als er so lag, sah ich nur seine Rückenlinie, alles andere war versunken. Dann fielen einige Schüsse. Plötzlich sehe ich durch eine Lücke im Hochwald einen Überläufer, dann einen zweiten und schließlich einen dritten. Sie ziehen vertraut nach links; dort ist eine kleine Lichtung, kaum größer als eine Garage. Wenn sie dort vorbeikämen? Und sie kamen. Dort, wo der erste durchzog, hielt ich hin, der zweite erschien, ich kam am Gebrech ab, und der Überläufer zuckte tödlich getroffen zusammen, blieb aber nicht liegen. Während ich mich auf die Überläufer konzentrierte, verpasste ich noch einen Fuchs, der am gleichen Wechsel wie der erste kommen sollte. Mit einem schnellen Seitensprung, der in einer Schneewolke endete, verschwand dieser und tauchte nicht mehr auf.

Endlich, nach langer Zeit, hörte ich die Treiber. Als der erste bei mir auftauchte, sagte ich ihm, wo ich auf den Überläufer geschossen hatte. Zwei gingen hin, und schon hörte ich den Ruf „Itt fekszik" (Da liegt er). Sie ziehen ihn heraus, es ist ein Keiler von etwa anderthalb Jahren. Meine Kollegen haben leider nichts gesehen, die Ungarn einen Überläufer geschossen.

Das Abendessen wird von einer Art Saufgelage eingeleitet. Alle freuen sich über meinen Überläufer und meinen Fuchs, eine Feh. Der zweite wäre übrigens der Rüde gewesen. Die Strecke, zwei Sauen und ein Fuchs, wird gelegt. Studinka verzieht seinen Mund und sagt, auch wenn wir im ersten Trieb nicht gefehlt hätten, könnten wir nicht mehr als vier bis fünf Sauen haben. Das ist für eine Einladungsjagd zu wenig. Gott sei Dank sagt er das nur uns. Die Sauferei ist schon fast lästig, aber wir halten wacker mit.

Für den nächsten Tag ist ein einziger längerer Trieb geplant, und zwar im Revier Szilvány. Es gehört zum Komitat Zala und ist angeblich nicht weit von

Zalalövő. Wieder fahren die Schlitten vor, wir kennen die Kutscher schon, auch die Pferde, die wir mit Zucker verwöhnen. Der Trieb soll um 10 Uhr beginnen.

Zuerst werden die beiden Ungarn abgestellt, dann Hans Kottulinsky, als nächster ich, dann Heribert und schließlich Studinka und der Jagdleiter. Letzterer geht weit in den Trieb hinein, um völlig überriegelt zu sein. Ich stehe in einem Altholz. Der Ausschuss ist gut. Die nordwestliche Seite der dicken Buchen und Eichen ist voller angefrorenem Schnee. Das Wetter ist trüb, aber kein nennenswerter Wind. Das Allgemeinbefinden infolge des üppigen Essens und Alkohols mittelprächtig, die Laune und die Erwartungen gut. Ich weiß zwar nicht, wo hier in der Nähe eine Dickung ist, aber man spürt viele Sauen. Ihre Fährten im tiefen Schnee sind wie kleine Gräben. Es gab im Vorjahr gute Eichel- und Buchenmast, überall sieht man Bemühungen der Sauen, an diese Leckerbissen heranzukommen. Auch in dieser Nacht waren sie eindeutig hier. Na, wir werden sehen.

Meisen arbeiten emsig hoch in den Ästen der großen Bäume. Dann sehe ich zu meiner Freude ein Gimpelpaar. Der Hahn ist wirklich leuchtend rot, wie eine Frucht, gegen den Schnee sieht er aus wie ein kleiner Papagei. Der hier besonders tiefe Schnee dämpft jeden Laut. Die Treiber sind noch lange nicht zu hören.

Als mich Studinka und Heribert verlassen haben, war es meine erste Aufgabe, mir vor, dann rund um den Baum, vor dem ich stehe, durch Wegschieben des Schnees einen Platz zu schaffen, um mich lautlos und schnell bewegen zu können. Denn unter der neuen Schneedecke ist noch eine andere, an ihrer Oberfläche gefrorene. Nah anwechselndes Wild würde sonst sicher jeden meiner Schritte bemerken.

Diese Vorbereitungsarbeiten halte ich für unbedingt notwendig, ebenso das Abbrechen nahe wachsender und den Schuss störender Äste. Jetzt kommt für kurze Zeit, etwas vom Hochnebel verdeckt, die Sonne hervor. Ich danke Gott für den wunderschönen Anblick, den dieser erhabene Wald mir bietet. Er ist wie ein Dom, in dem das Beten leichter fällt als bei einer Messe nach dem neuen Ritus. Hier im Wald ist uns Gott am nächsten, hier kann man beten und danken – beides ist langsam aus der Mode gekommen.

Plötzlich erscheint, von rechts kommend, nach halblinks haltend, ein sehr starkes Schwein, das ich erst in dem Augenblick höre, als ich es sehe. Schon ist das Fadenkreuz am Blatt, der Schuss peitscht heraus, ich repetiere, den Keiler hat es fast umgeworfen, doch in rasender Flucht hält er seine ursprüngliche Richtung ein. Der zweite Schuss trifft auch, und nach einigen taumelnden Schritten legt sich das schwere Schwein auf nicht weiter als 30 Schritt von mir auf die Seite. Noch weiß ich nicht, dass ich einen sehr starken Keiler geschossen habe. Dann stehen wir aber alle bei ihm, bewundern und fotografieren. Die Freunde gratulieren und freuen sich sichtlich über mein Waidmannsheil. Die Sonne vertreibt die letzten Nebelreste, und wieder lacht ein blauer Himmel über dem tief verschneiten Wald auf uns Jäger, als wollte sie uns den Abschied schwer machen.

Das war meine erste Sautreibjagd in Ungarn seit 1944. Nach einer Pause von zehn Jahren war ich alljährlich Gast in meiner ehemaligen Heimat, wo ich so manches Waidmannsheil erleben und viele wunderbare Jagdtage genießen durfte. Die Freunde von damals, Hans, Heribert, Laci und Iván sind mir inzwischen in die ewigen Jagdgründe vorausgegangen, und um den alternden Schreiberling wird es von Jahr zu Jahr einsamer.

# *Der Kapitale von Jászárokszállás*

Unter den Holunderbüschen im geheimnisvollen Schatten der Wälder klingelten über ihren fleischigen Blättern die Maiglöckchen. Auf dem frischgrünen Laub glitzerten Hunderttausende Tautropfen. Die Felder und Wiesen waren in allen Schattierungen grün, doch die Blätter der Bäume noch zart und verletzlich. Ein unbeschreiblich reizvoller Duft schwebte über der Landschaft. Überall blühten die Blumen und gab es Knospen, die erst später zur reifenden Frucht wurden. Noch entfalteten die letzten Bäume aus samtigen Knospen ihre hellgrünen Blätter, die staunend in eine Welt blickten, die für sie kaum ein Jahr dauern würde.

Hummeln, Wespen und verschiedene Käfer brummten im hastigen Flug von Blüte zu Blüte, hielten inne, verkrochen sich in die Kelche, um dann in unbekannte Fernen zu entschwinden. Am Rande der Teiche quakten die Frösche von Tag zu Tag lauter und ausdauernder, im Schilf lockten die Blässhühner, und die Reiher riefen unverständliche Laute von ihren Beobachtungsstellen.

Als der Morgentau in der ansteigenden Sonne restlos verdampft war, summten die emsigen Bienen über roten, violetten, gelben, blauen, weißen und rosafarbenen Blüten hin und her, bis die schweren, gelben Kügelchen aus Blütenstaub an ihren Füßen sie zur Heimkehr ermahnten. Gut gelaunte Kuckucke riefen einander schelmische, immer wiederkehrende Arien zu, unzählige Tauben gurrten, und das Vogelkonzert in den Bäumen, Büschen und Hecken wollte kein Ende nehmen.

Die von nächtlichem Regen noch etwas nasse Erde reflektierte die Wärme der Sonne. Die zahlreichen Fliederbüsche, Akazien- und Kastanienbäume verbreiteten himmlische Gerüche, die auf den Wellen zarter, warmer Frühlingswinde in alle Ecken und Enden drangen, und die Menschen waren fröhlich und dankbar und sprachen vom „Mailüftchen“. Denn es war Mai – Ungarns schönster Monat –, die Zeit des Nektars und der Düfte, der Wonne und der Minne, der Vorfreude auf Sommer und Ernte.

Wie auch in früheren Jahren war ich Anfang Mai des Jahres 1995 wieder im gut bekannten Revier in Szőreg gewesen, wo ich unter Führung des Jägers Mathias Trényi, genannt Matyi, einen kapitalen, sehr hohen Kreuzbock und zwei abnorme Abschussböcke erlegt hatte. Nun fuhr ich nach Norden, durchquerte die Tiefebene und kam in mein altbekanntes Revier Visznek, wo mich im alten Quartier bei Horváth die Familie schon freudig erwartete.

Lajos, der Obmann der Jagdgenossenschaft, erfreute mich mit einer unerwarteten Nachricht. Im westlichen Nachbarrevier von Jászárokszállás, das schon zu Szolnok gehört, habe man einen Kapitalbock bestätigt, der alt und vorsichtig sei, drei Jagdreviere als „Grenzgänger" beglücke und einmal da, einmal dort in einem der riesigen Weizenfelder sei, immer den Platz wechsle und wegen seines unstetigen Benehmens dem Auge meistens verborgen bleibe. Für 17 Uhr hatte er bereits die dortigen Jäger nach Visznek bestellt, damit sie mich abholten. Bis dahin hatte ich noch einige Zeit, um mich in meinem Zimmer einzurichten.

Im Gegensatz zum transdanubischen Somogy mit sehr vielen armen Gemeinden war dieser nördliche Teil des Alföld (Tiefebene) im Ausstrahlungsgebiet der reichen Stadt Gyöngyös am Fuße der Mátra relativ wohlhabend. Das sah man vor allem an den schönen und für ungarische Verhältnisse fast luxuriös gebauten Häusern. In Visznek gab es keine Zigeuner, dafür in einer der Nachbargemeinden eine ganz auffallend dunkle „Abart" der Sinti.

Als ich dort das erste Mal, noch tief in der Kádár-Ära, vorbeifuhr, fragte ich Lojzi, der den Geländewagen lenkte, ob in Gyöngyös eine Universität wäre, weil so viele Schwarze aus den unterentwickelten afrikanischen Staaten hier zu sehen

wären. Seine Antwort lautete: Das bitte sind keine Afrikaner, sondern Sinti! In Westungarn habe ich niemals so dunkle Zigeuner gesehen. Aber, und darauf wollte ich hinaus, auch diese Gemeinde, Nagyfüged, besteht aus sauberen Häusern und gut gepflegten Gärten, obgleich mehr als die Hälfte der Bevölkerung dunkelhäutige Zigeuner sind. Sie sollen auch nicht wildern. Die Wilderei in dieser Gegend soll angeblich von abgesetzten ehemaligen Polizisten, pensionierten und reichen ehemaligen Parteikadern ausgehen. Ein beachtlicher Teil der Wilderer soll bestens ausgerüstet sein und Geländewägen fahren. Und nicht das Wildbret ist für sie maßgebend, sondern die starke Trophäe! Kein Wunder, Parteibonzen haben Jahrzehnte hindurch die stärksten Trophäen Ungarns ohne Rücksicht auf Abschusspläne oder Mitgliedschaft bei Genossenschaften erbeutet. Was sie gewohnt waren, wollen sie weiterhin haben. Die Katze lässt das Mausen nicht. Beides war und ist gratis: als Ehrengast zu jagen und jetzt als Wilderer.

Um 17 Uhr kommt ein grüner Geländewagen mit Ladefläche der rumänischen Type „ARO“ vor das Haus von Lajos. Ihm entsteigen ein ganz kleiner, magerer Mann, der mir durch seine Beweglichkeit, seine flinken und wachen Augen sofort sympathisch ist, der Jägermeister von Jászárokszállás, sowie ein Berufsjäger. Den Wagen fährt ein Mann, der sich aus Jagdpassion für Chauffeurdienste zur Verfügung stellt. Laci sagt, dass der Bock schon seit zwei Tagen nicht gesehen wurde. In beiden Nachbarrevieren, wovon das eine Vámosgyörk ist, „ginge“ man auf ihn. Bisher allerdings – hoffentlich – ohne Erfolg. Wir besteigen den „ARO“, auf dessen Ladefläche statt Bänken drei alte Fauteuils stehen. Ich setze mich aber vorläufig neben den Fahrer.

*Starke Sau in der Wintersonne*

Wir durchqueren die große Ortschaft Jászárokszállás, halten kurz bei der Wohnung von Laci und biegen dann westlich in eine breite gut befahrbare Straße ein, die von alten Alleebäumen gesäumt ist. In dieser Gegend, die die Ungarn „Viharsarok" nennen, was so viel wie Gewitterecke bedeutet, waren die Leute immer schon sozialistisch eingestellt und nach dem Krieg sehr radikal. Schlösser und Kurien in dieser Gegend wurden abgetragen, nachdem sie vorher völlig ausgeplündert worden waren. Diese Allee zeigt aber unmissverständlich, dass sie von einer Gutsherrschaft angelegt worden ist. Auf meine Frage ist die Antwort bejahend. „Dort stand das Schloss", zeigt der Fahrer nach links. Dort ist eine kleine meierhofartige Siedlung mit hohen Bäumen und Fliederbüschen, die untrüglichen Zeichen eines ehemaligen Schlossparkes. Interessant, denke ich im Stillen.

Die Tschechen, von denen es heißt, sie seien „subaltern" eingestellt und Herrenhasser, diese Tschechen haben unter allen Satellitenstaaten die meisten Schlösser mitsamt Einrichtung erhalten. Die Ungarn wiederum, von denen es heißt, sie seien ein Volk von Herren (im Ausland gibt es fast keinen Ungarn, sei er Dirigent, Soldat, Arbeiter, Beamter oder Pfarrer, der vor seinem Namen das Prädikat „von" nicht hat), haben 80 Prozent ihrer unschätzbar wertvollen Schlösser einfach verrotten lassen, und auch die wenigen gut erhaltenen oder nach dem Krieg restaurierten Schlösser wurden total ausgeplündert; nicht ein Möbelstück ist erhalten geblieben, vielleicht Keszthely und Esterháza ausgenommen. Dort aber residierten sowjetische Marschälle, die Plünderungen bei – durchaus ernstgemeinter – Androhung von Todesstrafen untersagten.

Wir sehen relativ wenig Rehe. Unser Ziel ist die Dreiländergrenze, sie liegt auf einem „Hügel" – wir befinden uns in der Tiefebene, und es gibt hier nur minimale Bodenwellen –, wo eine große Strohtriste steht. Da setzen wir uns zuerst hinauf und besichtigen mit unseren Gläsern das ganze Gelände. Außer einer Gais und einem Spießer sehen wir nichts.

Nun steigt Laci hinunter und verschwindet bald unseren Blicken. Seine Angewohnheit, riesige Entfernungen in schnellem Tempo zu durchpirschen, kenne ich noch nicht, werde sie aber bald kennen lernen. Wir sitzen mindestens eineinhalb Stunden auf diesem Naturhochsitz, bis plötzlich Laci wie ein Geist aus dem Nichts erscheint. Der Bock steht etwa zwei Kilometer im Revier der Nachbarn. Man sieht in einem Weizenfeld nur seine Krone. Gott sei Dank sind sie heute nicht hinter ihm her. Laci glaubt, dass er in der Nacht in seinen alten Einstands-Acker zurückkommen wird.

In der Abenddämmerung sehen wir einen Geländewagen ohne Licht im Schritttempo auf einem Feldweg fahren. „Wilderer", sagt Laci. „Verscheuchen wir sie!". Ich bin sehr erstaunt, wie selbstverständlich er von Wilderern redet, und bin neugierig, wie er sie verscheuchen will. Wir holen unseren hinter der großen Triste versteckten „ARO" hervor und fahren in schnellem Tempo auf dem kürzesten Weg in Richtung der vermeintlichen Wilderer. Das Auto bleibt einen Moment stehen, dann wendet es, und als wir noch 500 Meter entfernt sind, biegt es schon auf die große Landstraße ein, wo es für uns tabu ist.

Gegen Abend sehen wir noch einige schwache Böcke, da aber der von uns gesuchte im Nachbarrevier bis zum Schwinden des Büchsenlichtes keine Anstalten macht herüberzukommen, fahren wir nach Hause. Für den nächsten Tag sind wir um 8 Uhr bei meinem Quartier verabredet.

Ein wenig schaue ich noch fern; eine Sendung mit Berichten über die Todeslager der Kommunisten, insbesonders Recsk, wird ausgestrahlt. Man hört von grauenhaften Folterungen und einer sehr hohen Todesrate. In Recsk befanden sich nur politische Häftlinge, vor allem Klassenfeinde, ehemalige hohe Beamte, Offiziere des Horthy-Regimes, Priester, aber auch sogenannte Kulaken, also Bauern, die über fünf Hektar Grund besaßen. Meinem Hausherrn, dem ehemaligen Parteimann, fallen die Augen fast heraus. Ja, hier wird Vergangenheitsbewältigung betrieben, und die Parteifunktionäre sagen, sie hätten von alledem nichts geahnt. Schlimm finde ich es aber, dass nur ganz wenige dieser 'AVO-Verbrecher jemals zur Verantwortung gezogen wurden und die meisten als zufriedene Rentner unter ihren ehemaligen Opfern – wenn auch oft unter geänderten Namen und gewechselten Wohnorten – munter weiterleben – und wie man hört – gar nicht so schlecht.

Zur verabredeten Zeit sind die Jäger von Árokszállás zur Stelle. Es ist ein wunderschöner Maienmorgen. Lerchen steigen in den Himmel, viele Hasen sind zu sehen, Kiebitze gaukeln schreiend über die feuchten Wiesen, man sieht verschiedene Sumpfschnepfen, die aus den Wassergräben steigen, Reiher, Wildenten, vor allem Erpel, Wiedehopfe, die vor unserem Geländewagen groteske Flüge vollführen. Als ich vor fast dreißig Jahren in Ägypten war, sah ich viele von ihnen in den Gärten von Kairo überwintern. Wir fahren zur Reviergrenze, wo wir unseren Bock am Vortag zum letzten Mal gesehen haben. Nach langem Suchen sehen wir ein Reh, das wegflüchtet. Dann erblicken wir einen weißen Trabant, von dem Laci sagt, dass er den Nachbarjägern gehört. Bald sehen wir, wie der

Bock verhofft und der Wagen hält. Ein Schuss peitscht über die Felder. Noch ein zweiter Schuss folgt, und der Bock flüchtet nun weiter. Laci meint, dass er in einem großen Bogen über das Revier des anderen Nachbarn, etwa hinter der kleinen Remise, in den großen Weizen kommen wird, der schon zum Revier von Jászárokszállás gehört, seinem eigentlichen Einstand, von welchem er – vielleicht durch Wilderer – ins Nachbarrevier getrieben wurde.

Wir fahren nun wieder zur großen Strohtriste und steigen auf. Laci hält sich nicht lange auf. Schon nach einer Viertelstunde rutscht er wieder hinunter, weil er sich „umschauen" will. Und schon verschwindet er in der Ferne. Als ich vor 13 Jahren das erste Mal in die Gegend kam, gab es noch zahlreiche Strohtristen, vor allem in dem von mir bejagten Revier Visznek. Nicht wenige Böcke habe ich ihnen zu verdanken. Jetzt sind sie die Ausnahme. In Visznek gibt es überhaupt keine Strohtriste mehr, in Árokszállás diese eine. Dafür sehe ich in diesem Revier keinen Hochstand, in Visznek gibt es immerhin zwei aus Eisen gefertigte.

Verhältnismäßig früh kommt Laci zurück. Er berichtet, dass der Bock sich in einem Kleinbauernfeld etwa zwei Kilometer südlich von hier niedergetan hat. Er sagt mir, ich solle herunterkommen und mit ihm den Bock anpirschen. Den ungünstigen Westwind in Betracht ziehend, machen wir einen großen Umweg. Ich habe mir einen Akazienstock zurechtgeschnitten, damit ich, wenn notwendig, auf weite Entfernung, den rechten Arm auf Lacis Schulter gestützt, schießen kann. Wir pirschen fast eine Stunde; nass vor Schweiß sind wir endlich auf 200 Meter vom niedergetanenen Bock, von dem allerdings nur das Gehörn zu sehen ist. Etwas ausgepumpt bleibe ich stehen und betrachte nun dieses Gehörn. Ja, er ist wirklich kapital. Dicke Stangen, gut vereckt, mindestens 27 cm hoch. Man sieht, wie der Bock döst, denn manchmal fällt sein Haupt langsam nach vorne, wie der Kopf eines „Fernsehers", der satt vom Abendessen, nach Konsum einiger Bierkrügerl und dem Genuss des Programmes zwischendurch eindöst. Ich würde gerne noch näher heranpirschen, doch Laci rät ab. Wir warten also, dass der Bock hoch wird. Zuerst in „Bereitschaftsstellung", dann, als dies zu beschwerlich wird, sitzend. Wir warten sicher zwei volle Stunden. Es dürfte bald Mittag sein, als sich von rechts ein Wartburg nähert. Laci unterdrückt einen Fluch. „Ausgerechnet jetzt! Das ist der Besitzer dieser Privatfelder."

Mühsam richten wir uns auf. Der Wagen fährt genau auf den Weizen zu, wo der Bock niedergetan ist. Aber er wird erst hoch, als der Mann aus dem Wagen aussteigt und die Türe zuschlägt. Nun flüchtet der Bock ohne anzuhalten in langen Sprüngen gegen das große Weizenfeld. In einer Senke, die wir von hier nicht gut überblicken können, verschwindet er unseren Augen. Es bleibt uns nichts anderes übrig, als zur Strohtriste zurückzugehen. Vielleicht haben die Freunde etwas Genaueres gesehen. Schon von weitem sehen wir sie winken und zeigen. Wir schleichen uns von hinten an den „Naturhochstand“ an. Sobald wir oben sind, berichten die beiden, dass der Bock sich genau im geometrischen Zentrum des Weizenfeldes niedergetan hat. Nach langem Suchen entdecken wir den oberen Teil seines Gehörnes. Entfernung an die 500 Meter. Wir benützen die Gelegenheit, um heimzufahren und unser Mittagessen einzunehmen. Der Revierjäger bleibt auf der Triste sitzen, um den Bock nicht aus den Augen zu verlieren.

Um 17 Uhr sind wir wieder zur Stelle. Der Jäger sagt, der Bock wäre um etwa 15:30 Uhr hochgeworden, hätte ein wenig geäst und sei dann ganz langsam weggezogen, gegen den Rand des Feldes auf der Ostseite. Dort aber arbeiteten einige Maschinen, um Sonnenblumenkerne auszusäen. Er hätte ihrem Tun auf nicht mehr als 100 Schritt vom Weizenrand eine Weile zugesehen, dann wäre er plötzlich verschwunden, er denkt, er hätte sich vielleicht niedergetan.

Von der Grenzseite umfahren wir das Weizenfeld, stellen uns am Nordostrand an und warten, warten – der Bock scheint vom Erdboden verschwunden. Unser kleiner „Wanderjäger“ – sie werden es erraten haben – ist schon längere Zeit unterwegs, „er will sich nur umsehen“, sagt er. Nachdem er einen großen Bogen gemacht hat, pirscht er vorsichtig mit gutem Wind im Weizen, vielleicht 150 Schritt vom Rand entfernt gegen uns. Mir gefällt die Sache nicht. Ich wäre für weiteres Warten oder eine neuerliche Rundfahrt gewesen. Aber es scheint tatsächlich im Weizen eine uneinsehbare Senke zu geben, denn nun sehen wir auch den Laci nicht mehr, der aber doch etwas größer ist als ein Rehbock. Kurz und gut, er kommt denselben Weg zurück und teilt uns mit, dass er den Bock nicht entdeckt hat.

Nun fahren wir wieder auf die andere Seite des riesigen Weizenfeldes, rollen ganz langsam am Westrand entlang gegen Süden, um dort im Schutze eines kleinen Akazienwäldchens zu halten. Von da aus können wir die meisten Senken und Mulden einsehen. Man würde sich so etwas nicht vorstellen: Brettlebenes Gelände, ein Weizen von höchstens 40 cm Höhe und dennoch kann ein Rehbock völlig verschwinden! Ich kenne dieses Phänomen schon von Visznek her, wo allerdings weit mehr Gräben die Landschaft durchziehen. Böcke können tatsächlich plötzlich vom Erdboden verschwinden.

Und wir sitzen, warten, unsere Gläser ständig am Kopf und sehen unseren Bock nicht. Da und dort erblicken wir das Haupt und die Rückenlinie eines Rehes. Zuletzt zählen wir drei Gaisen und zwei schwache, junge Böcke. Der Himmel färbt sich langsam orangefarben. Und die Dämmerung schleicht sich siegesbewusst, und sicher heran, bis der letzte Rest eines Büchsenlichtes verschwunden ist. Enttäuscht fahren wir heimwärts. Über der schläfrigen, eintönigen Landschaft erscheinen nacheinander die Sterne, und die Luft wird allmählich kühler.

Zum Abendessen gibt es Grenadiermarsch, als Nachspeise herrliches Pfirsichkompott. Jóska hat heute etwas in der Dorfschenke getrunken. Der sonst eher wortkarge Mann ist bei solchen Anlässen immer ein wenig gesprächiger. Nicht aufdringlich, aber trotzdem mitteilsam. Er ist ein Jahr jünger als ich, hat also ähnliche Zeiten mitgemacht. Nur war mein Vater der opferbereite, menschenliebende Patriarch des Dorfes, sein Vater der ebenso opferbereite, ebenso menschenliebende illegale Kommunist in einer Zeit, als dies durchwegs keine Vorteile brachte. Wir beide verehren das Andenken unserer Väter, darin sind wir uns einig. Für mich brach im Jahr 1945 eine Welt zusammen, als fremde Ideen, fremde Truppen und unpersönliche Klassenkämpfer die Macht übernahmen. Für ihn brach die Welt im Jahr 1990 zusammen, als es keine Partei, keine Sowjetunion und statt Idealisten nur noch „Anpasser“ gab. Am meisten leidet er darunter, dass seine eigenen Genossen jetzt Großgrundbesitzer, Unternehmer und Vergangenheitsbewältiger geworden sind. Horváth Józsi aber ist der Gleiche geblieben. Er hat seine Bibliothek nicht „durchgesiebt“, er hat seine eingerahmten Parteipreise mit den roten Sternen und mit Sichel und Hammer, Anerkennungsdokumente für hervorragende Arbeit im Sozialismus etc. nicht aus dem Rahmen genommen wie viele andere. Und darum respektiere ich ihn, er ist ein ehrwürdiger Mann, kein Gesinnungslump.

Am nächsten Tag werde ich um 6:30 Uhr geweckt. Draußen steht der „ARO“ mit der Mannschaft. Wir fahren in schnellem Tempo ins Revier. Die Schleier des Morgennebels, die den Tau auf die Pflanzen gegossen haben, sind entschwunden. Abermals scheint die Sonne im Osten aus einem fast wolkenfreien Himmel. Sie wird höher und höher steigen, und dann wird sich die für diese Landschaft so typische „Fata morgana“, der ungarische délibáb (was so viel bedeutet wie Mittagsgeist oder Mittagsfee) über die weiten Felder ausbreiten und dem Jäger mit seinem Fernglas Schwierigkeiten bereiten. Zunächst bleiben wir am südöstlichen Eck des großen Weizenfeldes stehen. Es ist der kleine Laci, der als Erster das Wort ergreift: „Ich glaube, ich sehe ihn." Er zeigt und deutet in die Richtung des Strohhaufens, dem eigentlichen Einstand des Bockes. Und jetzt sehen wir es auch: In einer von hier aus schwer zu beschreibenden Entfernung vom „Naturhochstand", unserer alten Strohtriste, sieht man aus dem Weizen das dunkle, glänzende Kapitalgeweih des Bockes ragen. Also doch! Er ist dort, wo er hingehört, wo er vor der Schusszeit jeden Tag zu sehen war. Mit einem weitausholenden Umweg nähern wir uns der Strohtriste von Westen, bis der „ARO" völlig verdeckt in ihrem Schatten steht.

Wir klettern hinauf. Nach längerem Suchen entdecke ich plötzlich, nicht weiter als 120 Schritt von der Triste, das nach vorne geneigte Haupt des Bockes. Jetzt nur Ruhe! Wir müssen nur warten, bis er hoch wird, und dann kann ich von hier wie von einem Scheibenstand aus schießen. Ich lege mich in die schon an den Vortagen vorbereitete seichte „Liegewanne", lege meinen Pullover vor mich, schlage mit dem gesicherten Gewehr an, und als alles fertig ist, lege ich den Sicherungsbügel langsam nach links. Wir warten. Zuerst eine Stunde, dann eine weitere. Der Bock rührt sich nicht. Unweit wechselt jetzt eine Gais mit ihrem vorjährigen Kitz vorbei, das Haupt des Bockes bewegt sich, die Lauscher spielen, dann ist alles wie früher.

Bald kommen auf der anderen Seite die Sämaschinen, und auch bei den Bauernfeldern erscheint wieder ein PKW. Nichts tut sich. Der Bock döst vor sich hin, wenn er Motorengeräusch oder ferne Stimmen hört, bewegen sich die Lauscher, aber er bleibt eisern niedergetan. Laci flüstert, dass in einem Rayon von 100 Metern mindestens 20 Lager im Weizen sind. Er ist „zu Hause", fühlt sich geborgen und der 40 cm hohe Weizen gibt ihm Sicherheit. Ich denke alle Möglichkeiten durch. Ein Schrei, ein Klatschen oder ein Pfeifen ist abzulehnen, weil dieser Bock, wenn er argwöhnisch wird, sicherlich ohne auszuhalten in weite Entfernungen stürmen wird. Solches habe ich schon oft ausprobiert. Endlich fällt mir die Lösung ein. Ich flüstere meinen Vorschlag Laci, der unterrichtet den Chauffeur. Es dauert, bis dieser begreift und auf den „ARO" steigt. Ich habe mich in Schussposition gelegt. Laut für unsere Ohren, aber etwas gedämpft für den Bock erschallt nun die hässliche Hupe unseres rumänischen Geländewagens. Beim dritten Mal wird der Bock hoch und verhofft. Einen Moment nur, denn der Schuss wirft ihn im Feuer zusammen. Wir sehen keine Bewegung. Ich ziele noch dorthin, wo er gefallen ist, aber ich bin meiner Sache sicher.

Dann trete ich als Erster zu meinem Bock. Es ist mein erster im Komitat Szolnok, ein wahrhaft kapitaler, typischer Alfölder Urbock. Dick, lang, wenig geperlt, riesig lange Enden, ein eisgraues Gesicht mit Brillen um die Lichter, ein wenig ramsnasig, ein Bock am Höhepunkt seiner Kraft. Wir stehen mit entblößten Köpfen, dann folgt die Zeremonie des Fotografierens.

Laci überreicht mir den Bruch, den er sich, als wir anderen zum Bock gingen, vom nahen Windschutzgürtel geholt hat. Der Schuss sitzt hochblatt, der Ausschuss ist kaum größer als der Einschuss. Ich musste ein wenig hoch zielen, denn vom Bock war nur ein Streifen von vier Fingern zu sehen. Er ist einer meiner besten Böcke. Nach Punkten der stärkste (158.37), nach Gewicht der viertstärkste (556 Gramm mit kleiner Hirnschale), aber er ist nicht mein Lebensbock. Dieses Prädikat wird nämlich nicht nach Punkten und Gewichten vergeben.

Lajos und die Viszneker freuen sich ehrlich, dass es mir gelungen ist, gerade diesen Bock zu erlegen. Die Nachbarn oder die Wilderer hätten ihn früher oder später zur Strecke gebracht. Ich fahre hochzufrieden nach Hause mit einem Rucksack neuer Erlebnisse und einer Anzahl neuer Jagdfreunde, die ich kennen zu lernen die große Freude hatte. So wie gemeinsam getragenes Leid dieses halbiert, so verdoppelt die ehrliche Freude echter Waidkameraden die eigene Waidmannsfreude. Und der himmelhochjauchzende, Tiere und Menschen erfreuende Mai ging wie alle Jahre seit unendlichen Zeiten seinem Höhepunkt entgegen.

Bild rechts: *Der König des Berek* (Gemälde von Robert Muray)

Bild umseitig: *Gams in Hochzeitsstimmung und im Familienverband*

# *Ein Denkmal für den Vater*

1995

Über Csákberény schwammen die Lichter einer grellen, nebelumwobenen Oktobersonne, und ihre Strahlen tasteten sich zaghaft bis in die nur langsam weichende Dunkelheit des Waldes, der mit seinen Eichen und Buchen wie ein feierlich geschmückter Dom das ewige Lob des Schöpfers verkündete. In den Weingärten war die Weinlese im vollen Gang. Auf den Feldern fuhren wie eh und je Bauernwägen – wenn auch in kleinerer Zahl – mit den händisch geernteten Maiskolben dem Dorfe zu. Dort, wo die Kolchosen die von Bauern und Grafen gleichermaßen enteigneten Felder noch immer „betreuten“, waren die Mähdrescher schon lange mit der Ernte fertig. Überall roch es nach faulen, von den Bäumen gefallenen Früchten. Bienen und Wespen summten in einer Emsigkeit, die oft auch Menschen befällt, die glauben, nicht mehr viel Zeit zum Leben zu haben. Das Orgeln der Hirsche im herrlichen, fast unwirklich schönen Wald meines Vaters, den jetzt fremde Menschen ohne jede Scham, trotz laut verkündeter

Bild umseitig: *Vor der Sonnenbalz*

Bild links: *Die Brunft hat begonnen*

Privatisierung, verwalteten und bejagten, war verklungen. Die Schwalben und Turteltauben hatten die Brutplätze schon lange verlassen, fremde Zugvögel zogen laut rufend nach Süden, und die Bewohner des Waldes begannen ihre Winterkleider anzulegen.

Über 50 Jahre waren seit dem Zweiten Weltkrieg vergangen, doch die Natur und ihr ewiger, niemals wechselnder Rhythmus waren im Wesentlichen gleich geblieben. Der Schöpfer und seine Natur – vom Makro- bis zum Mikrokosmos – sind ewig und unwandelbar. Wie aus dem stürmenden Schneewinter der nach Erde und Blumen duftende Frühling wird, so verwandelt sich der alt gewordene Sommer fast unbemerkt, auf leisen Sohlen kommend, allmählich zum Herbst. Der Morgentau wird zum Reif, das grüne Blatt wird bunt und flattert zur Erde, und über die Felder, wo noch vor kurzem sengende Hitze brütete, schwimmt jetzt zaghaft, den Sonnenstrahlen weichend, ein Nebelmeer.

Es war der 8. Oktober 1995. Die Gemeinde Csákberény hatte unsere Familie eingeladen, an der Enthüllung des lebensgroßen Denkmals meines Vaters – an der Stelle, wo einst unser Heim stand – teilzunehmen. Der Bürgermeister war damals der Enkel unseres alten Gärtners Seppi, ein Reformkommunist.

Die Dorfbewohner, die seinerzeit nach der Besetzung durch die östlichen Horden, in langmütiger und herzlicher Freundschaft die heimgekehrten und zu Bettlern gewordenen Grafenkinder aufgenommen hatten, verwandelten später, nach deren endgültiger Emigration, dieses wunderschöne Dorf in eine heruntergekommene, armselige Siedlung.

Daran waren sie nicht selber schuld, es war das jede Kultur und jede Tradition vernichtende fremde System, deren Diktatoren offensichtlich nur über ein Heer von Armen regieren konnten.

Nun wollte man – nachdem vor fünf Jahren eine Gedenktafel aufgestellt worden war – einen Akt der Wiedergutmachung setzen. Der junge Künstler, viel zu jung, um Vater jemals gekannt zu haben, der Enkel unseres ehemaligen Schweinehirten, schuf aus weißem, unendlich hartem Stein die (durch Gemälde und Fotos studierte und wirklich naturnah erfasste) Gestalt des Vaters stehend, den Spazierstock in der linken, den gelüfteten Hut in der rechten Hand.

Er machte diese Arbeit gerne. Sein Vater, ein Altersgenosse von mir und mein Freund, den ich noch vor zwei Jahren besucht hatte, war Ende der dreißiger Jahre schwer lungenkrank. Vater zahlte ihm den teuersten Spezialisten und ein halbes Jahr Erholung in einem Luftkurort. Der Mann wurde vollständig gesund.

Der Gemeinderat beschloss also einstimmig die Aufstellung dieses Denkmales im sogenannten Meran-Park zu Csákberény, trotz eines halben Jahrhunderts Klassenkampfparolen, Verleumdungen und aus der Fremde importierter Slogans. Im Volk sagte man ohne Ausnahme: „Das war ein guter Mann", und dem ehemaligen Großgrundbesitzer setzte die arme, bankrotte Gemeinde aus eigenem Antrieb ein Denkmal, ein Monster-Monument, und ließ sich dabei von niemandem, am allerwenigsten von uns, helfen. Wir waren vielmehr über dieses Projekt völlig überrascht, hielten es einfach nicht für möglich, denn wir wussten nur zu gut, dass etwas Ähnliches hier im freien und jahrzehntelang medial links beeinflussten freien Westen niemals auch nur erwogen werden könnte.

Man verstehe mich nicht falsch. Ich verdanke dem Westen, der Demokratie und Österreich eigentlich alles. Zwei Drittel meines Lebens habe ich hier verbracht und durfte arbeiten, aufbauen, verdienen und schaffen. Aber ich wiederhole: Weit bedeutendere Menschen als mein verstorbener Vater, die nicht nur als Dorfpatriarchen Gutes tun konnten, würden hierzulande von ihrer Gemeinde niemals ein lebensgroßes Marmordenkmal erhalten. Der ehemalige steirische Landeshauptmann Dr. Josef Krainer, den ich zu meinen Freunden zählen darf, schrieb mir tief bewegt, als ich ihm über die Aufstellung des Denkmals berichtete, am 30. Oktober 1995 folgende Worte: „Eigentlich konnte mir nichts den Sturz des kommunistischen Terrorregimes in Ungarn und in ganz Osteuropa besser demonstrieren als diese unfassbare Tatsache, dass einem Meran ein Denkmal gesetzt wird und dies noch dazu mit ehrenden Worten, das zeigt, dass totalitäre Regime Gott sei Dank keinen Bestand haben, Charakterfestigkeit und Redlichkeit aber die Zeiten überdauern."

In Csákberény, das mein Vater unversehrt das letzte Mal am 18. Dezember 1944 gesehen hat (später einmal hat er es mit mir besucht, als die Russen wieder zurückgedrängt wurden, um in den Trümmern nach Erinnerungsstücken zu suchen) – also in Csákberény empfing unsere Großfamilie eine riesige Menschenmenge. Zuerst fand eine feierliche Messe statt, die von vier Priestern zelebriert wurde. Einer dieser Priester war der in Rom vom Heiligen Vater persönlich zum Priester geweihte älteste Enkel meines Vaters, der auch dessen Vornamen trägt. Er hielt eine Predigt in ungarischer Sprache.

Der Tischler Bruno Tollas, einer der letzten noch lebenden ehemaligen Angestellten, der 1934 in Graz seine Anna heiratete, war dazu ausersehen, den Akt der Enthüllung vorzunehmen. Bruno hat immer, auch in allerschlechtesten

Zeiten, treu zu unserer Familie gehalten. Als ich, voll des Optimismus, zwischen 1945 und 1948 in Csákberény ein neues Heim schuf, half er mit anderen ehemaligen Angestellten, ohne je einen Groschen zu nehmen, bei den Bau- und Restaurierungsarbeiten.

Während der heiligen Messe, diesem feierlichen Hochamt, sah ich einige Menschen weinen. Ich hatte meinen lieben Freund, den berühmten Pfadfinderführer und jetzigen Pfarrer von Csákberény, Pater Kelety Géza o. Cist, gebeten, eine lateinische Messe zu lesen, in Anbetracht dessen, dass viele unserer Verwandten die ungarischen Worte nicht verstehen. Leider war die Antwort abschlägig. Nach der Messe, die unsere Kirche wieder einmal „voll besetzt" erlebt hatte, gingen wir hinüber in den ehemaligen Garten zum verhüllten Denkmal. Es steht an der Südseite des jetzigen Kulturhauses, das aus dem Material des abgerissenen Schlosses (1959) gebaut wurde. Es steht etwa dort, wo mein Vater sein Arbeitszimmer hatte, neben der Halle.

Mindestens 350 Menschen warteten dort, von denen einige keine Kirchengeher waren, andere wiederum sicherten sich rechtzeitig gute Plätze. Sitzplätze waren für die Geistlichen, die Familie und die Ehrengäste aufgestellt. Die Jugend war in folkloristischer Kleidung. Die Wochenschau war angetreten und ein Videofilm wurde gedreht. Dann sprach der Bürgermeister unglaublich berührende Worte über meinen Vater. Es ist kaum zu fassen, denn dieser Mann war vor der Wende Ratsvorsitzender der Gemeinde und ein in der Wolle gefärbter Kommunist. Dann sang die Jugend, Gedichte wurden vorgetragen, schließlich erhob sich der 85-jährige Bruno und enthüllte das Denkmal.

Ein Raunen ging durch die Menge. Dann traten verschiedene Delegationen auf, die ihre Kränze niederlegten: sämtliche politische Parteien, der Bezirkshauptmann, Vertreter verschiedener Gremien. Schließlich weihte Pater Kelety nach einer zweiten kurzen Ansprache das Denkmal. Anschließend sprach der Seelsorger der protestantischen Gemeinde, die in Csákberény größer ist als die katholische.

Die Pfadfinder standen die ganze Zeit stramm. Frau Izmindi, die Direktorin des Kulturhauses, fand wunderschöne Worte, und noch während sie sprach, verständigte ich mich mit meinem älteren Bruder über unsere Dankesrede. Da mein Bruder stimmlich unpässlich war, musste ich diese übernehmen. Kaum hatten wir uns ausgesprochen, wurde ich schon vom Bürgermeister zum Mikrofon gebeten. Ich musste meine Rede natürlich improvisiert halten. Da ich als Schriftsteller gewohnt bin, die passenden Worte schnell zu finden und zu formulieren, als Museumsdirektor öffentliches Auftreten für mich kein Problem ist, sprach ich frei, langsam, jedes Wort betonend und, wie ich glaube, auch gut. Es war, als hätten die Feuerzungen des Heiligen Geistes über meinem Haupt geschwebt. Mit meiner Dankesrede, in der ich nicht zu betonen vergaß, dass dieses Denkmal mein Vater in seiner Bescheidenheit nie zugelassen hätte, war die offizielle Feier zu Ende.

Es folgten die Besichtigung des Meran-Museums, ein Bad in der Menge und für uns das Wiedersehen mit vielen Menschen, die man zum Teil ein halbes Jahrhundert nicht mehr gesehen hatte. Ich bitte meine Leser, mich zu verstehen.

Da muss man 1948 Hals über Kopf und gleichsam über Nacht die Heimat verlassen. Die 17- bis 18-jährigen Mädchen, mit glutschwarzen Augen, blitzenden Zähnen, braungebrannter Haut und Engelsgesichtern waren jetzt uralte, bebrillte, dicke, runzelige Matronen, die mit der allerschärfsten Phantasie nicht zu erkennen waren. Wie mussten erst wir aussehen! Es waren dies Momente, wie sie im Leben nicht oft vorkommen. Man weiß, das alles war zu erwarten, und dennoch – wir sind schließlich Menschen mit Erinnerungen und Illusionen – kann es erschütternd sein. So erschütternd, dass es mir sogar den Appetit verdarb. Denn nun folgte in der Dorfschenke ein vom Bürgermeister gegebenes Bankett, das von 14 bis 17 Uhr dauerte. Geladen waren außer der zahlreichen Verwandtschaft etliche Ehrengäste, frühere Freunde und die noch lebenden Angestellten oder deren Nachfahren, etwa 80 Leute.

Diese Dorfschenke ist dort, wo früher die Gemischtwarenhandlung war. Es fallen mir natürlich die früheren zwei Dorfwirtshäuser ein. Jenes meines Freundes Paulik, im Süden des Dorfes, und dann das von Stumfold, mitten im Dorf, wo die meisten Tanzveranstaltungen stattfanden.

Mit einem Musiker jener Nachkriegskapelle, dem „Milchbruder" von Maxi und Sohn unseres Zweitdieners Antal, Végh Józsi, sprach ich längere Zeit. Er hatte damals Naturlocken wie sein Vater, jetzt nach hinten gekämmtes, glattes weißes Haar und ein rotes Gesicht. Augenausdruck, Stimme, Haltung, Bewegungen, alles ist fremd und anders. Ich, der eigentlich – als geübter Porträtfotograf – Gesichter nicht vergesse, hätte ihn nie wiedererkannt!

Magda Müller, die ehemals superschlanke, fast magere, treue Seele aus dem Jahr 1948, die selbstlos teilnehmend immer wusste, mit wem man flirtete, und in allem behilflich war, kann heute nur schwer gehen, ist alt und faltig geworden.

Nur ihre Sommersprossen hat sie noch. Und ihre nette Gesinnung. Sie hat vor einigen Jahren nicht nur ihren Mann, sondern auch einen der hünenhaften, bärtigen, rothaarigen Söhne verloren. Noch in den achtziger Jahren habe ich ihre Mutter Mitzi in Mór regelmäßig besucht. Und Rácz Borcsa, die Tochter des einstigen Vorsitzenden der Partei unter Béla Kun, der Vater im Gefängnis geholfen hatte, wofür er sich später revanchierte, ist auch nicht wiederzuerkennen.

Das Gestern und das Heute sind zwar Nachbarn, werden sich aber nie treffen. Was war, wird niemals zurückkommen, und wenn es noch so schön war. Als wir abfahren, legt die Nacht ihre Schatten aufs Land. Natürlich. Es ist ja schon die Winterzeit gültig. Wir fahren in unser Quartier. Hier haben wir kein zu Hause mehr.

Nur zwei einsame Kastanienbäume bewachen treu die einstige schöne, niemals zurückkehrende Vergangenheit. Und seit heute auch das Denkmal meines Vaters, dessen Aufschrift das Herz berührt. Auf einer Marmortafel unter dem Denkmal steht geschrieben: „Sein Leben die Pflichterfüllung, seine Freude war Gutes zu tun."

Liebe Csákberényer Leute, denen wir uns unfreiwillig so entfremdet haben, herzlichen, innigen Dank!

# *Rebhühner, meine Lieblinge*

Ende August, Anfang September: In der ungarischen Landschaft brütet über braun gebrannten Schafweiden die unnachahmlich trockene Hitze. Nur gegen Abend, wenn die Dämmerung von Tag zu Tag schneller das Sonnenlicht verdrängt, hört man in den verdorrten Fliederbüschen die Herbstzikade weinen, melancholisch, eintönig, melodiös und herzergreifend. „Kriiih, Kriiih, Kriiih..." ohne Unterbrechung, bis es dunkel ist. „Szól az őszi bogár", sagt dann der Ungar, der für die Natur noch etwas übrig hat. Er hält den Gesang für die erste Botschaft des Herbstes, jener Jahreszeit, die für den Jäger die schönste ist.

Die heimischen Turteltauben sind fast unbemerkt abgereist. Dafür überfallen riesige Schwärme fremder nordischer Artgenossen die reif gewordenen Sonnenblumenfelder oder – wie es früher üblich war – Stoppelfelder, die man lange stehen ließ. Aber dieser „Herbstkäfer", der einen grillenähnlichen, jedoch viel monotoneren Ton von sich gibt, ist in manchen Jahren schon Mitte August zu hören.

Die allerersten Boten des Herbstes sind aber die kühlen Morgenwinde, die in wolkenlos azurblauem Himmel südwärts gaukelnden Zugschwalben und der Geruch faulender Zwetschken und reifender Mispeln aus den kleinen, niemals fehlenden Obstgärten der ungarischen Bauern. Es gibt Tage im August, von denen man sagt, sie wären die ersten Herbsttage. Dann ist die Sonne um einige Nuancen greller, der Unterschied zwischen sonnigen und schattigen Stellen am Waldrand ist schärfer, der Geruch toter Käfer und des allgegenwärtigen Staubes, reifenden Schlehdornes und im Schatten gedeihender Feldchampignons, faulenden Sumpfwassers und reifender Klaräpfel erfüllt über alle Sinne das wartende Herz des passionierten Jägers, denn bald kommt die Zeit, die er das ganze Jahr herbeisehnt: die Zeit der Jagd im herrlichen Spätsommer und Frühherbst.

Der jagdliche Zyklus war in früheren, ehrlicheren und naturnahen Zeiten immer der gleiche. Nach der Rehbrunft kamen die Rebhühner, nach den

Rebhühnern die Hirschbrunft, ab Mitte Oktober die Herbstschnepfen, und ohne langes Warten begannen noch in der Pause zwischen Rebhühnerjagd und Hirschbrunft die Entenjagden. Für Ende Oktober brachte die Post die ersten Einladungen zu Fasanenjagden. Als noch die händisch bearbeiteten wenigen Kukuruz-Streifen vorhanden waren, begann man mit einer „Vorjagd" in der Peripherie des Reviers. Im November fand dann die einzige Hauptjagd und Ernte statt, und wenn zu Weihnachten die Buben aus dem Pensionat heimkehrten, eventuell eine kleine Nachjagd.

Saujagden wurden früher in Ungarn mit kleineren Abweichungen von Ende November bis Mitte Jänner abgehalten. Da man damals äußerst diszipliniert war und Bachen tunlichst schonte, waren Saujagden auch in der zweiten Jännerhälfte durchaus üblich, wenn auch nicht die Regel. Die Niederwildsaison dauerte bis Mitte Februar, so waren die Termine für viele geladene Waidmänner schwer einzuteilen, denn auf Fasanhähne und Enten wurde noch im Jänner überall gejagt. Nur die Rebhühner bildeten eine Ausnahme. Die Regel lautete, höchstens bis Ende Dezember Hühner zu schießen. Wenn schon vor dem Jahresende eine durchgehende Schneedecke den Boden bedeckte, schonte man aber die Hühner. Denn, um auf den verschneiten Feldern den scharfen Augen der Greifvögel zu entgehen, brauchten sie Ruhe. In der Großen Ungarischen Tiefebene, wie zum Beispiel der Gegend von Pusztaszer, wo es für das Rebhuhn im Winter wenig Deckung gab, konnten sie sich auch in den sogenannten klassischen, guten Rebhühnerzeiten nie annähernd so vermehren wie in Gegenden mit mehr Deckungen und vor allem auf den Bauernfeldern.

MURAY R '93

MURAY R '87

Das Rebhuhn mag die großen Tafeln nicht, dafür liebt es die bäuerlichen Streifenfelder. Die ehemaligen Herrschaftsfelder waren zwar bei weitem nicht so groß, was das Ausmaß einer einzelnen Tafel anbelangt, wie die Kolchosenfelder (bis zu 300 Hektar). Früher gab es überall Hühner, wo gemischte kleine Felder kultiviert wurden. Die kleinen Maisfelder, die der Bauer noch händisch erntete, die Kartoffelfelder, kleine Rübenfelder und Kleefelder waren für das Rebhuhn ideal. In Ungarn war in alter Zeit die sogenannte Kleine Tiefebene (Kisalföld), die Hanság, fast besser als die Große, ausgenommen die Bauernfelder und die Gegenden, in denen starkes Salzvorkommen (Szik wie Zicksee) den Anbau überhaupt verhinderte, dafür aber mehr Unkraut vorkam. Das Rebhuhn liebt Insekten und Unkrautsamen, das sind seine größten Leckerbissen, es braucht sonnige Stellen zum „Hudern" und benötigt Deckung vor dem Raubzeug.

Im Tótmegyer waren massenhaft Hühner, nicht zuletzt deswegen, weil das Personal Raubwild und Raubzeug kurz hielt. Gyula von Nagy, mein im Jahre 1997 90 Jahre alt gewordener, noch immer aktiv jagender Freund, berichtet von einer beim Grafen Keglevich abgehaltenen Winterjagd auf Hühner, als er allein in einem Rücktrieb eines böhmischen Streifens 93 Hühner erlegte. Geschehen in Vedrőd, 1936, Ende November. (Siehe „Die Zeit wirft keine Schatten", Seite 36.)

Über Rebhühner habe ich schon an anderer Stelle ausführlich geschrieben (siehe „Das Blatt weiß nicht, wohin es fällt", Seite 195–199). Als ich dieses Buch herausgab, schrieben wir das Jahr 1985. Seitdem ist trotz sehr sorgfältiger Schonung – einige Inseln ausgenommen – das Rebhuhn, soweit es sich um wilde Hühner handelt, in keiner besseren Lage als damals. Es werden zwar mehr

Oben: *Winterhühner*
Unten: *Noch haben sie den Jäger nicht bemerkt* (Gemälde von Robert Muray)

Hühner aufgezogen und freigelassen, es wird aber jeder, der sich halbwegs auskennt, sofort sagen müssen, es gibt kaum einen Vergleich. Das wilde Huhn purrt immer unerwartet auf, und zwar im Kettenverband. Das aufgezogene erscheint sehr oft einzeln; es macht sogar nicht selten einen Kreis und fällt in derselben Deckung wieder ein, wo man es aufgetrieben hat. In den herrlichen Rebhühnergegenden des Nordburgenlandes haben die Pächter viel investiert, um unser Rebhuhn zu erhalten. Bei der Vollschonung der Greifvögel ist dies sehr schwierig.

Friedrich-Karl Flick hat in seinem längere Zeit gepachteten Revier Nickelsdorf durch künstliche Deckungen und bestens angelegte Fütterungen in großen Mengen viel für die Erhaltung des Rebhuhnes geleistet, desgleichen die Zurndorfer Pächter, als noch Rudolf Hoesch dort die Jagdleitung inne hatte. Tatsache ist, dass auch in den besten Rebhühnerrevieren der Stand der Vögel drastisch zurückgegangen ist. Dort aber, wo es zwar nicht massenhaft, aber genügend Hühner gab, wie z.B. in den steirischen Flusstälern wie Mur, Kainach, Lafnitz, Raab etc., ist durch den Jahr für Jahr stark übertriebenen Maisanbau das Rebhuhn fast völlig ausgestorben. Das herrliche Raabtal von Kirchberg bis Fehring, oder das Murtal von Feldkirchen über Werndorf bis Wildon, die Gegend von Stocking-Finkenegg, die Murecker Senke mit dem wunderschönen Flachland, wo gibt es heute da noch Hühner? Und wie viele gab es da noch vor 25, 30 Jahren? Insektizide und Pestizide, zusammenhängende Maistafeln ohne dazwischenliegende Raine, Maissorten, die bis zu einer Höhe von 2,50 Meter wachsen, keinerlei Unkraut mehr, keine Sonnenstrahlen, die eindringen. Und unmittelbar nach der Maisernte, die im September/Oktober stattfindet, wird umgeackert. Es gibt seit der Kommassierung fast keinerlei Deckung und Schutz vor den Greifen. Soll ich weitererzählen? Man braucht sich nur umzuschauen.

In den sechziger Jahren konnte man aus dem vorbeifahrenden Auto auf freier Fläche im Schnee gut sichtbar oft zehn bis 20 Hühnerketten als weithin erkennbare dunkle Punkte beobachten. Doch das beobachteten nicht nur interessierte Autofahrer, sondern auch die Greifvögel, die obendrein davon leben. Heute kann man 200 Kilometer fahren, und man sieht kaum ein Rebhuhn mehr auf den winterlichen Feldern.

Ein Vergleich: In Österreich fielen 1971/72 130.980 Rebhühner, 1980/81 waren es 3.760. In Westdeutschland fielen 1971/72 380.600 Hühner, im Jahre 1990/91 29.300. Diese Zahlen sagen wohl alles.

Meine besten Rebhühnerjagden habe ich zur normalen Zeit des Rebhühnerjagens Ende August/Anfang September, wie ich schon einmal schrieb, in Eisenstadt, Zurndorf, Steinbrunn, St. Andrä, Frauenkirchen, Bad Fischau usw. erleben dürfen. In Siegendorf, bei meinem Freund Hans Springschitz, der Bezirksjägermeister von Eisenstadt und Baumeister war, habe ich am öftesten auf Hühner jagen dürfen und dort am meisten geschossen. Winterhühner während der Herbstjagden schoss ich u.a. in Trumau, Ebreichsdorf, Dobersberg, Tattendorf, Andau und Apetlon.

Getriebene Hühner, die einen im Winter über freies Feld anfliegen, sind wohl das schönste und auch am schwersten zu treffende Flugwild nach dem über freies Feld mit dem Wind anstreichenden wirklich turmhohen Feldfasan. In Tattendorf schoss ich die meisten Winterhühner, aber die vielleicht schönsten in Andau. Wenn man an einem Jagdtag das Glück hat, 20 getriebene Hühner sauber zu schießen, ist man hoch zufrieden.

Man schießt das Winterhuhn angetrieben oder im Kessel. Das Huhn steigt gegen den Wind auf. Wenn der Wind nur leicht weht, kommen sie – oft in beträchtliche Höhe steigend – gegen den sanften Wind angestrichen. Ist der Wind halbstark oder gar sehr stark, lässt sich die Kette, wenn sie schon eine Strecke gestrichen ist, vom Wind erfassen und kommt dann pfeilschnell mit dem Wind, im günstigen Fall dem glücklichen Schützen über den Kopf.

Im Seewinkel ebenso wie in der Gegend des Tullner- und Marchfeldes gibt es sehr oft einen scharfen Wind. Eine erfahrene Kette völlig wilder Winterhühner mit dem Wind, Sturm oder gar Orkan in Schussnähe kommend, das ist schon das Höchste, was ein passionierter Schütze erwarten kann. Ich habe in Spanien getriebene Rothühner in verschiedenen Biotopen bejagt, auch im Wind und habe festgestellt, dass unsere in Ketten pfeilschnell herankommenden Feldhühner schwerer zu treffen sind als die über einen Hügelkamm gegen einen gut vorbereiteten und ebenen Stand getriebenen Rothühner.

Eine Kette bei einer Kesseljagd steht irgendwo in der Mitte auf, und es ist fast bis zuletzt ungewiss, wo genau sie zu Schuss kommen wird. Plagt man sich gerade über einen gefrorenen Sturzacker und die Hühner sind in dem Augenblick da, als man wegen des schweren Geländes eine Sekunde unaufmerksam war, ist es schon meistens zu spät, um mit Sicherheit zu treffen. Zum sicheren Schuss – auch und gerade am Feld – gehört der ebene Stand der Füße sowie genügend Zeit, um Schnelligkeit, Richtung und Entfernung abzuschätzen. Und man muss sich entscheiden, wohin man in gerade dieser Situation schießen wird. Das alles ist bei den heutigen Kesseljagden mit Schwierigkeiten verbunden. Die Alten wussten schon, warum sie die Streife dem Kessel vorzogen. Das Federwild wurde bei diesem nämlich fast ausschließlich beim „Eindrücker“, beim Rücktreiben geschossen, als der Schütze einen vorbereiteten und vor allem gut geebneten Stand bezogen hatte. Der Flintenschütze „schießt“ zu einem Großteil mit den Füßen. Klassische böhmische Streifen sind heute nicht mehr möglich, weil man nicht einmal den Bruchteil der benötigten Treiber aufbringen könnte. Wenn die Eindrücker oder Treiberschützen jedoch selbst auch auf die vorfliegenden Vögel schießen, dann ist die Sache halb so vielversprechend, als wären die Eindrücker nur Treiber.

Die Zeiten der unvergleichlichen großen Streifjagden mit zehn Schützen und 300 Treibern sind lange vorbei. Sie hatten damals ihre Berechtigung, weil man grundsätzlich nur einmal im Jahr eine Erntejagd abhielt, die bei uns in Ungarn Hauptjagd (nagyvadászat) hieß. Die heutigen Jagdgesellschaften können oft gar nicht anders, als das Revier öfters, in manchen Fällen jedes Wochenende, zu bejagen und zu beunruhigen. Jenen, die große Einzelstrecken (meist ausgesucht guter Schützen) kritisieren, sei die Alternative entgegengehalten: Man möge sich im herrlichsten Biotop für Niederwild, in Frankreich, einmal umsehen. Seit der Französischen Revolution ist die Jagd dort frei. Heute gibt es in diesem Land praktisch kein Niederwild mehr, obgleich die Landschaft ideal dafür wäre. Ausnahmen sind lediglich Staatsjagden sowie reservierte Jagden für Millionäre, doch auch diese inbegriffen, gibt es – außer dem unglücklicherweise über Frankreich ziehenden Zugwild – kaum ein Flugwild mehr.

Noch etwas zu den meisterlichen Schützen, die, wie man hört, aus Hühnerketten zwei bis drei Dubletten herausschossen. Das waren eben nicht die normalen Novemberketten von acht bis zwölf Hühnern, sondern riesige Ketten, die sich „zusammentaten“ aus einzelnen Hühnervölkern, was bei der Streife und auch bei manchen Kesseln durch das Zusammendrängen der Vögel unvermeidlich ist. Da kommen eben statt 12 Hühnern in einer Kette große Pulks von 60 bis 80 Hühnern. Diese sind so lang, dass man mit Leichtigkeit dreimal Gewehre wechseln kann, und noch immer sind Hühner über einem. Nur ganz große Meister, wie Wladimir Mittrowsky, Ivan Draskovich oder Lásló Szápáry, konnten aus einer Kette auch zwei Dubletten schießen. Die ersten zwei weit nach vorne, Gewehrwechseln beim Passieren, und mit der zweiten Flinte hintennach nochmals zwei. Die zwei ersten schossen aber ohnehin Browning-Automaten Kal. 16. Szápáry oft einen „Pumper“. Dann ist es möglich, aus einer Winterkette fünf Hühner herauszuschießen.

Doch wo sind die Zeiten? Ich selbst habe bei zwanzig erlegten Winterhühnern meistens drei bis vier Dubletten zusammengebracht. Einmal gelang mir mit einer Flinte eine Triplette. Das geht so: Man hält eine Patrone beim Zielen an den Lauf gepresst. Schießt ein Huhn herunter, ladet die (eine) Patrone blitzschnell in den (einen) Lauf, wartet das Passieren ab, und schießt dann in aller Ruhe nach hinten zwei Hühner herunter. Doch das sind Ausnahmefälle. Ungeübte Schützen schießen fast immer im falschen Moment auf die Hühner, nämlich dann, wenn sie einen eben pfeilschnell passieren, also am nächsten sind. Dabei sind sie natürlich am schnellsten und die Garbe des Schrotschusses ist noch zu klein. Also, weit nach vorne schießen – weiter als man denkt – und schnell, trotzdem präzise zielen – und dann nach hinten.

Doch nun zur Rebhühnerjagd zur „normalen“ Zeit im Spätsommer oder Frühherbst. Die „Alten“ waren wieder einmal gescheiter als wir. Man bejagte die Hühner dann, wenn die jungen Hühner zwar ausgezeichnet flogen, aber doch in der Größe und Färbung sich von den Alten unterschieden. Weil die in Einehe lebenden Rebhühner ausgezeichnete Eltern sind, wollte man die Alten tunlichst schonen. Das gelang manchen ruhigen, besonnenen und nicht gierigen Schützen damals oft. Heute geht die Rebhühnerjagd, wenn überhaupt, Mitte September an, wenn alle Hühner gleich groß erscheinen, da ist eine solche Hegeauslese fast unmöglich. Das Aufregende bei der Hühnerjagd ist das plötzlich purrende Aufstehen mit dem charakteristischen „Kirrik, Kirrik“. Anfänger oder schlechte Schützen sind beim Hochwerden der Kette so beeindruckt, dass sie entweder wie gelähmt warten, nicht wissen, welches Huhn sie beschießen sollen, oder viel zu schnell, mitten in die Kette hineinhaltend, schießen. Der Erfolg wird mäßig sein.

Ich möchte jetzt von jenem Revier erzählen, wo ich mit Sicherheit die meisten Hühner geschossen habe, nämlich von Siegendorf. Die Jagd gehörte zuerst drei Pächtern, später war Hans Springschitz Alleinpächter. Mitte September lud er mich auf zehn Tage Rebhühnerjagd ein. Ich war meistens allein mit seinem alten Deutsch-Rauhaar Vorstehhund, aber manchmal auch ohne Hund unterwegs. Das gesamte Revier stand mir zur Verfügung. Hans verlangte bloß von mir, dass ich mich am Abend mit 40 Hühnern bei ihm meldete. Er hatte Verpflichtungen, belieferte Hotels und Restaurants, genau weiß ich es nicht. Wenn ich allein ging, begann ich an der Wulkaprodersdorfer oder Zagersdorfer Grenze. Hier waren die meisten Hühner und die schmalsten Tafeln.

Ich schoss immer so, dass die Hühner auf das offene Feld fielen. Damit erreichte ich einerseits, dass ich fast immer Randhühner beschoss, die zumeist junge waren, und vor allem, dass ich das Huhn fallen und liegen sah. Später ging ich dann unweit der Eisenstädter Grenze, in die Nähe von Rübenfelder, die die Hühner sehr liebten. Da war auch ein alter Hausgarten mit viel Unkraut, wo immer Ketten waren. Wenn ich über einem Rübenfeld auf Hühner schoss, machte ich immer nur einen Schuss, merkte mir den Platz, wohin das Huhn fiel und klaubte es sofort auf. Schießt man auf zwei Hühner, so verliert man die Orientierung, merkt sich höchstens das zweite geschossene und verliert Unmengen von Zeit mit der Nachsuche. Es ist nur eine Frage des Willens und der Disziplin. Ich habe auch ohnehin nur ganz selten auf diese Weise ein Huhn verloren. Sobald ein geflügeltes Huhn nicht in die Deckung, sondern auf ein freies Feld fiel und zu laufen begann, hatte es auch schon meinen Fangschuss.

Mittags hakelte ich unter einer schattigen Ulme die erlegten Hühner aus, wozu ich einen von mir entworfenen, etwas in Spiralform gedrehten Haken verwendete. Es waren unvergessene Tage, die ich da durch die Großzügigkeit meines treuen Freundes in Siegendorf verbringen konnte. Sicher durfte ich hier 16 bis 18 Jahre hindurch auf Hühner jagen. Die größte Tagesstrecke, die ich erzielte, waren 67 Hühner.

Einmal „bettelte" ich meinen sehr gut schießenden Neffen Hansi Keil bei Springschitz ein, und es ist mir noch immer eine Freude, dass er mit mir dort einen herrlichen Tag auf Hühnerjagd erleben durfte. Ich glaube, zusammen schossen wir damals in einem mittelmäßigen Hühnerjahr 61 Hühner. Wenn man zu zweit war, konnte man auch die sehr bevorzugten Weingärten an der Trausdorfer Grenze bejagen oder in die Sulz gehen, wo aber die Tafeln etwas zu groß waren. Zwischen dem Dorfrand und einer Sanddüne waren auch schöne schmale Bauernfelder mit Kartoffeln, Kukuruz, Klee, manchmal hatte ich auch Erfolg auf den Feldern, die beim Sommerhof oder der Puszta lagen.

Obgleich ich in Siegendorf „gedeckten Tisch" hatte und dank der Großzügigkeit von Hans Springschitz „mein eigener Herr" war – der aber auch etwas zustande brachte –, nahm ich dennoch von Siegendorf aus Einladungen von meinem Freund Niki Reinprecht in das Feldrevier Eisenstadt an, wo noch mehr

Hühner waren und wo wir meistens erst am späten Vormittag mit der Jagd begannen. Jahrelang hatte er mich auf einen Tag eingeladen, und fast immer schossen wir zu zweit von 11 Uhr bis 15 Uhr an die 100 Hühner.

Ich bin dem Schicksal und meinen lieben Freunden unendlich dankbar, dass ich durch sie die Wonnen der Rebhühnerjagd noch auskosten konnte. Ich bin zwar alt geworden, aber wann immer das plötzliche Aufpurren und Rufen einer wilden Rebhühnerkette mich überrascht, fühle ich die alte Passion in mir auflodern und denke an die wundervollen, unvergesslichen Tage bei der Rebhühnerjagd bei meinen Freunden, als es bei uns nicht nur genügend, sondern recht viele Rebhühner gab.

Hans Springschitz ist schon vor Jahren gestorben. Sooft ich in Siegendorf bin, besuche ich sein Grab, denn ich werde ihm immer dankbar sein.

# *Hasen-Nostalgie*

Weit sah das Auge über die verschneiten winterlichen Felder. Es ist – ein Menschenleben betrachtet – gar nicht so lange her, da konnte man in gewissen großflächigen Flachlandrevieren von einer Stelle aus fünfzig und mehr Hasen zählen, besonders am Morgen oder gegen Abend. Da gab es in ganz Europa noch viele Hasen, und die Jäger freuten sich darauf, sie zu bejagen.

Hasenjagd! Vor 30 Jahren noch überall die am meisten verbreitete Niederwild-Jagdart. Es gab eigentlich überall genügend Hasen, auch in Gebieten, wo das Flugwild selten war. Man kann sagen, dass der Feldhase sowohl im Flachland als auch im Hügelland und in den meistens bewaldeten Bergen bis über 1000 Meter Seehöhe ausreichend vorkam. Alte Jäger kannten sich mit all den Geheimnissen und Techniken der Hasenbejagung gut aus, waren aber auch wesentlich bessere Hasenschützen als ihre heutigen Nachkommen, die wiederum auf Flugwild beachtlich gut schießen. Dies hat mehrere Gründe: Erstens hatten die „Altvorderen“ wesentlich mehr Übung auf Hasen als die heutigen Jäger. Dann führten sie Flinten, die grobe Schrote gut schossen, weil sie speziell für die Hasenjagd gebaut wurden. Die alten Springer-, Kaletzky-, Sodia- und Novotnyflinten der Monarchie waren ebenso wie die deutschen und belgischen Fabrikate für die Hasenjagd weit geeigneter als die englischen Flinten. Vor allem deswegen, weil die englischen Flinten für die Flugwildjagd konzipiert wurden und am besten feine Schrote schossen, während die „kontinentalen“ Flinten – etwa der Jahrhundertwende – Schrote mit 4 mm und 3,5 mm am besten schossen.

Der am Feld bejagte Hase braucht mindestens 3,5 mm Schrote. Meine alten Springerflinten aus dem Jahre 1902 schießen diese auch so tadellos, dass ich sie für die Hasenjagd – als es noch genügend Hasen gab – wie für die Wildgänsejagd am erfolgreichsten verwenden kann. Mein Onkel Franz, der Ferlacher Sigott-Flinten führte, schoss auch die Fasanen sowohl in Ungarn als auch auf den guten österreichischen Jagden am liebsten mit den damaligen Schroten Nr. 8 (3,5 mm).

In meiner Jugend in Ungarn war noch überall als beliebteste Hasenjagd am Feld die böhmische Streife üblich. Auch in Csákberény habe ich als kindlicher Zuschauer an solchen Streifjagden teilgenommen, ich kann mich also sehr gut an sie erinnern. Als Erstes fiel mir auf, dass schon damals, als es noch sehr viele Hasen gab, weit weniger Meister unter den Hasenschützen zu finden waren als unter den Flugwildschützen. Mein Vater schoss die Hasen mit seinen Full-Choke, 1896 gebauten, Kal. 20 Springerflinten sauberer als mancher berühmte Flugwildschütze, der mit Purdey's oder Holland-Holland's jagte. Noch mein vor vier Jahren verstorbener Vetter Hansi aus Kőrösladány schwärmte von Vaters Schießkunst auf Hasen: Alle roullierten vorne getroffen, er fehlte wenig und schweißte nur selten welche an. Seine noch im 19. Jahrhundert gebauten Flinten schossen die 3,5 mm Schrote hervorragend. Englische Flinten sind höchstens für 3 mm geeignet, gröbere Schrote sind für sie ungeeignet, weil der Schuss bzw. die Garbe zerstreut, sozusagen zerrissen wird und im Schussbild große Lücken auftreten.

In alter Zeit führten daher die besten Hasenschützen, die, wie schon gesagt, auch damals recht selten waren, „kontinentale" Flinten, für grobe Schrote gebaute Hasenflinten. Ich weiß nur von einem einzigen englischen Büchsenbauer, besser gesagt Flintenerzeuger, nämlich Joseph Lang, der Hasenflinten baute. Die Bauernjäger waren im Allgemeinen bessere und erfolgreichere Hasenschützen als die modernere Flinten führenden städtischen Jäger. Sie hatten die Auffassung, dass dem Fuchs Schrote Nr. 4, dem Hasen Schrote Nr. 6 gebührten (das sind 4,5 und 4 Millimeter). Die alten Damast-Hahnenflinten und die langläufigen Hahnenflinten, die man relativ billig bekam, schossen grobe Schrote eindeutig besser. Noch sehr lange schossen die Bauernjäger im 20. Jahrhundert solche Flinten, und ihre Leistung war auffallend und nicht zu übersehen.

Der auf Hasen wenig geübte Flugwildschütze trifft den Hasen meist in der Mitte des Leibes und oft zu tief. Der gute Hasenschütze am Kopf oder im ersten Drittel des Wildkörpers. Da spielt auch eine nicht unwesentliche Rolle, dass die groben Schrote schneller sind als die feinen. So legt sich der vom typischen Flugwildschützen getroffene Feldhase bestenfalls auf die Seite. Aber oft werden seine Läufe getroffen, oder er bekommt ein Schrot, mit dem er weiterflüchtet, als wäre nichts geschehen, um dann weit weg tot umzufallen. Der vom guten

Hasenschützen getroffene Hase macht oft sogar auf beachtliche Entfernung drei bis vier Purzelbäume, was auf einen tödlichen Kopfschuss deutet. Kriegt er aber ein Randschrot in den Kopf und ist der Schock nicht groß genug, um sofortigen Tod oder Bewusstlosigkeit herbeizuführen, wirft er sich immer wieder hoch oder torkelt benommen umher. Keines ist ein schöner Anblick. Ein Hase gehört daher immer vorne und voll getroffen und nie zu weit beschossen.

Ich habe zwar nie mit Automaten auf Hasen geschossen, muss aber zugeben, dass die mit Browning, Remington oder Winchester schießenden Meisterschützen wie z.B. Wladimir Mittrowsky jun. (Browning) oder Iván Draskovich (Browning) auch auf Hasen hervorragend schossen. Zsiga Széchenyi, der an den größten Jagden in Ungarn in einer Zeit teilgenommen hat, als noch fast 2 Millionen Hasen im (bereits „verkleinerten") Ungarn jährlich fielen, schreibt, dass, um ein meisterlicher Hasenschütze zu werden, viele Komponenten notwendig seien. Erstens einmal braucht man dazu Waffen, die grobe Schrote, wie mindestens 3,5 mm, hervorragend schießen. Dann muss man speziell für das vorhandene Gewehr passende Markenpatronen verwenden. Ferner soll man die Entfernung genau einschätzen können, damit man das individuelle Vorhaltemaß weiß. Die Entfernungsschätzung ist aber auch deswegen notwendig, damit man noch vor dem Schuss abschätzt, ob ein im vollen Tempo quer laufender (Feld-) Hase mit Sicherheit totgeschossen werden kann.

Széchenyi sagt, dass man unter Berücksichtigung aller oben erwähnten Umstände einen Hasen auf 70 Schritt mit annähernder Sicherheit erlegen kann. Vorausgesetzt, man ist ein guter Hasenschütze. Ich würde sagen, dass 50 Meter die weiteste Entfernung ist, die noch als waidmännisch bezeichnet werden kann. Zur Entfernungsschätzung sowie für das bei verschiedenen Geschwindigkeiten notwendige Vorhaltemaß muss man gute Augen besitzen. Es ist einfach haarsträubend, auf welche Distanzen Anfänger schießen.

Der Hase – obgleich auf kurze Distanz sehr leicht zu schießen – weckt bei seinem Erscheinen ungeahnte Emotionen, wenn er unvorhergesehen aufspringt, aber noch mehr, wenn er sich – schon von weitem sichtbar – dem Schützen nähert. Es geschehen auch die meisten Jagdunglücke bei der Hasenjagd, insbesondere bei Kesseljagden, wenn die Jagdleitung nicht streng und unerbittlich, der Schütze seinerseits aber zu gierig ist.

Von der Krone der Hasentreibjagd auf Feldern, der großen böhmischen Streife, muss man heute schon in der Vergangenheitsform sprechen. Es nehmen daran acht bis zehn Frontschützen teil, zwischen jedem Schützen mindestens zehn geübte, erwachsene Treiber, die fünf bis acht Kilometer auf vorher markierten Wegen nach vorne gehen.

Die zwei Flanken aus Treibern und Revierjägern bilden – rechts und links gehend – zu den jeweiligen Eckschützen einen Winkel von 90 Grad. Eine Reihe vor dem Eckschützen, in dieselbe Richtung wie die Front, gehen hintereinander Treiber, um dann am Ende des Streifens gegeneinander einzuschwenken, ein Viereck zu bilden und den Rücktrieb gegen die auf vorbereiteten Ständen wartenden Schützen durchzuführen.

Der klassische Hasenstreifen ist heutzutage undurchführbar, weil man unmöglich die erforderliche große Anzahl von Treibern aufbieten kann. Aber er wäre an sich waidmännischer als der Kessel, denn die Hasen haben weit mehr Chancen aus einem Streifen zu entkommen, als einem geschlossenen Kreis zu entfliehen. Die letzten Feldstreifen gab es meines Wissens in Österreich im damals erstklassigen Hasenbiotop südlich von Wien, z.B. unter dem Jagdherrn Fritz Habig in Münchendorf.

Bei den Hasenstreifen am Feld waren die Eckstände in den allermeisten Fällen die quantitativ ergiebigsten Posten. Hier kamen die Hasen meistens nicht all zu weit, und das Schießen war nicht schwierig. Von den wirklich passionierten Hasenschützen erlesener Qualität wurden aber die Stände in der Front bevorzugt.

Wenn einen Schützen ganze Hasenrudel anlaufen, zeigt sich schnell, ob er ein Meister seines Faches ist oder nicht. Der Meisterschütze wird bei Erwarten von viel Wild ruhig, besonnen und geht methodisch vor. Der ungeübte Schütze verfällt unweigerlich ins „Hudeln", den größten Feind des Flintenschießens überhaupt. Mit seinem geübten Auge muss der gute Schütze mit Sicherheit erfassen, wo er anfangen, wo weitermachen und wo das Schießen auf einen solchen „Ansturm" schließlich beendet werden soll.

Ich selbst habe einmal in Niederösterreich bei einer normalen Feldstreife, an der ich vorgestanden bin, von 12 gleichzeitig, aber im Gänsemarsch und tiefen Boden anlaufenden Hasen mit einer Flinte neun erlegt. Die großen Meister von Tótmegyer und Pusztaszer, wie Iván Draskovich und Cary Traun, schossen bei ständig anlaufenden größeren Hasenrudeln, mit mehreren Flinten, noch mehr und das tagelang. Und wieder möchte ich Zsiga Széchenyis Kommentar zum Hasenschießen bringen: „Das Hasenschießen hat sehr, sehr viele Grade, die

Skala ist größer als jene des Flugwildschießens. Man muss berücksichtigen: die Schnelligkeit des Hasen in Kombination mit der jeweiligen genau geschätzten Entfernung, die Windrichtung, die Lichtverhältnisse, atmosphärische Zustände ... Dem wirklich weiten Hasen muss man, wenn er schnell ist, fünf bis sechs Meter vorhalten und darüber hinaus auch ein bis zwei Spannen darüberzielen. Der Schuss auf den wirklich weiten Hasen darf aber nur dem gestattet sein, der die Möglichkeit seines Gerätes und seines Könnens genau kennt, denn weite Schüsse können in den Augen vieler als unverantwortlich gelten." Soweit Széchenyi, der den anlaufenden und den defilierenden Hasen beschreibt. Es gibt aber noch den sich entfernenden, den weglaufenden Hasen. Bei ihm muss man – kurz ausgedrückt – „zwischen die Löffel" halten und weniger weit schießen als auf „Defilierer", weil die Auftreffwucht der Schrote beim sich entfernenden Ziel schwächer ist und daher die Schockwirkung entfällt. Bei Gefahr des Anbleiens in die Hinterläufe, sind Weitschüsse zu vermeiden. Auf weglaufende Hasen darf man nie weiter schießen als höchstens auf 35 Meter!

Von den Kesseljagden und den Waldtreibjagden auf Hasen, die fast jedermann kennt, möchte ich hier nicht extra sprechen. Zu erwähnen wäre noch der ganz selten gewordene Waldstreifen auf Hasen, wie ich ihn noch jahrelang am berühmten Grasberg in Wasserburg mitmachen durfte, dank unseres großen Gönners und Freundes Chappie Seilern.

Es fanden sich nie mehr als sechs Gäste ein. Die für die Schützen zu begehenden Wege waren entweder Alleen oder Waldwege oder extra freigemachte Steige, die weithin sichtbar mit weißem Kalk gekennzeichnet waren. Zwischen den einzelnen Schützen gingen erstaunlich viele, sehr passionierte Treiber, die wahrlich Meister ihres Faches waren. Nie sah ich eine Treiberwehr, die so diszipliniert und gerade, wie ein Lineal ausgerichtet, durch ganz verschiedene Waldpartien ging. Wenn Hasen fielen, musste alles so lange stehen bleiben, bis der Hase aufgeklaubt und der Treiber sich wieder in die Reihe eingeordnet hatte. Sehr oft geschah es, dass an fast ein und derselben Stelle drei bis vier Hasen gleichzeitig aufsprangen.

Man schoss daher bei solchen Waldstreifen entweder auf plötzlich aufspringende oder vom Nachbarn kommende defilierende Hasen. Man schoss niemals weit, weil dies im recht dichten Untergewächs kaum möglich war. Schrote Nr. 10 (3 mm) waren hier durchaus angebracht, mit auch für Schnappschüsse geeigneten „offenen" Flinten, wie es die meisten englischen Schrotgewehre sind. Ich habe zweimal an diesem Streifen eine beachtliche Strecke machen können, dabei half mir der jahrelange Jagdfreund und Lader, Herr Ethofer, durch sein blitzschnelles Laden. Vergelt's Gott.

Mein Vater hat bis zum Jahr 1944 – als er 50 Jahre alt wurde – rund 7.000 Hasen erlegt. Dabei hat er die wirklich guten Hasenjagden eigentlich nie besucht. Ich habe in meiner Kindheit und als junger Mensch in Ungarn an einigen Hasenjagden teilgenommen, wo ich 35 bis 40 Hasen am Tag erlegte. In Österreich waren vielleicht die besten von mir besuchten Hasenjagden Andau, St. Andrä, Seefeld, Tattendorf und Ebreichsdorf. Ich jagte aber auch in Westfalen, wo es in den fünfziger Jahren recht viele Hasen gab. In Dobersberg, bei einer von Freund László Szápáry speziell für uns Meran-Brüder arrangierten Feldstreife, schoss ich verhältnismäßig viel. Wenn man viel eingeladen wird, wie ich in meiner besten Zeit, „läppert" sich schon was zusammen.

In meinem langen Jägerleben habe ich nur etwas über ein Drittel der Menge an Hasen geschossen, die mein Vater erlegte. Die letzten 20 Jahre erschreckend wenig, weil eben erschreckend wenig vorhanden waren. In der Zeit, als ich noch ein Zipferl der „guten alten" Zeit hätte mitmachen können, war ich im Pensionat, später dann war es aus mit der Hochblüte der Hasenjagd in Ungarn. Kunstdünger und andere Gifte, Autoraserei u.Ä. brachten unseren europäischen Hasen inzwischen an den Rand des Aussterbens.

# *Fuchs-Geschichten*

Ich möchte von Fuchserlebnissen erzählen, wie sie mir gerade einfallen. Alljährlich organisiere ich in Ungarn eine Familienjagd auf Sauen und Füchse. Sie findet meistens im Dezember oder Jänner statt. Bei diesen Treibjagden habe ich nur selten Waidmannsheil. So auch im Jahr 1997, als ich an beiden Jagdtagen keine einzige Sau zu Gesicht bekam. Es kam der letzte Trieb, doch meine Hoffnung war ungebrochen. Denn Jagd ist nicht nur Schießen, Jagd ist Hoffen, Vorfreude, Naturbeobachtung sowie ungebrochene Erwartung. Wenn auch die Göttin Diana ihr Füllhorn meistens auf die jungen Jäger ausschüttet, die Anfänger beglückt und die alten Kracher, die außer der Jagd fast keine Freuden mehr haben, links liegen lässt, gibt es bisweilen Ausnahmen.

Mein Freund Attila begleitete mich an diesem Tag auf die Stände. Er hatte meine alte Springer-Flinte in den Händen, während ich die 7 x 64 Mauser-Büchse hielt. Der Stand war kompliziert und schwierig. Links von mir eine Dickung, von einem lückenhaften und rostigen Zaun begrenzt, dann ein kotiger Weg am Rande eines dichten Jungwaldes, rechts eine Allee zwischen Jungwald und Altholz. In Letzterem standen in einer lockeren Reihe drei Schützen. Ich selbst stand neben der Weg- und Alleekreuzung auf einem kleinen, von Büschen bewachsenen Hügel, von wo aus der Ausschuss auf weitere Entfernung schlecht, auf nahe Distanz mittelmäßig war. Bevor das Treiben angeblasen wurde, zwickte ich daher die störenden, unmittelbar vor mir befindlichen dornigen Äste ab. Dann standen wir beide wie immer still, damit Attila seine berühmt guten Ohren ohne Störung „einsetzen" konnte. Bald flüsterte er mir zu, dass er links das Tappen eines schnürenden Fuchses höre.

Ich wechsle die Waffen, doch bei diesem Manöver fällt mein Sitzstock mit nicht geringem Getöse um. „Na, das wird der Fuchs gehört haben", denke ich ärgerlich, und unmittelbar danach beginnt halb rechts im Jungwald, dem eigentlichen Treiben, ein Hund giftigen Hetzlaut zu geben. Das Hundegekläff nähert sich. Wir wechseln wieder die Waffen. Ich konzentriere mich nach vorne – halbrechts. Plötzlich, von Attila nicht vernommen, erscheint links, entlang des alten Drahtes, ein riesengroßer Fuchs, langsam die wenigen Meter, wo er sichtbar ist, durchquerend. Ich will die Flinte schnappen, sehe aber, dass Attila – ebenfalls völlig überrascht – mit ihr zu zielen beginnt. Ich vergesse, dass ich mit meiner Büchse schießen könnte. Attila schießt auch nicht, der Fuchs ist weg. Das Ganze hat sich auf 15 Meter abgespielt, und seltsamerweise hat uns der Fuchs nicht wahrgenommen.

Meinen Ärger, der heute noch andauert, kann ich nicht „austoben", denn es erscheint eine Sau in langsamem Tempo, die ich dann glücklich erlegen kann. Geschehen im Revier Gyóta am 7.12.1997.

Einige Jahre zuvor bin ich mit Jagdfreunden in Nordungarn in der Gegend von Aggtelek an der damals tschechoslowakischen Grenze. Wir treiben eine fast undurchdringliche Buchendickung mittlerer Größe. Sie wird von Schützen umstellt, einige wenige kommen auf einem schmalen Weg, darunter mein Freund Fritz Melcher und ich. Wie immer habe ich die Flinte mit. Man spürt ganz frisch Sauen, und ich nehme die Springer in die Hand und lade sie mit Flintenlaufgeschossen. Der weiteste Ausschuss beträgt 20 Meter. Der alleeartige Waldweg ist etwa anderthalb Meter breit. Kaum bin ich am Stand, sind die Hunde auf Sauen gekommen. Da und dort knallt es bereits, auch Melcher schießt. Ganz konzentriert warte ich, die beiden Sauwechsel rechts und links abwechselnd im Auge behaltend. Da erscheint links von mir auf etwa 12 Meter

*Noch vor wenigen Jahren im Frühling ein häufiger Anblick*

ein riesenhafter, fahlgelber Fuchs. Ich halte mit der Brenneke-Kugel vor und fehle ihn glatt. Er ist so lang, dass ich am Anfang glaube, es kämen zwei Füchse hintereinander.

Als alter Schrotschütze kann ich nicht begreifen, warum ich den Fuchs gefehlt habe. In der Annahme, es könnte ein zweiter kommen, lade ich nun aber in den rechten Lauf eine Schrotpatrone 3,5 mm. Im linken Lauf verbleibt das Flintenlaufgeschoss. Und wieder melden die Hunde. Mir kommt aber keine Sau, während mein Nachbar drei erlegt.

Doch meine Taktik bewährt sich. Schon sind die Treiber auf etwa hundert Meter rechter Hand, als wahrhaftig links am selben Wechsel (wie der erste) ein zweiter Fuchs erscheint. Dieser bleibt aber in der Schrotgarbe mitten am Weg liegen. Seit dieser Zeit gilt für mich, wenn ich die Flinte in der Hand halte: rechter Lauf Schrot, linker Lauf Kugel. Geschehen am 5.1.1988 im ungarischen Szendrő.

Wir treiben auf Sauen bei meinem Neffen im Auwald. Es gibt zahlende und es gibt eingeladene Gäste. Letztere sind angehalten, nur Frischlinge zu erlegen. Im zweiten Treiben stehe ich mit einem Jäger auf einem Bodensitz. Schon zu Beginn gefällt mir dieser Stand im prachtvollen Gelände nicht sonderlich, denn der Fichtenanflug unmittelbar vor dem Stand ist fast einen Meter hoch. Die Sauen müssten also ganz herauskommen, damit ich sie hinter mir sehen und beschießen kann. Vor mir ist auf etwa 40 Meter eine größere Dickung, dort fällt das Gelände aber ab.

Lange tut sich nichts, dann sehe ich schemenhaft am Rande der größeren Dickung parallel mit deren Rand eine stärkere Sau immer wieder auftauchen und

*Wer bleibt Sieger?*

nach rechts trollen. Den gleichen Wechsel nehmen später drei einzelne Frischlinge, die ich aber weder richtig sehen, geschweige denn beschießen kann. Bald tauchen einzelne Hunde auf. Es fällt mir auf, dass immer an derselben Stelle die kleinen Fichten wackeln. Ich frage meinen Begleiter, was wohl dort sein könnte, und er antwortet, dort wären möglicherweise Hunde. Genaueres wussten wir beide nicht.

Nun kommen die Treiber. Sie halten die Linie vorbildlich, sind durch ihre gelben und roten Westen gut sichtbar und treiben nicht nur die große Dickung, den eigentlichen Trieb, sondern auch den Wald, wo mein Stand steht, also auch den Fichtenanflug und den freieren Hochwald. Plötzlich – für mich völlig unerwartet – erscheint ein sandbrauner Fuchs recht langsam auf 20 Meter und schnürt nach rechts. Die Treiber sind auf ca. 70 Meter. Ich habe nur die Büchse mit und kann natürlich nicht schießen. In einem großen Bogen, verfolgt von den mittlerweile in seinen Spuren erschienenen Terrier-Hunden, durchbricht er die Treiberwehr und verschwindet in der großen Dickung.

Die Erklärung ist einfach. Unter den erstklassigen, an dieser Jagd teilnehmenden Hunden sind auch einige Bauhunde, und dort, wo sich die kleinen Fichten immer bewegt haben, ist ein Eingang zu einer größeren Fuchsbauanlage, von der ich und mein Begleiter keine Ahnung hatten. Der Fuchs wurde also von den Hunden aus dem Bau gesprengt. Zu meinem Pech gerade dann, als die Treiber ankamen. Wahrscheinlich hätte ich ihn mit der Kugel sogar getroffen, denn er schnürte ganz langsam. Seine bräunliche Farbe hatte er von der sandigen Erde im Bau. Es war Ranzzeit, und es ist durchaus möglich, dass auch andere Füchse ungesehen den Bau verlassen haben. Geschehen am 8.1.1998, Kogl, Auwald.

Ich drehe zurück am Rad der Zeit: Es ist der fünfte Kriegswinter, Jänner 1943. Wir haben Kohlenferien bekommen und dürfen den ganzen Jänner zu Hause bleiben. Was das für die Internatszöglinge bedeutete, deren Weihnachtsferien normalerweise nach acht Tagen aus waren, kann ich auch heute noch nicht beschreiben. Vater ist im Krieg von den längeren Saujagden abgekommen und hält, wenn Wetter und Spurschnee es empfehlen, kurzfristig angesagte Jagden für seine Stammgäste und Nachbarn ab. Zwischenbemerkung: Bei unseren Saujagden gab es keine Hetzhunde.

An diesem Tag waren anwesend: Albrecht von Bayern, Karl Auersperg-Bräunner, Moritz Esterházy, Sanyi Kiss de Nemeskér, János Zichy mit Sohn und Laci Esterházy. Getrieben wurde vom Revier Kápolna herüber in Horog- und

Hosszuvölgy, der Prybillschlag und der Gsonkabükk sowie die beiden Cseresnyés-Täler. Ich möchte mich aber auf die Fuchserlebnisse beschränken.

Wir Buben bekamen Flankenstände. Im ersten Treiben konnte ich genau beobachten, wie der damalige Erbprinz Albrecht über die Lange Sutte hinweg (Hosszuvölgy) – sein Stand war unweit des Adlerhorstes – mit drei Schüssen drei Füchse erlegte. Die Entfernung betrug etwa 150 Meter. Die Füchse kamen am selben Wechsel und schnürten zügig gegen Norden. Ich hatte damals mit meinen 16 Jahren so etwas noch nie gesehen. Im Prybillschlagtrieb hatte ich den untersten Stand, in der Horogvölgy. Ich hatte aus einem flüchtigen Rudel mit fünf Schüssen zwei Tiere erlegt, war gerade dabei, den Mauser nachzuladen, als mir stichgerade von der Juhdöglővölgy-Seite ein Fuchs kam. Er war nicht weiter als 20 Meter, ich sah noch wie sein Lecker heraushing. So vorsichtig wie möglich schob ich eine Patrone in den Lauf. Trotzdem hörte es der Fuchs, warf um und flüchtete, aber unsicher und nicht allzu schnell. Ich schoss viel zu schnell. Gerade als er mit hoch erhobener Lunte seine schnelle Drehung vollführte, fehlte ich ihn natürlich. Und als er dann auf 100 Schritt langsam wurde und unschlüssig verhoffte, kam ich gut ab, hatte aber vergessen, dass ich nur eine Patrone im Lauf gehabt hatte und es machte nur „Klack“. Weg war er. Zu dieser Zeit hatte ich in meinem kurzen Leben bloß fünf Füchse erlegt, davon vier in Csákvár in Schilftrieben.

Bei der Cseresnyésvölgy bekam ich den untersten Stand, von wo ich aber drei Stände gut übersehen konnte. Der zweite Schütze ober mir war mein Vater. Aus kriegsbedingtem Patronenmangel führte er seine Kipplaufbüchse mit Kaliber 6,5 x 52 R, mit Flachkopf-Bleispitzpatronen, ein Wundergewehr, wie der Fachmann Albrecht anerkennend bemerkte. Zuerst sah ich, wie mein Vater einen kapitalen Keiler dermaßen im Feuer erlegte, als hätte er mit einer Elefantenbüchse geschossen. Später erschien über ihm auf der Höhe ein von seinem Nachbarn gefehlter Fuchs in vollster Flucht – wobei er schräg nach rechts schießen musste. Der Fuchs war mir näher als Vater. Trotzdem sah ich ihn in rasender Flucht mit einem Kopfschuss einen Purzelbaum schlagen. Dieses Bild ist mir noch heute, nach 56 Jahren, so gegenwärtig, als wäre es gestern geschehen. Im Jagdbuch meines Vaters steht darüber u.a.: 250 Schritt, Flucht!! Geschehen am 9.1.1943. Ja, schießen konnten die damaligen Herren!

Bei einer von mir alljährlich für „Unentwegte“, für echte Waidmänner Anfang des Jahres organisierten Fuchstreibjagd in Buzsák ereignete sich Folgendes. Im ersten Treiben standen wir Alten bei beißender Kälte und Sturm vorne am Rande eines zugefrorenen Kanals, während Neffe Fritz links an der Flanke stand. Er hatte einen schwarzen Umhang und eine Zipfelmütze und fror erbärmlich. Plötzlich kommt ihm unerwartet, da ganz am Anfang, ein riesiger fahlgelber Fuchs. Er schießt zweimal, der Fuchs scheint zusammenzuzucken, Fritz läuft die wenigen Schritte zu einer Böschung, hinter der ein Graben und ein Kukuruzstoppelfeld liegen, um einen eventuellen Fangschuss anzubringen. Während dieser Zeit kommt ihm der zweite Fuchs am selben Wechsel, merkt ihn und verschwindet im Graben. Im nächsten Treiben schießt er einen Fuchs im Wald, und wir stellen uns nach langem Gehen auf einer Allee an, wobei die Reihenfolge der Stände uns überlassen wird. Ich komme auf den vorletzten Platz, links von mir steht noch Attila, rechts Wolfgang Borckenstein. Vor mir ist eine Föhrendickung, in die man nicht hineinsehen kann, die Allee ist ca. fünf Meter breit. Ich stehe sehr ruhig im Schatten und friere erbärmlich. Meine Roger-Schaub-Zipfelmütze lässt den beißenden ungarischen Wind durch, als hätte ich nichts am Kopf.

Eine Dreiviertelstunde ist vergangen, als ich plötzlich halblinks von mir am Rande der Dickung einen Fuchs sehe, den ich mit dem rechten Lauf sofort im Feuer strecke. Noch habe ich nicht nachgeladen, als gerade vor mir im Stich der zweite erscheint, mich bemerkt und sofort umdreht, was in affenartiger Schnelligkeit geschieht. Ich aber schließe die Flinte schnell, ziele genau, und bevor er verschwindet, wirft ihn die Garbe des linken Laufes zu Boden. Eine langsame Dublette, aber immerhin eine Dublette, das seltene, immer erhoffte und einmal doch eintretende Waidmannsheil für einen alten Jäger, den Diana manchmal ganz vergessen zu haben scheint. Aber ich nehme jede Mühe und alle Strapazen auf mich für ein solches Waidmannsheil!

Nicht nur einmal bin ich ohne Fuchs nach Hause gefahren. Aber die Fuchsjagd an sich, das völlig Unsichere einer Jagd auf echtes Wild, reizt den wahren Jäger, und der Reiz, die Erwartung und Phantasie gehören zur Jagd. Das Schießen ist wirklich nebensächlich. Nie gehe ich unbefriedigt oder enttäuscht von einer solchen Jagd nach Hause. Das sagt ein Schütze, der sauber erzielten großen Strecken durchaus nicht abgeneigt ist und für den auch ein Fehlschuss, eine selbst verschuldete Ungeschicklichkeit, ein Erlebnis ist, das zur wahren Jagd gehört und daher immer ein Gewinn ist. Geschehen in Buzsák, am 4. Februar 1991.

Und nun darf ich Sie höflichst an das erinnern, was ich am Anfang dieses Kapitels unter anderem über Diana und die Familienfuchsjagd geschrieben habe. Die Göttin der Jagd ist launenhaft wie eine junge Vollblutstute. Glaubt man nicht an Götter, so könnte man sagen: Die Jagd ist das Unberechenbarste, das wir kennen. Ich persönlich liebe sie aus diesem Grund, besonders dann, wenn es um Wild geht, das vom leidenschaftlichen Jäger begehrte, echte Wild, das zu erbeuten Mühe, Planung, Ausdauer und alle möglichen schweißtreibenden Plagen erfordert, wie zum Beispiel die Treibjagd auf den winterlichen Fuchs.

Es kam der 31. Jänner 1998. Auf die von mir organisierte und von Attila geplante und mit mir vorbesprochene Fuchsjagd kommen nur geeichte, gute Jäger. Das weiß ich schon lange. Die Strecke ist sehr ungewiss, mit Bestimmtheit geht die Hälfte der Schützen leer nach Hause. Aber Jagd ist warten, hoffen, sich alles ausmalen, Jagd ist Vorfreude, Phantasie, Selbstbeherrschung, Aufmerksamkeit, schneller Entschluss und trotz Herzklopfens Ruhe. Erfolg hat man aber nur dann, wenn einem auch das Glück hold ist; denn Waidmannsheil ohne Glück gibt es nicht.

In einer renovierten ehemaligen Kurie der Familie Márffy in Pusztakovácsi erwarten wir die Gäste. Darunter sind viele gute Freunde und alte „Kampfgenossen", aber auch junge Jäger – von deren Glück bei Diana ich ja schon schrieb. Es trudeln ein: meine Neffen Fritzi Meran und Max Mayr-Melnhof, Erhard Scheid, die Offners, Arnolf Schelch und Fritz Gotthard aus Gasselsdorf, die Melchers, an ihrer Spitze der Meisterschütze Fritz Melcher (der hier vor Jahren schon drei Füchse auf einem Stand erlegt hat), Michael Hlatky, Andreas Ritzi, Hanni Mayer.

Fritzi ist ein geeichter Waidmann. Er versteht etwas von Füchsen und ist ihnen – so könnte man sagen – verfallen. Maxi Mayr-Melnhof wiederum dürfte all jenen, die fernsehen, noch von der Sendung „Vera" ein Begriff sein. Dieser junge Mann stellte damals, vielleicht drei Jahre über zwanzig, in der Debatte über die Jagd seinen Mann besser als mancher Jagdfunktionär oder auch ich selbst es jemals gekonnt hätte.

Arnolf Schelch ist jahrelang in Vertretung der Jagdgesellschaft mein Gastgeber in Gasselsdorf, wo im Herbst alljährlich, im Frühjahr niemals die Langschnäbel für kurze Zeit Quartier beziehen. Johann Offner, der Sohn des bekannten Waidmannes und erfolgreichen Geschäftsmannes Hans-Michael Offner, ist ebenso wie sein Freund Philipp Rudorfer noch keine zwanzig Jahre alt. Johannes Mayer gehört zu den guten Freunden aus der Siegendorfer Zeit und übermittelt mir Nachrichten und Grüße des alten Freundes Konrad Patzenhofer. Unter den Gästen sind drei, die noch niemals einen Fuchs erlegt haben.

Ein junger, langhaariger, aber sehr netter und englisch sprechender Kastellan empfängt uns. Das Erste, was uns auffällt, ist die unfassbare Kälte in den Sälen und Gängen des Schlosses, dafür glühen unsere Wangen in den überheizten Schlafzimmern. Ein „Manko", das wir aus ungarischen Jagdhäusern schon kennen.

Da Balatonfenyves ganz nahe liegt, bleiben ich und Attila dort über Nacht. Seit Tagen ist es winterlich kalt, aber es fehlt leider der Schnee. Die Wetterfrösche faseln von einem Italientief, von einer Kaltfront und Schneefall. Wir sind auf alles gefasst. Als ich aber am Morgen um 6 Uhr meinen Kaffee bereite und hinausschaue, sehe ich einen klaren Himmel. St. Hubertus sei Dank, es wird ein schöner Jagdtag.

Heute treffen wir uns am Rande von Lengyeltóti. Der Jagdleiter will neue, kleine Treiben veranstalten, da in diesen Dickungen nagelneue Baue und zahlreiche Fuchswechsel festgestellt wurden. Ich selbst bleibe diesbezüglich skeptisch. Die Nacht war klar, die Ranz ist nicht vorbei, am Anfang des Tages sind die Füchse in ihrer Mehrzahl im Bau und werden diesen erst verlassen, wenn die Sonne schön warm vom Himmel scheint. Im ersten und zweiten Treiben kommt nur ein Fuchs vor, der aber durch die wenigen Treiber nach hinten entflieht. Eichelhäher werden in ganzen Wolken hoch, jedoch vorerst in Erwartung der Füchse geschont.

Im zweiten Treiben kommt meinem jungen Nachbarn ein herrlich streichender Fasanhahn. Da er ihn nicht beschießt, riskiere ich den weiten Schuss, und er fällt tatsächlich, in die Brust getroffen, mit großem Krach weit hinunter ins Tal. Wohin, das habe ich – da ich genau in die Sonne gezielt habe – nicht gesehen. Der – leider – einzige Hund, den wir mitführen, Maxens treue Deutsch-Rauhaar-Hündin findet ihn. Im selben Treiben schießt Hans-Michael Offner auch einen dieser schlauen Waldhähne. Sonst liegt nur ein Eichelhäher, als wir zum dritten Treiben gehen.

Es ist ein langer Gang. Ich führe meine alte Springerflinte aus dem Jahr 1902 mit. Ich habe sie bewusst genommen, erstens weil sie die Schrote Nr. 8 (3,5 mm) am besten schießt, zweitens weil sie so schlank und handlich ist, dass man auch winterlich angezogen schnell fertig wird. Mein Stand ist am oberen Rand eines kleinen, verschilften und völlig zugefrorenen Waldteiches. Ich setze mich hinter eine dicke Eiche, die mich deckt, aber auch die Sonnenstrahlen abhält: eine unsagbar friedliche, winterliche Idylle im hügeligen Waldgelände.

Dieser Eichenwald ist schwer von herben Holzgerüchen, die oft sogar ins Bittere gehen, das gefrorene Laub am Boden ist voller Reif, schiefe Sonnenstrahlen dringen durch die Äste, als wären sie gotische Kirchenfenster. Außer einem schönen Fasanhahn, der sich vor mir die längste Zeit sonnt, aber beim ersten Laut der Treiber verschwindet, sehe ich nichts. Rechts von mir knallt es, dann bei den Treibern. Als der mir am nächsten stehende Treiber ankommt, zeige ich ihm den Platz, wo der Hahn stand, aber weder er noch Maxens Hund bringen ihn hoch.

Einen Fuchs hat der junge Johann Offner geschossen, einer ist zurückgegangen. Mein schon belächelter Spruch von Diana, die die jungen Männer liebt, scheint bestätigt. Nach einer kleinen Mittagspause geht es mit dem Traktor über sehr schlechte Feldwege zum früher so guten Haupttrieb, zu einem Kontratreiben auf eine Allee, wo seinerzeit die Gasleitung gelegt wurde. Fritzi bezieht seinen alten Stand, wo er vor Jahren auf drei Füchse zu Schuss kam, dann Erhard, dann ich, dann Fritz Melcher und so weiter.

Der Wind ist nicht sehr gut. Noch bevor die Treiber an ihrem Startplatz angekommen sind, versuche ich die trockenen Holunderstauden, die mir im Weg sind, abzubrechen. Es ist wichtig, dass man den anschnürenden Fuchs früher sieht, als umgekehrt. Leider sind gerade in diesem besten aller Treiben Holzarbeiter am Werk. Dagegen lässt sich nichts machen. Wir stehen still an dem dem Treiben zugewandten Teil der Allee.

Fritzis Stand war früher der beste. Auf dem Stand, wo Erhard steht, schoss ich zuletzt einen Fuchs. Auf meinem Stand schoss Arnolf seinen, auch auf den nächsten sind im Laufe der Jahre alle erfolgreich gewesen. Plötzlich höre ich Wildgänse, und im selben Augenblick fällt bei Fritz Melcher ein Schuss. In seine Richtung, wo etwas weitere Sicht ist, habe ich mich weniger konzentriert, denn er lässt kaum etwas durch. So ist es auch jetzt. Als die Treiber kommen, bringen sie schon einen starken Rüden heraus. Ich freue mich mit ihm. Diesmal hat es einen alten „erwischt".

Wir stellen uns um, die Treiber gehen weit zurück. Dann fällt ein schneller Doppelschuss bei Hans-Michael Offner. Es wird Schweiß gefunden, aber der Fuchs war zu gedeckt. Ich kenne das, vor drei Jahren hat Bruder Feri hier einen angeschossen. Als wir zusammenkommen, berichten die Jagdkameraden, dass vier Füchse ohne Schuss infolge des schlechten Windes – oder der arbeitenden Menschen – vorzeitig aus dem Treiben hinaus sind. Johann kamen noch zwei Sauen, doch hatte er die Flintenlaufgeschosse im Schloss vergessen. Dann wären sie dem jungen Philipp Rudorfer gekommen, aber diesen hatte der Jäger schon vom Stand abgezogen, als die Treiber die vordere Allee betraten. Es ist schade, denn es war ein weiß gescheckter Überläufer dabei, den man gerne erlegt hätte. Dann geht es zum letzten Treiben.

Die Treiber fahren mit dem Traktor einen riesigen Umweg, wir Schützen gehen in langer Kette, schon etwas müde, hinter dem Jagdleiter her. Einer wird nach dem anderen abgestellt. Dann kommt ein kleines Seitental. In Csákberény hätte man es eine Sutte genannt, auf ungarisch Horhály oder, wie hier in Somogy, Horhos.

Unten am Eck steht Michael Hlatky, der nächste Schütze bin schon ich, weiter oben Mayer, Arnold und Attila. Ich sehe hinter meinem linken Nachbarschützen in der steilen Lehne einige Fuchsbaue. Vor mir eine sehr steile Lehne mit leidlichem Ausschuss, hinter mir dasselbe. Ich habe hier wenig Hoffnung. Links oben, wo die Sutte eine Biegung macht, ist dichteste Dickung und einige umgefallene, dünnere Bäume. Wäre ich Fuchs, würde ich dort kommen.

Ich sitze auf meinem Sitzstock und grüble vor mich hin. Ich bin zwar aufmerksam, doch nicht so wie Hlatky, der das ganze Treiben hinweg die Flinte in Bereitschaft hält und steht. Wie gerne würde ich ihm einen Fuchs gönnen!

Zwei Tage habe ich keine Zeitung gelesen und kein Fernsehen genossen. Es geht auch so. Als ich in Graz wegfuhr, kaufte ich noch die „Kronen Zeitung". In ihr war ein durchaus positiver Bericht über den diesjährigen Jägerball. Und zu meiner Überraschung ein Zitat von mir, über das Wesen des Jägers. Clintons Sexaffäre interessiert die Leute, aber sie wird im Sand verlaufen. Dafür laufen gefährliche Spiele der USA im Nahen Osten, die diesmal niemand mitmachen will.

Die Abenddämmerung schleicht sich langsam in den Wald, vorerst in die Täler und Gräben, zuletzt bestrahlt sie, von einer rötlichen Wolkendecke malerisch umrahmt, auch die Höhen. In diesem Augenblick: ein Rumpeln vor mir, ein Fuchs kommt in voller Flucht durch ein kleines grabenartiges Seitental genau auf mich zu. Mir bleibt nur die Zeit, die Flinte zu heben. Natürlich wirft er sich herum, aber auf meinen im richtigen Augenblick abgegebenen Schuss bleibt er regungslos liegen. Ein Gefühl warmer Freude und Dankbarkeit erfasst mich. Nun habe ich doch nach längerer Zeit einen Fuchs geschossen.

Ich blicke zu Hlatky, der die Sache noch nicht mitbekommen hat, da ich nicht aufgestanden bin. Ich freue mich, wie sich nur ein alter Waidmann freuen kann, dem die Treibjagd auf die schlauen Füchse eine der aufregendsten Jagdarten ist. Immer kommt der Fuchs unvorhergesehen, und immer plötzlich. So auch heute. Doch es bleibt mir nicht viel Zeit weiterzudenken. Oben, genau wo ich es vorausgesehen habe, sehe ich einen Fuchs auftauchen und dann schnell verschwinden. Ich ziele dorthin, denke, er wäre schon über den Riegel verschwunden. Doch in Wahrheit verhofft er in voller Deckung recht weit, aber noch in Reichweite meiner Springer. Ich ziele drei Minuten, dann sehe ich es ganz kurz rot aufleuchten.

Auf meinen Schuss wirft sich der Fuchs hoch, schlägt mit der Lunte, doch schon habe ich erkannt, dass er von mir weg in den Graben will, wo Mayer steht, und meinen Schuss in die Keulen bekommen haben muss. Ich höre einen Schuss und bin befriedigt, dass dieser Fuchs zur Strecke gekommen ist. Doch – ach – es fällt ein zweiter Schuss, und meine Zuversicht schwindet. Ich hatte Recht. Auf meinem Anschuss viel Schweiß, der Nachbar sagt, er wäre nach seinem Schuss sogar gelegen, dann aber wurde er hoch und beim Hochfluchten anscheinend gefehlt. Jedenfalls entschwindet er im erstbesten Bau. Das ist schade, aber kann vorkommen. Es war ein Fehler des Nachbarn, nicht sofort den zweiten Schuss abgegeben zu haben. Ein getroffener Fuchs kann meiner Meinung nach auch nicht schnell eine steile Lehne hinaufflüchten. Attila sagte, dass es nicht weit war. Doch die Aufregung, falsche Reaktion, der unheimliche Instinkt dieses schlauen Wildes, kurzum: Es ist nicht leicht, getriebene Füchse zu schießen. Der Jäger verspricht, dass er ihn ausgraben lassen wird.

Am nächsten Morgen treffen wir uns erst um 9 Uhr, und zwar vor dem Schloss. In einem Jagdrevier rund um die Ortschaft Pusztakovácsi wird gejagt. Während die größte Partie ein großes Treiben nimmt, werden Fritzi, Maxi, Erhard und ich ausgesondert, um ein kleines Schilf zu treiben. Sofort erkenne ich es. Hier hatten wir seinerzeit mit Hlatky das Abenteuer mit dem Fuchs, der im letzten Moment ausbrechen wollte und der nicht zur Strecke kam. Ich werde vorne angestellt. Ich beschaue mir den Platz genau. Da darf kein Fehler mehr passieren. Links von mir ist die Allee drei Meter breit, rechts verbreitet sie sich stark, um in einer Weide zu münden. Aber hinter mir ist ein Graben, rechts und links durch dichtes Schilf umrahmt. Am Ende des Grabens, wo damals der Fuchs ungesehen wegflüchtete, ist ein Hochstand, auf diesem sitzt Erhard. Attila streift mit, weil nur zwei Treiber hierher abkommandiert wurden, aber im Gegensatz zu gestern ist ein Labrador dabei. Ich kenne die Füchse! Aus einem kleinen Schilf kommen sie entweder gleich oder sehr spät.

Links von mir steht Maxi Mayr-Melnhof, weiter links Neffe Fritzi. Ich stelle mich dort an, wo die Allee am engsten ist und – damit kein Schütze im Schussfeld – weit hinten im Schilfrand des Grabens, um eventuell auch noch nach vorne schießen zu können. Ich gebe in den rechten Lauf meiner Springer 3 mm Schrote, links 3,5 mm, dann warte ich angespannt. Als rechts einmal kurz eine Fasanhenne aufsteht und wieder einfällt, bin ich in Halbanschlag. Und sofort darauf erscheint rechts, wo die Allee breit ist, ein großer Fuchs, die Gehöre eng anliegend, sich niedrig wie nur möglich machend, in rasender Flucht, wie es nicht anders zu erwarten ist, wenn sich so ein Wild über offenes Feld wagt. Auf den ersten Schuss überschlägt es sich. Aus Sicherheit jage ich gleich den zweiten nach. Der Fuchs rührt sich nicht mehr. Es ist ein starker Rüde, von rötlicher Farbe, nicht von jener gelblichen, die die ungarischen Füchse manchmal kennzeichnet.

Herrgott, war das aufregend! Und über mir streichen jetzt Eichelhäher und Fasanhennen. Dann erscheinen Attila und die Neffen. Sie gratulieren herzlich und mit aufrichtiger Freude.

Der nächste Waldkomplex, den wir treiben, ist groß und die Schützen werden in U-Form angestellt. Rechter Hand liegt die ehemalige Grenze zu Marcali; sie ist auch heute Grenze, doch zu einem anderen Revier. Grenzlinie ist ein Bächlein, das ich vom Schnepfenstrich her kenne. Ich stehe vom rechten Eckschützen, nämlich Arnolf Schelch, als Erster, rechts vor Arnolf steht Melcher senior. Bald höre ich einen Schuss bei Melcher und weiß mit Sicherheit, dass der Fuchs liegt. Das Treiben ergab nur diesen einen Fuchs. Im vorigen waren Sauen, doch hatten wir in diesem Revier nicht die Erlaubnis, mit Brennecke-Flintenlaufgeschossen zu schießen. Schade, denn später wurde das Verbot aufgehoben. Melcher und den anderen kamen nämlich einige Überläufer und ein Keiler.

Bald ist das Mittagsmahl eingenommen, und die Schützen werden wieder geteilt. Das geschieht deswegen, damit bei langen Schilfstreifen weit vorne schon Schützen stehen und die Füchse nicht auswechseln können. Unsere Gruppe besteht wieder aus Fritzi, Maxi, Schelch, Erhard, Hlatky und Attila. Wir wollen, dass auch jene zu Schuss kommen sollen, die noch keinen Fuchs erlegt haben. Deswegen stellen wir Fritzi und Maxi sowie Schelch vorne an. Michael Hlatky, ich selbst und Attila besetzen die rechte und die linke Flanke, außer Hlatky sind wir weit von den „Brust-Schützen“. Bei der linken Flanke, wo Attila steht, ist eine hohe Böschung, die steil zum Schilf abfällt. Oben am Plateau steht Arnolf Schelch vor einem Maisfeld. Ich suche lange herum, bis ich meinen Stand beziehe. Als Deckung bietet sich ein Holunderbusch an, davor sieht man schemenhaft auf eine ganz kleine Lichtung am Rande des Schilfes. Ich nütze die Zeit und breche die Schilfhalme reihenweise ab, die mir den Ausblick auf die kleine Lichtung nehmen. Ich sehe vis-à-vis schräg links Hlatky stehen und schräg gegenüber Attila mit einem Begleiter. Endlich bin ich mit den so notwendigen Vorbereitungen fertig und setze mich auf meinen Sitz.

Der Wind ist hier gut. Leider wird er aber immer stärker. Das Schilf zischt im Wind, „susog“, sagt der Ungar – es flüstert. Ich spüre die Kälte noch empfindlicher als gestern. Von den Treibern höre ich nichts, doch hoffe ich sehr, dass diesmal meine Neffen und die beiden anderen Waidkameraden zu Schuss kommen. Das Schilf ist unendlich lang, warum sollte ausgerechnet hier ein Fuchs vorbeikommen; dennoch irgendwie scheint mir der Platz für einen Fernwechsel geeignet. Bei den Ständen von Max, Fritzi und Hlatky sind ausgetretene Fuchswechsel. Ich denke bei mir, dass auch der Fuchs keine große Lust hat, sich durch das hohe, dichte und sehr laute Schilf zu kämpfen und hier am Rand kommt.

Mein Handwärmer ist ausgegangen. Im Wind kann ich keinen zweiten anzünden. Da ich keine Pelzkappe mithabe und mich im kalten Schloss verkühlt habe, muss ich mich oft schnäuzen. Das geschieht aber ganz leise und diskret, immer wenn ein Windstoß den Schilfdschungel zum Flüstern, zum Knistern bringt. Ich sitze ganz still. Hlatky steht in voller Bereitschaft. Das kann und will ich nicht. Man muss sich zur Sammlung von Kräften immer wieder entspannen.

Und plötzlich erscheint er vor mir auf 15 Schritt, ein ganz dunkler Fuchs, nichts ahnend, irgendwie mit sorgenvoller Miene. Ich schieße blitzschnell, und obgleich er die Bewegung wahrgenommen hat und ausweichen will, fällt ihn mein Schuss etwa 30 Zentimeter, bevor er für immer verschwunden wäre. Der dritte Fuchs, den ich geschossen habe – ein Kohlfuchsrüde. Und diesen verdanke ich meiner vorsorglichen „Schilf-Knickung“.

Nun fallen zwei Schüsse bei Attila, dann ein dritter. Ich höre sogar den Kukuruz brechen, als die Schrote dort einschlagen. Dann ein kurzer trockener

Schuss vorne bei Arnolf Schelch. Viele Hennen kommen, aber kein Hahn. In der Ferne höre ich weitere Schüsse.

Es wird noch ein Treiben genommen, wobei ich wieder auf der Flanke stehe, aber es ist kein Fuchs darin, nur eine verwilderte Katze, die Maxi schießt.

Jetzt wird der kalte Wind fast unerträglich. Da die meisten Schützen noch nach der Jagd wegfahren wollen, wird im Schlosshof die Strecke des heutigen Tages gelegt. Vier Füchse, drei Enten, drei Diverses. Insgesamt haben wir aber sieben Füchse geschossen. Es hätte bei etwas mehr Glück auch zehn sein können. Aber wir sind vollauf zufrieden, ich selbst restlos glücklich. Ich habe bei diesen Fuchsjagden, die ich durchgesetzt habe, obgleich die Veranstalter es nicht so gerne haben, oft keine Füchse, einige Male einen Fuchs und einmal zwei erlegt. Drei, das war noch nie da! Diesmal hat Diana die „Alten" bevorzugt: Meran 3 (Alter 71), Melcher 2 (Alter 65), Schelch 1 (seit 4 Jahren in Pension), Johann Offner 1 (der einzige Junge). Mein Gefasel von Dianas Gunst für die Jungen hat sich nicht bestätigt.

Es ist die Jagd, die uns das große Unbekannte vorgibt. Die Jagd, deren Reiz das Unsichere ist, die Jagd, zu deren Erfolg das Wissen und Können, die Erfahrung und der Instinkt durchaus nicht genügen. Es gehört Glück zum Erfolg. Waidmannsglück.

Im Dezember 1998 hielten wir unsere Familien-Sautreibjagd wieder im staatlichen Revier Iharos ab. Wie alle Jahre war Freund Attila als Begleiter auf meinen Ständen und hatte meine Springerflinte für eventuell anwesende Füchse geschultert. Im Vorjahr hatten wir in Gyótapuszta Pech mit den Füchsen, heuer sollte es bei dieser Saujagd nicht viel anders sein.

Am ersten Tag, der im Gegensatz zum zweiten infolge beträchtlicher Neuschneemengen nicht so erfolgreich verlief, standen wir im zweiten Treiben auf einer Allee. Vor uns eine völlig verschneite, schon etwas höhere, aber noch nicht ausgeputzte Dickung, hinter der etwa drei Meter breiten Allee eine jüngere Dickung mit Lichtungen. Links von mir, steil nach oben, stand Freund H. M. Offner mit seiner Frau. Es hatte sicher minus 6 Grad. Ein leichter frostiger Wind streichelte meine linke Gesichtshälfte und blies in den Graben steil unter mir, wo man Wild erwarten konnte. Sauen kamen hier keine, aber aus den verschneiten Büschen ein riesenhafter Kohlfuchs, den wir erst für eine Sekunde erblickten, als er – lautlos wie er gekommen war – schräg nach links oben flüchtete. An einen Schuss war nicht zu denken, die verschneiten Äste verdeckten ihn sofort völlig.

Er hatte, am Wechsel kommend, unmittelbar vor der Allee offensichtlich Wind bekommen.

Am nächsten Tag stand ich im zweiten Trieb auf einem relativ hohen, völlig vereisten und verschneiten Hochstand. Ich habe bei Treiben auf Sauen – und Füchse – Hochstände gern, weil man sich auf ihnen unbemerkt bewegen kann. Leider war aber dieser Hochstand für den Ansitz konstruiert und eine Leiste in ungeeigneter Höhe angebracht, für das Flüchtigschießen denkbar ungeeignet. Aber wozu hat man sein wenn auch „tiefgekühltes" Hirn? Doch zum Denken und zum Planen. Ich baute mir aus dem am Hochstand liegenden Schnee rechts und links je eine etwa 25 cm hohe, feste Schneebank und legte das völlig vereiste Sitzbrett darauf. Auf dieses stellte ich mich nun und konstatierte, dass nunmehr ein Flüchtigschießen über den sonst zu hohen Rand des Brettes möglich war.

Gleich nach Beginn des Triebes schlugen die Hunde an, und bald fielen die ersten Schüsse. Es wurde der beste Trieb der ganzen Jagd. Mein Hochstand war an der Ecke einer verschneiten Dickung, doch hatte ich Einblick auf eine schmale Lichtung im Bestand, schon auf der gegenüberliegenden Seite. Rechts im Hochwald, aber nicht sichtbar, stand Freund H. M. Offner, links, am Rand der oberen Ecke der Dickung, mein Neffe Franzi Meran. Die Dickung war umrandet von einer etwa 2,5 Meter breiten Schneiße, dahinter war Hochwald. Der Nachteil war, dass vom Hochstand aus der Ausschuss in den Wald wegen der völlig verschneiten Äste ausgesprochen schlecht war.

Noch bedachte ich – wie immer im Voraus – die möglichen Situationen, als plötzlich auf der schon erwähnten Lichtung ein Fuchs sichtbar wurde, der zügig gegen die links verlaufende Begrenzungsallee schnürte und sofort im bürstendicken Bestand meinen Augen entschwand. Ich hoffte natürlich, dass er nun innerhalb von 50 Metern auf der Allee erscheinen würde. Meine fullchoque-Springer mit den groben Schroten würde diese Entfernung schon meistern, wenn, ja wenn der Fuchs die eingeschlagene Richtung einhielte. Ich lehnte also den Stutzen in das rechte Eck des Hochstandes und nahm die alte treue Flinte in die Hand. Nun könnte es gelingen. Aber der Fuchs kam nicht. Es vergingen drei volle Minuten. Der Fuchs verhielt anscheinend in der Dickung. Da näherte sich der Hetzlaut eines Hundes und auf der besagten, völlig verschneiten Lichtung erschien kurz eine stärkere Sau.

Nun wechselte ich wieder auf Kugel. Aber auch die Sau kam nicht. Nach weiteren drei Minuten – der Hund befasste sich mit einer anderen Sau – hörten wir es brechen. In größter Anspannung wartete ich, die Fernrohrbüchse in der Hand, auf das Erscheinen der Sau. Es geschah aber Folgendes: Von Franzi anscheinend über seinen schlechten Wind vergrämt, kam statt der Sau der Fuchs in rasendem Tempo im Stich die Allee herunter. Was ich mit Schrot hätte machen können, mit der Büchse traute ich mich vorerst nicht auf die Allee zu schießen. Der Fuchs übersprang den Graben, ich kam nicht zusammen, und schon war er vor mir wieder in die Dickung hineingesprungen. Attila aber zischte mir zu, eine Sau wäre während meines Zielmanövers ebenfalls erschienen und schräg nach oben geflüchtet, wo ich infolge der verschneiten Äste sie nicht mehr sehen, geschweige denn beschießen konnte; und auch Franzi konnte nicht schießen.

Am Ende des Treibens schoss ich einen Überläufer, zehn Meter vor den Treibern kam dann der Fuchs dem Neffen, der ihn nach eigener Aussage auf 20 Schritt – allerdings mit der Kugel – roullierte. Das Fuchsenpech war mir also auch bei dieser Jagd treu geblieben, wenn auch die Tagesstrecke mit 23 Sauen sehr gut war. Von den vorgekommenen 14 und beschossenen sieben Füchsen kamen aber nur zwei zur Strecke.

Dann aber, in den nächsten zwei Tagen, lachte mir das Glück Dianas; völlig unerwartet, was die Freude erhöhte. Ich habe seit Jahrzehnten eine Vorliebe für getriebene Füchse. Das Wetter war winterlich kalt und man beschloss (bei blauem Himmel und Sonnenschein), kleine Schilfstreifen auf mich als einzigen Schützen durchzudrücken. Bei jenen Schilfinseln, die auf Teichen gewachsen waren, hatten wir Pech, da das Eis unter dem Schnee das Gewicht eines Menschen noch nicht aushielt. Wir begnügten uns also mit Grabenrändern und nahe von menschlichen Behausungen befindlichen, noch nicht durch den Schnee umgeworfenen Unkrautdeckungen. Man spürte auffallend viele Füchse, nicht wenige Marder und etliche Fasanen. Als Treiber fungierten Attila und ein Jäger mit je einem Hund. Ich musste mir den jeweiligen Stand selbst aussuchen. Da ein ständiger Nordwind wehte, nahmen wir die kleinen Triebe immer so, dass mir der Wind ins Gesicht blies. Und weil wir im Pulverschnee unhörbar agieren konnten, die beiden Jagdfreunde immer einen großen Bogen beim Anstellen machten und die Triebe ohnehin nicht weit von Siedlungen waren, konnten wir schließlich die Füchse überlisten.

Im ersten Treiben stellte ich mich hinter eine dicke Schwarzpappel und verharrte unbeweglich. Lange kam nichts, dann stiegen einige Fasane auf. Wie es wilde Fasane gerne machen, strichen sie ganz niedrig und seitlich aus dem Trieb.

Plötzlich blendete mich etwas, das aus einer kleinen Lichtung kam. Ich denke an den roten Labrador von Attila, aber dann schlägt mein Herz plötzlich wild. Es ist ein starker Fuchs, der halbrechts an mir vorbei will. Es ist ein herrliches Bild, das ich nie vergessen werde: Ich stehe unbemerkt in Deckung, vor mir das gelbe Schilf, aus dem einige Weiden und Eichen ragen, und auf dem sonnenbeleuchteten blauweißen Pulverschnee nähert sich über das freie Feld auf die nächste Dickung zu der feuerrote Fuchs. Langsam gehe ich mit der alten Flinte hinter dem Baum in Anschlag. Noch ist es aber nicht ganz so weit. Da bemerkt mich der Fuchs, wirft sich zurück, doch der Schuss der alten Springer stoppt ihn jäh. Als ich sehe, dass er den Kopf hebt, lässt ihn der zweite Schuss sofort verenden. Ein weiter, hoher Kopffasan kommt – am Rande der Schussentfernung – und fällt von den 3,5 mm Schroten getroffen maustot in den Schnee. Der Bann ist gebrochen! Meine Freude ist groß.

Der getriebene Winterfuchs ist eine meiner Lieblingsjagdarten; wie überhaupt jede Jagdart, die ungewiss, unsicher, aber durch gute Planung und richtiges Verhalten zur Überlistung und Erbeutung führt.

Am selben Tag befinden wir uns unweit der Bahnstation eines Dorfes. Das Dorf ist, wie so oft in diesem sympathischen Komitat Somogy, eher ärmlich, die Leute sind freundlich, klagen über die Füchse, die auch bei hellichtem Tag ihre Hühner und Hausenten dezimieren. Wir müssen einen großen Umweg machen. An diesem Tag habe ich sicher schon zehn Kilometer in den Beinen. Die Müdigkeit merke ich aber nicht in meinen Füßen, sondern im Rücken. Gegen die Schmerzen hilft mir mein treuer Sitzstock, den ich zwischendurch für unerlässlich halte.

Vor mir ein länglicher Schilfstreifen, an dessen linkem Rand sich ein Wassergraben befindet, rechts Unkraut, das wie eine Zunge zum hinter mir liegenden Schilf hinragt. Ich stehe auf einer verschneiten Lichtung, das Schilfgras (auf Torferde wachsend) ist vom Schnee niedergewalkt. Ich erwarte den Fuchs erfahrungsgemäß dort, wo er am längsten Deckung hat, also rechts. Gerne kommen Rotröcke aber auch am Rande von Wassergräben und Kanälen. Ich muss daher in beide Richtungen schauen. Die Freunde sind still wie immer, der Wind bläst mir geradewegs ins Gesicht. Schon höre ich Attila vor mir brechen, dann und wann zeigt sich auch ein Hund. Ich blicke gerade nach rechts zur Unkrautzunge, dann ist es mir, als blende mich links etwas. Und schon hat ein Fuchs, langgezogen und flach, mit angelegten Gehören in voller Flucht am Grabenrand fast die nächste Deckung erreicht, als ich ihn erkenne und sofort auffahre. Ein schneller Doppelschuss ins Schilf, schon zu einem Zeitpunkt, als ich ihn nicht mehr sehe. Ich bin skeptisch, rüge mich im Stillen, nicht genug aufgepasst zu haben. Aber hinschauen muss ich wohl, denn wir haben gute Hunde und vielleicht finden wir Schweiß. Ich gehe noch keine zehn Meter, als ich etwas Rotes sehe. Warm wird es mir ums Herz. Dort liegt mein Fuchs, den Kopf im Schnee, mausetot. Dankbar und ein wenig stolz, aber vor allem sehr, sehr glücklich nehme ich die Gratulationen meiner Freunde entgegen. Zwei Füchse an einem Tag beim „Ein-Mann-Treiben"! Das ist schon etwas.

Am nächsten Tag haben wir in jedem Treiben Füchse. Aber die Wetterlage stellt sich um, und damit ist der Wind nicht mehr konstant. Im zweiten Trieb wird entlang eines Wassergrabens eine Schilfumrandung von mindestens einem halben Kilometer Länge und 150 Meter Breite getrieben. Der Wind kommt gerade vom Westen. Ich muss mich entscheiden, ob ich am rechten Rand des Grabens stehen will, wo das Dorf liegt, oder am linken, wo ein größerer Waldkomplex anschließt. Ganz am Anfang stoßen die Freunde auf eine Rotte von sechs, sieben starken Sauen. Die Hunde kläffen, ich horche und blicke dorthin, wo links das Brechen und der Hetzlaut langsam verebbt. Meinen Stand habe ich rechts vom Graben im Schatten einer Eiche gewählt, sodass die blendende Sonne zwar das märchenhafte Wintergelände, nicht aber mich erfasst. Und schon zwei Minuten, nachdem die Sauen aus dem Schilf hochgemacht worden sind, erscheint rechts noch gedeckt, aber erkennbar ein zügig schnürender Fuchs. Es ist eine Entfernung von sicher 40 Metern, und ich warte, bis er auf eine alte ver-

*Was tut sich da?*

schneite Wagenspur kommt. Ich schieße und er rührt keinen Lauf mehr. Unfassbar! So ein großer Trieb und es kommt mir schon wieder ein Fuchs.

Mitten auf dem Weg liegt er nun, und ich warte noch eine halbe Stunde, bis die Freunde ankommen. Dazwischen ist außer Schussweite ein Fuchs nach links in den Wald ausgewechselt. So wie gestern mache ich Fotos.

Ich habe im Allgemeinen wenig Erfahrung beim Fuchsansitz und wenig Erfolg beim Fuchsenlocken gehabt. Aber der getriebene Winterfuchs in kalter Winterlandschaft gehört zu den Jagdarten unserer Zeit, die zwar sehr oft kein Waidmannsheil bringen, aber noch zum echten unverfälschten Waidwerk zählen. Und Diana, die launenhafte Jagdgöttin, kann auch einem alten, erfahrenen Jäger einmal hold sein, nicht nur ihren Lieblingen, den Jungen und den Anfängern.

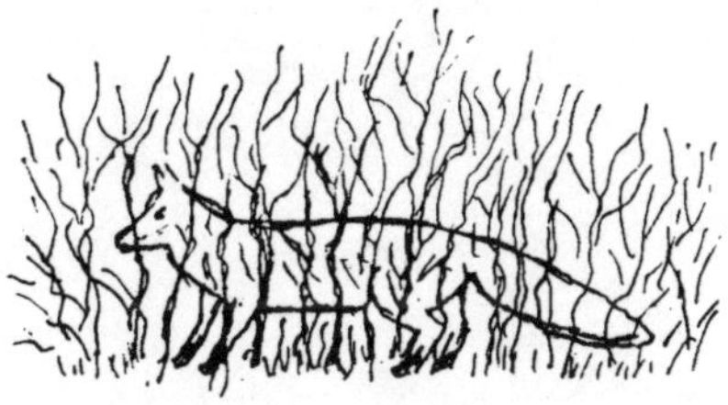

*Wer suchet, der findet!*

# Stammhamer Reflexionen

Es war eine Ehre und eine unendliche Freude, beim Herzog von Bayern zur Saujagd eingeladen zu werden. Für mich und meine Brüder war es außer dem jagdlichen und gesellschaftlichen Ereignis auch immer wieder ein freudiges Wiedersehen mit einem prominenten Menschen, der unser Csákberény nicht nur gut gekannt und oft besucht hatte, sondern auch ein echter Freund unserer Familie war. Albrecht Herzog von Bayern, der Chef des Hauses Wittelsbach, war ohne Zweifel einer der größten Waidmänner, Schützen und Wildbiologen unseres Jahrhunderts. Ein scharfer Beobachter, ein unerreichter Praktiker, streng in seinen Grundsätzen, aber immer gütig, vor allem zu den Entrechteten und Armen, insbesondere zu den aus Ungarn Geflohenen, die er in friedlichen Zeiten so hoch geschätzt hatte. Er war genial und vielseitig, traditionstreu und trotzdem modern und die Großzügigkeit in Person. Sein Gedächtnis war scharf wie jenes eines Elefanten – übrigens nicht selten bei Herrschern und Thronprätendenten –, er war leger, dennoch würdevoll, voller Humor, doch allein durch seine Persönlichkeit gegenüber den anderen Menschen immer (unbewusst) auf Distanz, da in seiner Gegenwart sich niemand gehen ließ. Der Herzog war fast bis zur Pedanterie methodisch, vorsorglich, kritisch und im tiefsten Maße christlich.

Das erste Mal war ich am 3. Jänner 1952 in Stammham zur Saujagd eingeladen. Das letzte Mal am 21.11.1995. Dazwischen liegen 43 lange Jahre. Der Kontakt mit unserer Familie ist niemals abgerissen. Meine Mutter arbeitete jahrelang in Pöcking als Sekretärin, meine jüngste Schwester lebte viele Jahre in München. Als ich im Jänner 1952 das erste Mal in Stammham war, nahm an der Saujagd die einzige Frau, die ich jemals dort erlebte, Prinzessin Liliane de Réthy, die Frau des zurückgetretenen Leopold III., teil. An diesem Jagdtag schoss ich meinen ersten Nachkriegskeiler.

Mit dem Kugelschießen auf flüchtiges Wild war ich damals noch wenig vertraut. Ich führte eine Mannlicher-Schönauer Repetierbüchse, Kal. 9,5 x 57, die ich sehr billig von Manó Zichy erworben hatte. Um flüchtig doch einigermaßen zu treffen, nahm ich das sehr altmodische und hoch montierte 4fache Glas herunter und schoss über Kimme und Korn. Nach dem Treiben kam der damals 46-jährige Albrecht vorbei und besichtigte die von mir genau angegebenen Anschüsse. Er fand sofort meine Einschüsse in den Bäumen. Bei den getroffenen Sauen bemerkte er, dass alle Schüsse vorne saßen, oft zu weit vorne, was typisches Merkmal der Flintenschützen ist.

Ab 1953 besitze ich die Schusslisten von Stammham. Die Jagden wurden vorerst auf drei Tage angesetzt. Erster Tag Saujagd, zweiter Tag Scheibenschießen, dritter Tag wieder Saujagd.

Am Abend spielten die besten Musiker von Bayern und dem Salzburger Land, fast immer unter der Leitung des legendären Tobi Reiser senior. Der bei den Jagden am längsten aufblieb und am nächsten Morgen als Erster beim Frühstück war – sie werden es erraten –, das war der Jagdherr. Die Sonntagsmesse wurde in der berühmten Kirche von Bettbrunn besucht. Einige Male erlebte ich sie mit französischen Jagdhornbläsern. Plesshörner und deutsche Jagdsignale wurden in Stammham nie gehört, sie galten als „preußisch". Die Strecke wurde auf einem eigens dafür gebauten, eingezäunten und erhöhten Platz gelegt. Die Treiber und Hundeführer standen stumm in ihrer schönen Uniform und hielten Fackeln in der Hand. Die Besichtigung der Strecke fand ohne Meldung und ohne Blasen sozusagen in völliger Stille statt.

Da jede erlegte Sau mit der jeweiligen Nummer des Schützen bezeichnet war, konnte man gut Vergleiche anstellen. Ab 1985 wurde dann auf Befehl des Herzogs keine Strecke mehr gelegt und keine Schussliste mehr den Schützen ausgehändigt. Letztere waren Meisterwerke mit schönen Zeichnungen, wo einerseits die Bezeichnungen der Treiben, andererseits aber die Liste der Schützen mit ihrer Strecke geführt wurde. Im Laufe von vier Jahrzehnten lernte ich – auf der lange Zeit einzigen Saujagd, auf die ich eingeladen wurde – viele Prominente kennen. Von Otto von Habsburg bis Franz Joseph Strauß waren da Leute, denen man locker die Hand drücken konnte, die man ansonsten (Erzherzog Otto natürlich ausgenommen) vielleicht nie kennen gelernt hätte.

Und was war eigentlich der Grund für diese radikale Umstellung – der Saujagd ohne Streckenlegung? Es hatten sich (verkleidet und unerkannt) sogenannte

Tierschützer eingeschlichen, Fotos von der Strecke gemacht und diese in ihren Zeitungen als „Schlächterei" veröffentlicht. Der Herzog, dieser korrekte, der Öffentlichkeit und der Forschung dienende feinfühlende Mensch nahm diese bösartige Schmiererei so übel, dass ihn von diesem Entschluss niemand mehr abbringen konnte, auch sein geschätzter Stammgast Franz Joseph Strauß nicht. Ich allerdings bekam durch eine Ausnahmeregelung des Jagdherrn weiter von der herzoglichen Kanzlei die Schusslisten, weil der Herzog mir vertraute und meine museologisch bedingte Sammlerleidenschaft anerkannte.

Wenn ich jetzt einige Namen verstorbener Gäste nenne, die oft an der Stammhamer Saujagd teilgenommen haben, so möchte ich nur unserer schnelllebigen, rasch vergessenden Zeit eine Jägerelite dem Vergessen-Werden entreißen. Wenn ich weder Titel noch Rang anführe, liegt es darin begründet, dass die Jagdfreunde des Herzogs aus allen Schichten, Berufen und Klassen kamen: Sein Onkel Ludwig Wilhelm in Bayern, der bekannte Jagdschriftsteller aus Kreuth, war, solange er lebte, natürlich Stammgast, er war ebenso wie Herzog Albrecht in der Jugend ein führender Scheibenschütze Deutschlands. Dann die Brüder Carl-Theodor und Hans-Heribert Toerring, Louis Liechtenstein, Philipp Kesselstatt, der Schwager meines Vaters, Friedrich Mayr-Melnhof sen., mein Onkel Franz und sein Sohn Hans Meran, Iván Batthyány, Lazarus Henckel-Donnersmarck, die Zoodirektoren Heinz und Lutz Heck, Heinrich III. Reuss, Paul und Feri Erdődy, Karl Loewenstein, Ernst Moy, Géza Andrássy, Hans Thierfelder, Rudolf Hoesch, Christoph Oswald usf.

Neben den hier namentlich Erwähnten waren immer eingeladen: ungarische Emigranten, Mitglieder deutscher und bayrischer Fürsten- und Adelshäuser, Regierungsmitglieder, österreichische Erzherzöge, etliche Ausländer, vom Bruder des Schah, Abdorreza Pahlavi, bis zum spanischen Freund Paco Landaluze; vor allem aber Wissenschafter, Fachleute, Biologen und Praktiker, die den Herzog in seiner wissenschaftlichen Arbeit unterstützten und andere Freunde des Herzogs, vom König bis hinunter zum einfachen bayrischen Bauern.

Dass er bei dieser Anzahl wichtiger Leute auch für mich die Möglichkeit einer Einladung in Erwägung zog und fast immer durchführte, war mehr als rührend. Alljährlich mussten in Stammham für karitative Zwecke Verkaufsjagden abgehalten werden. Während und nach der ungarischen Revolution gegen den Bolschewismus spendete der Herzog viel für die Flüchtlinge; meistens auf noble, anonyme Art.

In den ersten Jahren meiner Einladungen in dem Revier Stammham wohnten die Gäste in einer Art Baracke. Später wurde das „Köschinger Waldhaus“ erbaut, das außerhalb der Jagden auch den Touristen zu Verfügung stand und äußerst komfortabel eingerichtet war. Typisch für den Herzog war die Vorsorge. So gab es in Stammham einen speziellen Raum, wo für Gäste ohne Ausrüstung wirklich alles zu Verfügung stand, von der Waffe, der Munition, der Jagdkleidung bis hin zum Taschentuch und zur Krawatte. Da gab es Schuhe in allen Größen, Gummistiefel, Jagdhüte, Strümpfe, Joppen, Regenmäntel und Überhosen gegen die Feuchtigkeit, schier alles!

Mir hat er einmal persönlich diesen Raum gezeigt. Da war alles geschmackvoll, allein das Material der bayrischen Trachtenjoppen, die dort hingen, war allererste Güte. Es gab dort Sachen, die man wohl in München und vielleicht in Wien, aber sonst kaum irgendwo bekommt. Herzog Albrecht war ja auch selbst immer erstklassig gekleidet.

Einmal, vor vielen Jahren, als wir gerade erst aus Ungarn gekommen waren, und nicht jene Garderobe hatten, die man hierzulande brauchte, stiegen wir zu einem Hochwildriegler auf den nördlich von Gollrad befindlichen Schwalbenkogel hinauf. Ich ging vor dem Herzog und hatte giftgrüne Stutzen an, die noch von meinem Urgroßvater, wenn nicht vom Erzherzog, stammten, und die mir Großmutter geschenkt hatte. Plötzlich ließ sich der Herzog hinter mir vernehmen: „Die Farbe deiner Stutzen ist aber gar nicht schön.“ – „Ich weiß, Onkel Albrecht, aber sie stammen vom Erzherzog Johann“, erklärte ich durch das anstrengende und mir überhaupt nicht behagende Steigen etwas gereizt. „So? Das ist dann etwas anderes, aber schön sind sie trotzdem nicht. Schau einmal meine an, die hat mir deine Mutter gestrickt!“ Und so hatten wir uns beide gegenseitig „entwaffnet“.

Als der Gipfel des Schwalbenkogels nahte und Oberförster Schachner uns anzustellen begann, nahm mich Albrecht versöhnlich am Arm und fragte: „ Weißt du etwas Langweiligeres als einen Rotwildriegler?“ Ich blieb stumm. „Das sind zwei Rotwildriegler“, lachte er. Ich gab ihm nicht Recht, denn für mich war jede, aber auch schon jede Einladung nach Brandhof ein Fest, und ein Rotwildriegler kann in meinen in dieser Hinsicht nicht verwöhnten Augen sehr wohl schön und erlebnisreich sein.

An diesem Tag geschah etwas ganz Seltenes. Albrecht schweißte zwei Füchse an. Sonst sprach er nie über seine Meisterschüsse, aber jetzt, wo es nicht geklappt hatte, gestand er mir halblaut: „Ja weißt du, zwischen Kugelfuchs und Kugelfuchs gibt es schon Unterschiede. Von diesen Leuten hier hätten außer mir höchstens zwei auf diese Füchse überhaupt geschossen!“

Apropos Fuchs. Die nachfolgende Geschichte würde eigentlich in das Fuchskapitel dieses Buches passen, da sie sich aber in Stammham ereignete, erzähle ich sie hier kurz, auch auf die Gefahr hin, sie in meiner Geschwätzigkeit schon erzählt zu haben.

Wie ich meinem Jagdbuch entnehme, lag am 8. 1. 1975 viel Schnee. Jagdleiter nach dem legendären Engelbrecht war schon seit Jahren Oberförster Erl. In einem der Treiben, ich glaube, es war im Eisbuckel, sprang plötzlich aus einer verschneiten Fichtendickung ein Fuchs über die Allee. Ich warf den Schuss auf den am anderen Alleerand verschwindenden Fuchs und hatte dabei ein leidlich gutes Gefühl. Damals schoss ich ohne Fernrohr. Am Ende des Treibens kam Erl zu meinem Stand und fragte, auf was ich geschossen hätte. Ich sagte, auf einen Fuchs, und wies ihn ein. Plötzlich ein trockener Lacher. Erl erscheint weiß wie ein Schneemann und hält in der Hand die abgeschossene Lunte eines Fuchses. Sie war nicht nur groß und schön, sondern auch fast unmittelbar am „Ursprung“ abgeschossen. Ähnliches ist mir weder vorher noch nachher jemals passiert. Und der Jagdherr? Wieder erschien das schon bekannte schelmische Schmunzeln. Er gab Anweisung, die Lunte auf die Strecke zu legen. Das war insoweit peinlich, da ansonsten kein Fuchs auf der Strecke lag.

Über eine Geschichte, die mir passierte, konnte Albrecht noch dreißig Jahre später lachen. Damals wohnten wir – es war etwa 1955 – noch in der besagten Baracke, Männlein und Weiblein ganz streng getrennt. Ich war damals sehr beschäftigt und noch ohne Auto und wurde in München am Bahnhof abgeholt. Es war nur ein Jagdtag. Viele schöne Frauen waren anwesend, u.a. Prinzessin Alexandra von Kent und Prinzessin Elisabeth von Jugoslawien. Besonders letztere gefiel mir gut. Nach dem Jagdtag feierten wir noch ausgiebig.

Plötzlich merkte ich, dass mir jemand durchs Haar fuhr. Ich schielte zurück, es waren zwei schöne Mädchen, die mir – so dachte ich – zärtlich mein dunkles, dichtes Haar streichelten. Ich war sehr stolz auf meinen „Erfolg“ und bemerkte die versteckten Lacher und das lautlose, aber um so intensivere Grinsen nicht. Nur Albrecht fiel mir auf, er konnte sich vor lauter Lachen kaum halten.

Seltsam, dachte ich, trank aber weiter und sah dann und wann auf die Uhr. Ich musste noch mit dem Nachtzug aus München starten. Eine Stunde blieb mir noch. Das Streicheln wiederholte sich, und ich hatte keine Ahnung, was wirklich geschah. Endlich kam der Chauffeur, der mich zum Münchner Hauptbahnhof bringen sollte. Der Abschied war intensiv. Man küsste mich rechts und links, und ich verließ Stammham, meine vorgesetzte Stelle verfluchend, denn am Montag vormittag war in Eggenberg eine Konferenz anberaumt, die ich auf keinen Fall versäumen durfte. Man war damals zwar im Stress der Arbeit, aber jung, und eine Nachtreise mit Umsteigen störte mich wenig. Immerhin fiel mir auf, dass der Chauffeur ebenfalls ein Lachen zu verbeißen schien. Nun gut. Ich hatte in meinem Büro eine Waschgelegenheit und Rasierzeug. In dieser Hinsicht hatte ich für ähnliche (jagdlich bedingte) Nachtreisen vorgesorgt.

Der Zug fuhr um 6:30 Uhr am Grazer Hauptbahnhof ein. Ich nahm die Straßenbahn bis zur Endstation und ging dann, mit meinem Schlüssel durch den Hintereingang ins Büro. Da erst, bei der Morgentoilette, sah ich das erste Mal in den Spiegel. Was mir da unrasiert entgegensah, das war ein Fremder.

Ich hatte weißblondes Haar! Die ganze Zärtlichkeit der schönen Mädchen, das viele Lachen bekam nachträglich eine Erklärung. Sie hatten mir mein fast schwarzes, gewelltes Haar mit irgendeinem Faschingspuder bestrichen, daher das viele Streicheln. Es sollte ja wirklich echt aussehen. Nichts von Erfolg bei den Frauen, ein simpler Ulk, dessen Opfer ausgerechnet ich war! Nun, die Zeit bis zur Konferenz verbrachte ich damit, mit heißem Wasser diese hartnäckige Farbe aus meinem Haar herauszuwaschen. Es gelang, ich musste aber den Föhn der Portiersgattin in Anspruch nehmen, um wieder „ich selber" zu sein. Ein starker Kaffee belebte meine Geister, essen konnte ich ohnehin nichts, da ich nach der fetten Blutwurst aus frisch erlegten Sauen recht viel Rotwein getrunken hatte. Es tröstete mich bloß der Umstand, dass ich am Jagdtag in Stammham sechs Sauen, darunter zwei Keiler, erlegt hatte.

Mein Rekord in Stammham waren neun Sauen an einem Tag, Ende der siebziger Jahre, allesamt mit Kimme und Korn erlegt. Relativ spät sattelte ich auf das Fluchtschießen mit dem Fernrohr um und habe damit natürlich nicht jene Fertigkeit, die die heutigen deutschen Meisterschützen auf die getriebene Sau haben, die oft 100 Sauen und auch mehr im Jahr erlegen.

Albrecht war außergewöhnlich einfühlsam und vorsorglich nett. Wenn man einen runden oder halbrunden Geburtstag feierte, wurde man auf die immer seltener werdenden zweitägigen Jagdséjours eingeladen. Im Laufe der Jahre wurde die Musik nicht mehr gerufen und das Scheibenschießen wurde ebenfalls eingestellt. Noch gut in Erinnerung sind mir die Anweisungen, die Albrecht, der Weltschütze, seinen Töchtern, die Zwillinge sind, beim Schießen gab: „ Du derfst nit früher losdrucken, erst wenn du mitten im Ziel bist." Eine einfache „Binsenwahrheit", aber es ist nicht anders. Die Zwillinge schossen besser auf die Scheibe als wir Männer, trotzdem gewann ich einige schöne Preise, die ich noch heute hoch in Ehren halte.

Stammham war für uns schon irgendwie bis zuletzt der Höhepunkt des jagdlichen Jahres. Wenn der wohlbekannte gelbe Umschlag mit der roten Stempelaufschrift aus Nymphenburg eintrudelte, schlug unser Herz höher. Nach unserer Flucht aus Ungarn, arm wie die Kirchenmäuse, wurden wir dank der Großzügigkeit des Herzogs in Stammham gleichrangig behandelt, wie kaiserliche und königliche Prinzen, Milliardäre und Latifundienbesitzer, auf deren Besitz die Rote Armee des Massenmörders Stalin ihren in Blut watenden Fuß niemals gesetzt hatte.

Albrechts väterliche Gastfreundschaft und Güte hat uns damals unser Selbstbewusstsein zurückgegeben. Dafür danke ich ihm. Jetzt, wo er nicht mehr ist, gedenke ich seiner oft. Nach jedem Trieb bei jeder Jagd erkundigte er sich, ob man und was man geschossen hatte. Im Jahre 1978 schoss ich im ersten Trieb mit den zwei ersten Schüssen die zwei besten Keiler der ganzen Jagd. Die Freude des Jagdherrn über das Waidmannsglück seines Gastes war ihm deutlich anzumerken. Seit den fünfziger Jahren nahm er nur mehr als Treiber an den Stammhamer Jagden teil. Ich glaube, das letzte Wild, das er in Stammham bei der Treibjagd erlegte, war ein Hase. Auch seine Söhne nahmen ab 1960 nur als Zuschauer und Treiber an dieser einmaligen Jagd teil, ebenso die Töchter, aber nicht die Schwiegersöhne.

Im Namen aller Gäste, die jemals an der Stammhamer Saujagd teilnahmen, danke ich mit diesen Zeilen, die sicher nur bruchstückhaft die jahrelange Waidmannsfreude so vieler Jäger wiedergeben: *Du, lieber Albrecht, hast dich immer vor Dankesbezeigungen oder – wie du sagtest – „Karbonadelbriefen" verwahrt. In deinem Speisezimmer waren auf deinen Befehl schön geschriebene Verbote gegen jede Art von Dank angebracht. Auch einen soldatisch harten Händedruck wolltest du nicht. Dir, dem besten Beobachter alles Menschlichen, genügte ein Seitenblick, um die aus dem Herzen strömende Dankbarkeit und Freude des Gastes zu registrieren. Trotzdem danke ich für das Jagdvergnügen, die wunderbaren Gespräche und deine einmalig edle Gesinnung, für all die vielen Freuden, in fast einem halben Jahrhundert, denn die Zeit, in der wir leben, ist wenig dankbar, und bald wird das Erlebte Geschichte sein.*

# *Der Mörderbock*

Die Gerstenfelder erblondeten allmählich, und die fast reifen Weizenfelder wogten im lauen Sommerwind wie das unendliche Meer. Die vorher so farbenprächtigen Büsche der Wilden Rose und des Schlehdorns zeigten an Stelle der Blüten stolz ihre noch unreife, grüne Frucht. Schläfrig verharrten die Teiche und Sümpfe in der unbarmherzigen Sommerhitze. Über die Wasserfläche jagten hungrige Jungenten und Blässhühner den zahlreichen Insekten und Wasserkäfern nach, und die Fliegen tanzten in seltsamem Rhythmus über die noch zarten Blätter, während die Bienen die noch nicht abgeblühten Linden in emsiger Sammeltätigkeit summend umgaukelten. Unbeweglich, wie horchend standen die spitzen Heuschober auf den Wiesen, und in den schattigen Wäldern riefen die Tauben.

Der Hochsommer mit seinen unendlich langen Tagen und kurzen Nächten hatte sich über die Gegend gelegt. Er bewachte die hungrigen Jungvögel in ihren von üppig-grünen Blättern verdeckten Nestern, während die Altvögel emsig auf Nahrungssuche waren. Der Kuckuck rief auf niedrigen Büschen, rastlos Platz wechselnd und mit seinem langen Stoß wippend, allen die Kunde zu, dass er seine Eier gut untergebracht hatte. Zu Sonne und Sommer gehört der Kuckucksruf wie die Ähre zum Halm. Vor nicht allzu langer Zeit gab es noch echte, langanhaltende Sommertage, die noch richtig heiß waren – nicht 20 Grad Wärme im Februar und bleibenden Schnee bis in den April, wie es neuerdings vorkommt.

Verzeihen Sie mir, liebe Leser, aber ich sehne mich nach dem Alten und Bewährten, ich bin kein allzu großer Freund des „Neuen“. Bei mir muss sich etwas lange Zeit bewährt haben, wie zum Beispiel meine 1902 gebaute Springer-Flinte, die Hochaltäre, Kanzeln und der alte lateinische Ritus in der Kirche. Seit längerer Zeit traue ich mancher Neuerung nicht mehr, und mit meinem

Misstrauen, das man auch „weise Voraussicht" nennen könnte, bin ich gut gefahren. Die gute alte Bauernregel, die besagt: „Was Besseres kommt nicht nach", habe ich instinktiv schon als Kind verstanden, sodass mein Vater mich immer mit dem (zu meinem zweiten Namen gewordenen) alten lateinischen Spruch der heiligen Messe neckte: „Per omnia saecula saeculorum" – (der übrigens klammheimlich auch abgeschafft wurde). Dabei wäre es ein Schlüsselwort unseres Glaubens: „Von Ewigkeit zu Ewigkeit", ein Satz, der Gott beschreibt, wie man ihn nicht besser beschreiben könnte.

Um die Geheimnisse der Natur, des Kosmos, der Unendlichkeit zu begreifen, ist unser menschlicher Verstand zu klein. Es bleibt dem naturverbundenen Menschen nichts anderes übrig, als zu glauben. Die Spuren Gottes sind ja überall zu sehen, man muss sie nur sehen wollen. Und man sollte dankbar sein für alles Schöne und Herrliche dieser Welt, die Gott für seine Geschöpfe geschaffen hat. Doch sind wir dankbar? Der Mensch entfernt sich immer mehr von Gott! Volksbeglücker, Demagogen, Diktatoren, aber auch falsche – sich nicht selten Demokraten nennende – Propheten überziehen die Erde mit Gewalt und Unheil. Das ausgehende 20. Jahrhundert war das blutigste und grausamste in der Geschichte, aber auch das verlogenste. Ein Vergleich mit dem vorigen Jahrhundert sagt dem aufmerksamen Beobachter alles. Ist es daher ein Wunder, wenn ich gegenüber den sturmflutartig über uns hereinbrechenden Neuerungen misstrauisch bin? Ich vertraue lieber dem hundertmal Bewährten, Erprobten. Zeitgeist und Mode ändern sich immer schneller und rasanter, Gott und die Wahrheit ändern sich nie.

Ich erhielt Ende Juni von einem Freund und Leser meiner Bücher eine Einladung in ein Revier im Osten Österreichs, unweit der ungarischen Grenze. Dort trieb ein Schadbock, ein Mörder, sein Unwesen, und man hatte nicht nur geforkelte, ganz übel zugerichtete Böcke gefunden; der „Mörder" vergriff sich sogar manchmal an Gaisen und Kitzen. Alle Anstrengungen, seiner habhaft zu werden, waren bisher gescheitert. Der Freund fragte mich, was ich lieber erlegen würde, einen starken Erntebock oder diesen Schadbock. Ich entschloss mich natürlich für den Letzteren.

Das Revier bestand aus einem größeren Wald sowie Feldern und Wiesen. Die Felder waren zum Großteil Bauernäcker, doch auch größere Tafeln meines Freundes gehörten dazu. Der Mais war gerade so hoch, dass die Rückenlinie eines Rehes darin sichtbar war, doch er wuchs täglich. Man hatte den Bock

Anfang Juni sowohl im Wald als auch in einigen angrenzenden Feldern gesehen. Das letzte geforkelt gefundene Reh lag am Waldrand. Mein Freund meinte, dass der Bock seinen Einstand im Wald hatte und abends auf die Felder hinauszog. So hatte man ihn bei schwindendem Büchsenlicht vor einer Woche beobachtet, ein Gast hatte ihn aber leider gefehlt. Seitdem war der alte, starke und hohe Spießer wie vom Erdboden verschwunden. Ich fragte den Revierjäger, wohin der Bock nach dem Schuss geflüchtet sei. Er antwortete: „In den großen Weizen“.

Am Rande eines Windschutzgürtels, der vom Wald bis an das entfernteste Ende des Weizens reichte, standen – etwa einen Büchsenschuss voneinander entfernt – zwei Kanzeln. Sie waren über Feldwege und ausgetretene Pirschsteige unschwer zu erreichen. Hinter dem Windschutzgürtel – gegenüber dem Weizenfeld – war ein Maisfeld mit 30 bis 40 cm hohen Maisstängeln, jedoch schmaler als das Weizenfeld. Dahinter lagen schon die schmalen Feldtafeln der Bauern. Ich wollte mich vorerst – und zwar rechtzeitig – auf einen der Hochstände setzen und feststellen, wo der Bock seinen Einstand hatte. Ich rechnete damit, dass solch ein Schadbock unstet und unruhig ist und dass er ein Ausziehen anderer Rehe in die Nähe seines Einstandes nicht dulden würde. Die eine Kanzel war auf etwa 80 bis 100 Meter vom Wald entfernt, die andere am vom Wald entfernten südlichen Eck des Weizenfeldes.

Am ersten Tag wählte ich die dem Wald näherliegende Kanzel. Es war heiß und schwül, als ich schon um 17 Uhr die Kanzel bezog. Von den westlich und nördlich gelegenen Bergen näherten sich im Laufe des Abends hochaufgetürmte Gewitterwolken, und in der Ferne grollte der Donner. Es war im Juni und Juli durchaus an der Tagesordnung, dass sich gegen Abend Gewitter bildeten. In der Ferne grollte der Himmel, und die Getreidehalme und Gräser duckten sich in ängstlicher Vorahnung. Der nordwestliche Himmel wurde schwarz, als ob dunkle Berge aus den Tiefen des Horizontes wachsen würden. Die Ränder der nähereilenden Wolken waren schwefelgelb, wie der Rauch brennender Heuschober. Dann begann der Himmel in ununterbrochener Folge, fast gleichmäßig, zu donnern, und eine unbekannte, aber gewaltige Kraft schien die Lungen der Lebewesen zu sprengen. Als das Grollen schon unerträglich schien, verließ ich den Hochstand und eilte zu meinem am Waldrand gut getarnt abgestellten Wagen. Nicht zu früh, denn kaum hatte ich mich ins Auto gesetzt, prasselten schon die ersten Regentropfen auf das Wagendach, und binnen dreier Minuten entlud sich ein Gewitter, wie man es selten erlebt. Gott sei Dank war in meiner

Nähe kein nennenswerter Hagel gefallen. Ein starker Wind schüttelte die alten Fichten und ehrwürdigen Eichen, die meisten Blitze schlugen, soviel ich sah, in die nahen Fischteiche ein. Das Grollen des Donners aber schien trotz des sich noch steigernden Gussregens langsam schwächer zu werden, das Gewitter begann gegen Südosten abzuziehen.

Es war fast 20 Uhr, als ich wieder auf den Hochstand stieg. Ich war voller Erwartung, denn im Westen schien wieder die Sonne und das Schusslicht würde über eine Stunde lang gut bleiben. Einmal schreckte ein Reh längere Zeit im Wald, ein zweites antwortete hinter mir in den Bauernfeldern. Ich sah noch eine dritte Gais, die vom Wald in den Weizen zog, aber zu meiner Enttäuschung keinen Bock.

Am nächsten Tag saß ich – diesmal ohne Gewitter – vier Stunden auf dem anderen Hochstand. Der Revierjäger hatte sich bei den Bauernfeldern angesetzt, aber weder er noch ich konnten außer einem Spießer im Maisfeld und zwei Gaisen im Weizen kein Reh in Anblick bekommen. Es war trotzdem ein herrlicher Sommerabend, der mich irgendwie an die verlorene Heimat erinnerte. Der Geruch des frisch geschnittenen und wegen des Regens am Vortag liegen gelassenen Wiesengrases erinnerte mich an die Kindheitstage am Czobáczaer Teich in Csákberény. Oh, wie gute „Krücken" der Erinnerungen können doch Gerüche sein. Sie können Tage, die an die 60 Jahre zurückliegen, wie eine Vision aus längst vergangenen Zeiten lebhaft wiederentstehen lassen, als säße man vor dem Fernsehschirm. Doch die Erinnerung, aufgeknipst durch den Schalter der Gerüche, ist noch schöner, irgendwie fühlt man sich dabei ungestörter, weil man ja allein ist.

Der Jäger ist oft allein. Allein in der Natur mit all ihren Geschöpfen – dabei zum Denken, zum Abwägen gezwungen. Alte Jäger wissen viel über das Leben und all seine Wahrheiten. Sie werden auf drei Pfaden zum Schöpfer geführt: durch das Denken, die Liebe zur Natur und die Einsamkeit. Lachen Sie, liebe Leser, nicht über jene Leute, die sich zwar Atheisten nennen, aber durch ihre Liebe zur Natur und jene erhabene andächtig genossene Einsamkeit, die sie zum Denken gezwungen haben, im Unterbewusstsein schon längst gläubig sind. Diese Leute sagen oft: Ich brauche keine Kirche, um die Schöpfung mit Ehrfurcht zu genießen; meine Kirche ist der Wald. Jäger sind auf dem guten Weg, weil Jäger – wenn sie wirklich welche sind – immer Ehrfurcht vor der unvergleichlichen herrlichen Schöpfung haben werden.

Die Dämmerung torkelte über den Schatten der Wälder unerbittlich heran, und es war kein Zufall, dass sie dort, wo eben die glutrote Sonne verschwunden ist und die rötlichen Wolkenbänke allmählich grau wurden, düsterer und finsterer war als im Osten. Drei Tage in der Folge war ich abwechselnd auf einem der beiden Hochstände, doch ich sah den Mörderbock nicht. Einmal kam – schon vor 19 Uhr ein jüngerer Bock von der Maisseite über den Windschutzgürtel in den Weizen. Er schien mir nicht nervös oder unruhig zu sein, tat sich dann im Weizen nieder. Ich meldete meinem Freund, dass ich an fünf Abendpirschen den gesuchten Bock nicht zu Gesicht bekommen hatte. Zweimal gab es Regen, einmal war der Wind ganz schlecht, aber mir schien jetzt, dass er seinen Einstand doch nicht im Weizenfeld hatte.

Nun legte ich eine Pause von zwei Tagen ein, an denen ich nicht in das Revier kommen konnte. Als ich am dritten Tag nach 16 Uhr zum Haus meines Freundes fuhr, wartete schon der Jäger auf mich und sagte ganz aufgeregt, dass er heute nach einer erfolglosen Morgenpirsch den Bock und eine Schmalgais auf den Wiesen äsen gesehen hatte. Und zwar hinter dem zweiten, vom Wald entfernteren Hochstand, von einer Baumreihe von jenem Weizenfeld getrennt, das sich bis zu der Autostraße hinzieht und wo der Bauer inzwischen das getrocknete Gras in Heuballen gepresst hatte. Der Bock äste dort, wo erst vor einer Woche gemäht wurde und niemand ein Ausziehen von Rehen erwartete. Der Jäger erklärte mir noch, dass unweit der Stelle, wo der Mörderbock ganz friedlich mit der Schmalgais gestanden war, eine Leiter ist, und riet mir, mich so bald wie möglich dort anzusetzen. Allerdings war die Leiter so gebaut, dass sie Ausschuss auf das Weizenfeld hatte. Noch am Vormittag hatte der Jäger mit einer Säge und einer Baumschere kleine „Ausblicke“ gegen die Wiese geschaffen. Doch wie dreht man sich um auf einer Leiter, die in eine Richtung „schaut“?

Nun, ich war schon um 17 Uhr auf besagter Leiter, wohin mich der Jäger mit dem Geländewagen gebracht hatte. Der Platz gefiel mir nicht besonders. Die Blätter der Erle, auf der die Leiter mit ihrem „Ein-Mann-Sitz“ lehnte, raschelten leise im aufkommenden Westwind. Ein Dorndreher hatte in meiner Nähe auf einem Schlehdornbusch Posten bezogen und schäckerte indigniert über meine Anwesenheit. Ein Bockkäfer krabbelte den Stamm entlang bergab. Am Nachbarbaum schien ein Falkennest zu sein, denn ich hörte das ständige, allerdings eher leise Rufen der jungen Falken. Auch bemerkte ich einige Male die Falken am Nest einfallen, wobei dann das gierige Rufen immer deutlich anschwoll. Eine

Turteltaube gurrte im Windschutzgürtel, und im fernen Wald ruckste der Ringeltäuber. Es gab während der drei Stunden, die ich auf der eher unbequemen Leiter hockte, keine Sekunde, in der ich mich nicht mit irgendetwas „beschäftigte", das um mich herum geschah.

Immer wieder beobachte ich, wie mancher – naturfremde – „Waldbegeher" blind zu sein scheint. Es sind ja auch dieselben Typen, die regelmäßig Wild überfahren, weil sie es nicht sehen, zu spät oder gar nicht entdecken. Wenn solch ein Stadtbewohner mit oder ohne Nylonsack sich nähert, stelle ich mich in den Schatten eines Baumes und er geht an mir vorbei, ohne mich zu sehen, ohne meine Anwesenheit zu entdecken. Und der Mensch nennt sich die Krone der Schöpfung. Ein Reh, das sehr schlecht äugt und sich bei bestem Wind nähert, merkt immer in einer gewissen Entfernung – durch irgendwelche Ausstrahlungen – den völlig bewegungslosen Menschen. Der Bruder Mensch aus der Stadt, der sich in Sachen Umwelt und Natur engagiert, kennt sich in der Natur oft nur wenig aus, sieht ihre Schönheiten nicht, quatscht aber gerne von ihr, wie das eben Leute am grünen Tisch mit Dingen tun, von denen sie oft nichts verstehen.

Das Tagesgewitter ist anderswo hingezogen. Im Osten brannte der Horizont, und die Wolkenbänke spiegelten das glühende Feuer der untergehenden Sonne für kurze Zeit an ihren Rändern und langsam abnehmend darüber hinaus. Denn: Das Abendlicht kennt kein Verweilen, es ist das schönste Himmelsgemälde von nur ganz kurzer Dauer, denn nichts bleibt, alles ändert sich im großen Kreislauf der Natur. Nur ihre Gesetze bleiben die gleichen.

Doch was ist das dort am Waldrand? Schon habe ich mein Zeissglas am Auge, finde das verschwommen Wahrgenommene aber erst später. Es ist das Haupt eines Bockes, der aus dem Wald gekommen, im Weizen steht. Schon habe ich das Spektiv gut aufgelegt. Es durchzuckt mich plötzlich ganz heiß. Es ist der Alte, der lange gesuchte Mörderbock! Entfernung mindestens 300 Meter und nur das Haupt ist sichtbar. Ganz, ganz langsam bewegt sich das Haupt näher, verschwindet wieder, und es wird immer düsterer und dunkler. Jetzt sehe ich, dass er verhofft. Leider gegen den Wald, dort muss er einen Rivalen gewittert haben, denn der Bock geht jetzt flüchtig in großen Sprüngen zurück, von wo er gekommen ist, nämlich in den Wald.

Mein Freund hatte doch Recht. Er hat nach Art alter Böcke seinen Einstand im Wald und zieht nur abends auf das Feld hinaus. Vom Hochstand des ersten Tages wäre es gegangen, denn zwischen dem Wald und dem Feld ist eine gut befahrbare Straße und an ihren Rändern, rechts und links, zwei Meter mit Gras und Unkraut bewachsene Streifen, die gegen den Weizen in einem mittelmäßig tiefen Graben münden. Ich verlasse die Leiter, denn es ist finster geworden. Aber ich bin elektrisiert, weil ich erstmals den Bock gesehen habe. Bei seinen Sprüngen habe ich auch feststellen können, dass er sehr stark im Wildpret ist und einen kurzen, dicken Träger hat. Obwohl ich doch fünfmal auf einem der Windschutz-Hochstände gesessen bin, habe ich den Bock nie mehr gesehen. Er muss später, in der Nacht, ausgezogen sein.

Am nächsten Tag ist nach einem ausgiebigen Nachtgewitter schönes Sommerwetter. Ich sitze schon um 17 Uhr auf dem Hochstand, der dem Wald

Oben: *Vor dem Abwerfen*
Unten: *Noch sind sie gute Freunde*

näher steht. In den Lacken, die vom Regen übrig geblieben sind, sehe ich kleine Frösche in verschiedener Größe umherschwimmen. Ameisen einer seltenen großen Art krabbeln emsig auf den Pfosten des Hochstandes hin und her, auf und ab. Ich kann sie schon fast unterscheiden, so vertraut erscheinen sie mir in ihrer fleißigen Hartnäckigkeit. Auch den Kuckuck kenne ich schon. Er zeigt wenig Scheu, weiß genau, dass ihm vom Menschen keine Gefahr droht. Nun sitzt er drei Bäume weiter, halb verdeckt zwar und wippt mit dem Stoß wie eine Elster. Auch seinen spitzen Kopf sehe ich, er scheint mich mit Interesse zu begutachten. Das grüne Laub der Bäume flüstert geheimnisvoll, doch nur die Pflanzen und Tiere verstehen diese Laute. Der Mensch, der sich die Erde untertan macht, versteht weder die Sprache der Tiere noch die Sprache der Pflanzen. Nur sehr erfahrene Naturfreunde und alte Jäger können aus dem Waldrauschen, aus Vogelstimmen, aus den Rufen der Waldtiere die Wahrheit annähernd bestimmen, meistens aber nur einschätzen. Wann und warum ein Laubfrosch quakt, wann und warum ein Käfer – wie dieser Hirschkäfer hier – sich brummend erhebt und wegfliegt, was wissen wir darüber? Demut sollte der Mensch vor dem Wunder der Natur empfinden, wie es nur ganz große Seelen fertig bringen. Das modische Nachplappern moderner Parolen – auch und gerade über die Natur – kann lächerlich wirken. Die großen Gelehrten haben zu allen Zeiten als letzte Konsequenz – nach einem Leben voller Forschungsarbeit – die Demut aufgebracht zu sagen: „Ich weiß nur, dass ich sehr wenig weiß."

Dort steht der Bock! Am Waldrand, nicht weiter als 80 Schritt von meinem Hochstand entfernt. Alles ist vorbereitet. Ich erkenne ihn sofort und greife zu meiner alten Mauserbüchse. Da steht er rot und breit, das Haupt ein wenig sorgenvoll gesenkt. Es ist 19:40 Uhr. Das Fadenkreuz ist auf seinem Blatt. Ich habe schon gestochen und schieße, bevor mich das Bockfieber packen kann. Der Bock fällt im Feuer. Es ist vielleicht überflüssig zu sagen: Er rührt keinen Lauf mehr. Ich lasse mir Zeit. Weit bei den Bauernfeldern brummt der Motor des Geländewagens meines Freundes auf. Er nähert sich, und ich sitze am Hochstand und rauche – nach fast 40 Jahren Tabakabstinenz – allerdings nur „geistig" die obligate Zigarette.

Mein Freund lässt mir den Vortritt. Dann stehe ich vor dem Mörderbock, den ich einem Kapitalen vorgezogen habe. Und dass es ein wirklich aktiver, nicht nur gelegentlicher Mörder war, zeigen seine dolchartigen Spieße, auf denen getrockneter, braun gewordener Schweiß eines Opfers klebt. Wir geben uns lachend und voller Freude die Hände. Dann geben wir diesem alten Spießer mit entblößtem Haupt die letzte Ehre. Das Rehwild des Reviers ist von einer Geißel befreit. Aber der Wald, das Feld, die Natur ist um einen hier und nirgends anders alt gewordenen Bewohner ärmer geworden. Bei jedem Waidmannsheil schwingt auch ein wenig Wehmut mit.

# *Von einer großen Steirerin*

Der 23. Mai 1996 war ein herrlicher, nach Blumen und frischgrünem Laub duftender Tag. Mai in der Steiermark, blauer Himmel, Sonne und eine Luft, wie sie nur über den riesigen Wäldern in Kanada reiner sein könnte. Die Tage waren lang und täglich reinigten Gewitter und Regenschauer die Atmosphäre. Mit meiner Schwester und ihrem englischen Mann waren wir zum Essen in Pfannberg eingeladen. Pfannberg heißt das Schloss der steirischen Mayr-Melnhofs.

Vor drei Jahren hatten wir hier den tödlich verunglückten Landesjägermeister Franz Mayr-Melnhof, knappe 43 Jahre alt, zu Grabe getragen. Sein Großvater war ebenfalls Landesjägermeister, er starb Ende 1957 und hatte zwei Töchter. Die eine hieß Franziska und ist schon lange gestorben, die andere Marie, die Erbin von Frohnleiten und Mutter des verunglückten, erstgeborenen Sohnes, des vom Großvater adoptierten Erben. Ich habe schon an anderer Stelle beschrieben, dass ich mit den Frohnleitenern schon lange Jahre bestens befreundet war. Es verging wohl keine Woche, dass ich nicht mit der Gräfin Marie Goëss-Saurau, von uns Freunden Minki genannt, telefonierte. Sie war wohl das erhabene Musterbeispiel dafür, was man Freundschaft nennt. War man krank, hatte man Kummer oder Sorgen, Minki war immer zur Stelle. Ich war mit einem Wort stolz und glücklich mich gut mir dieser Frau zu verstehen, die man – nicht zuletzt wegen ihrem öffentlichen Engagement, ihrem Mut und ihrer Geradlinigkeit – nicht zu Unrecht die erste Frau des Landes nannte. Sie hatte ihrem Mann, der ebenfalls zahlreiche öffentliche Ämter bekleidete, sieben Kinder geschenkt. Seit dem Tod ihres Lieblingssohnes Franz, der ihr einen weit größeren Schock versetzte als manche ahnten, kränkelte sie und war nicht mehr ganz die Alte.

Schon 20 Minuten nach 12 Uhr kam ich mit meiner Schwester Lori und Schwager Harold in Frohnleiten an. Ich wusste, dass das Essen nicht vor 13 Uhr stattfinden würde und der Aperitif eine Viertelstunde vorher. So fuhr ich mit meinen Gästen, die aus Uganda angereist waren, wo mein Schwager Richter war, in den Park und fotografierte die herrlichen Rhododendronbüsche, das Schloss und die Rosen. Als ich damit fertig war, machten wir uns daran, zum Schloss zu gehen, denn Minki schätzte Pünktlichkeit. Da kam uns ein Diener entgegen. Schon von weitem sah ich an seinem Gang und seinem Gesichtsausdruck, dass irgendetwas geschehen sein musste.

Er war einer der zwei jungen Diener des Schlosses, die von den Besitzern fast wie Familienmitglieder behandelt wurden und sehr an ihrer Chefin hingen. Ich kann das bezeugen, denn nach einer schweren Erkrankung im Jahr 1992 durfte ich auf die spontane Einladung von Minki zwei Wochen in Pfannberg wohnen.

Der Diener hatte Tränen in den Augen. „Die Frau Gräfin kann Sie leider nicht zum Essen empfangen." Ein Schreck durchfuhr mich wie ein Blitz. Zu dieser Zeit lebte die Hausfrau nicht mehr. Wir verstanden sofort. Minki war vom Einkaufen zurückgekehrt und plötzlich am Korridor vor ihrem Appartement tot umgefallen. Etwa ein halbe Stunde vor unserem Eintreffen in Frohnleiten.

Welcher Kontrast! Draußen die in ihrer Pracht und Schönheit blühenden Büsche und Blumen. Im Schloss eine stille Tote, die vor einer Stunde noch tätig und voller Pläne war. Ihr Mann war in Wien gewesen und auf dem Weg nach Hause, die zahlreichen Verwandten, Kinder, Enkel und Freunde wurden verständigt.

Schon am übernächsten Tag war das große Begräbnis. Ich habe sie am nächsten Tag in der Schlosskapelle aufgebahrt gesehen. Noch nie sah ich eine Verstorbene, die so schön und „lebendig", fast rosig aussah. Minki hatte verfügt, dass sie nicht in einer Leichenkammer „tiefgekühlt" verwahrt, sondern so bald wie irgend möglich im Familiengrab im Zinkenwald beigesetzt werden sollte. Es setzte die Routine des Apparates ein. Telegrafisch wurden alle verständigt. Ein Riesenzelt wurde vor dem Schloss aufgebaut, so wie damals bei den Hochzeiten ihrer Töchter.

Der Leichenzug war unbeschreiblich lang. Tausende von Menschen gaben ihr die letzte Ehre. Und dann geschah etwas unerwartet Seltsames. Während der von ihren Jägern bis zum Grab getragene Sarg langsam unter den Klängen der Landeshymne versenkt wurde, brach plötzlich mit zahlreichen Blitzen ein Hagelgewitter los, wie ich es noch selten erlebt habe. Innerhalb weniger Minuten füllte sich das Grab derart mit Hagelkörnern an, dass der mit herrlichen Alpenblumen geschmückte Sarg förmlich darunter verschwand. Und die Blitze waren keine Folklore, rechts und links schlugen sie in die Bäume ein. Die zuerst ausharrende, andächtige, erschütterte und anteilnehmende Trauergemeinschaft flüchtete nun. Bis die Menschen beim Zelt ankamen, waren sie nicht nur bis auf die Haut durchnässt, sie mussten auch zahlreiche Wildbäche und plötzlich entstandene Gewässer überqueren und manche fielen, über Steine stolpernd, der Länge nach hin. Und dann endete dieses Inferno ebenso schnell, wie es begonnen hatte. Was immer die anderen Teilnehmer dachten. Für mich stand fest: Die Natur nahm Abschied von dieser großen Frau, auf ihre Weise, direkt und drastisch, denn kaum ein Mensch hat für die Naturerhaltung so viel getan, gekämpft und geopfert wie Marie Goëss-Saurau, eine Frau, deren Tod eine nie schließende Lücke hinterlässt.

Denn Minki war mit Sicherheit in unserem Land eine der bedeutendsten und charakterfestesten Frauen unserer Zeit. Für ihre Ideale trat sie mutig und standhaft immer und überall ein. Wenn ihr etwas nicht passte, und in unserer Zeit gab es einiges, was auch anderen Leuten nicht passen sollte, war sie sofort zur Stelle. Sie rief Bundeskanzler, Bischöfe, Kulturreferenten, Minister und sogar im Ausland wirkende Linkstheologen spontan an. Woran sie glaubte, dafür stand sie ohne Ausnahme auch immer ein. Tradition und Sitte, Wahrheit und Gerechtigkeit hielt sie so hoch, dass sie bereit war, persönliche Feindschaft der von ihr Gemaßregelten in Kauf zu nehmen. Auf Termine bei Mächtigen wartete sie nicht. Wenn ihr etwas am Herzen und auf der Zunge lag, spazierte sie durch alle Vorzimmer bis hin zu den „Allerheiligsten" der Mächtigen und sagte diesen ohne viel Federlesens die Wahrheit oder das, von dem sie überzeugt war, dass es die Wahrheit war. Oh, hätten wir nur mehrere von ihrer Sorte gehabt und weniger Kompromissbereite und Duckmäuser.

Sie war natürlich durchaus keine „pflegeleichte" Persönlichkeit. Entweder mochte sie jemanden, oder sie mochte ihn nicht. Wie jeder Mensch konnte auch sie irren. Aber die Linie, die Festigkeit, die Treue der Überzeugung, der Mut, das konnten ihr nur ganz wenige abstreiten. Sie genoss Hochachtung auch bei jenen, die nicht ihrer Meinung waren, doch ihre Überzeugung anerkannten. Gegen den stillen, heimlichen Hass der Kleingeister war auch sie machtlos.

Minki fühlte sich als Mutter aller aktiven, ehemaligen und zum Großbetrieb gehörenden Mitarbeiter. Das Wohlergehen der Belegschaft ging ihr über alles. Das war durchaus nicht eine „Masche", die manche Wohlhabenden sich zulegen. Die soziale Ader hat diese Familie immer besessen. Minki erbte sie von ihrem

Vater, einer wie sie charismatischen Führungspersönlichkeit. Krankheit in der Familie des allerkleinsten Holzarbeiters, die Geburt eines Kindes, der Tod, ein Unglück und die „Gräfin" war immer und ohne Ausnahme an Ort und Stelle und spendete Trost. Denn sie war nicht nur eine kompromisslose Kämpferin für ihre Ideale, sie war auch unendlich barmherzig, wenn jemand in Not geraten war. Wurde ein Freund unschuldig angegriffen oder bösartig verleumdet, sagte sie ihm immer wieder: „Bitte reg dich nicht auf, es wird alles gut!"

Das von mir aufgebaute und 40 Jahre lang erfolgreich geleitete Jagdmuseum verdankt ihr und ihrem Vater unendlich viel. Als man begann – natürlich erst nach meiner Pensionierung – die Verlegung oder die Zerstückelung meines (ohne genügend Mittel und Mitarbeiter entstandenen) Lebenswerkes – getarnt und heimlich – zu diskutieren, war sie an meiner Seite, und eine ihrer letzten Taten war eine Liste von Unterschriften der Berufsjäger, die sie an verantwortlicher Stelle deponierte. Sie empörte sich auch darüber, dass außer einigen Kämpfern in der Jägerschaft große internationale Gremien, wie zum Beispiel die „Kommission für Jagdkunst und Jagdmuseen im CIC", kaum etwas oder gar nichts unternahmen, um das bestbesuchte Museum der Steiermark an seiner angestammten Stelle zu erhalten.

Aber auch bei mir hätten sie auf Granit gebissen, doch wenn ein öffentlich Bediensteter, ein Beamter, ausscheidet, ist er endgültig „weg vom Fenster". Und wenn all die Freunde und Zeugen der Anfänge gestorben sind, ich nenne nur die Namen La Roche, Hoesch, Hans Kottulinsky, Franz Mayr-Melnhof, Raič, Berg von Linde, Illig, mein Onkel Franz, lange Jahre hindurch Präsident des

Bild rechts: *Ungarische Abendstimmung, westlich des Plattensees*

Bild umseitig oben: *Einfallende Großtrappen im Seewinkel*
Bild umseitig unten: *Er fühlt sich völlig sicher*

Joanneums, bleiben nur wenige Wissende. Doch in diesem Kapitel geht es nicht um meinen Kummer und um das gefährdete Jagdmuseum, sondern um Minki.

Die wie aus heiterem Himmel auf uns hereingebrochene Kirchenkrise beschäftigte sie sehr. Einmal nannte sie diese verwirrenden und die Gläubigen verunsichernden Machenschaften moderne Christenverfolgung. – „Wenn einem in unserer papsttreuen Kirche etwas nicht passt, soll er doch gehen, wir haben ja Religionsfreiheit." Und gegen die gotteslästerlichen und religionsverspottenden, immer ärger werdenden Angriffe, also auch über die sogenannte „freie" Kunst, konnte sie sich maßlos aufregen, ebenso wie über die – früher undenkbaren – Angriffe auf Bischöfe und Kardinäle.

Seit jenem Tag im Mai, als uns Minki endgültig verließ, ich ihre liebe, tröstende und aufbauende Stimme nie mehr im Telefon höre, weiß ich erst richtig, wie unersetzlich diese Frau in Wirklichkeit gewesen ist. Für sie galten Freundschaften für immer. Ich bin stolz, mit dieser unnachahmlichen Frau befreundet gewesen zu sein.

Bild umseitig: *Zwei unterschiedliche Jäger*

Bild links: *Am Wasser ist immer was los*

# *Mein Freund László Szápáry*

Er war einer der ganz wenigen Menschen, die schon zu Lebzeiten als Denkmal galten. In jungen Jahren war er jahrelang der beste Flintenschütze Ungarns und wurde zu den besten Niederwildjagden des Landes eingeladen. Damals galt noch das meisterliche Schießen etwas, denn die Jagdbesitzer „ernteten" nur einmal im Jahr und erstklassige Jagden brauchten hervorragende Schützen.

Das erste Mal sah ich László Szápáry bei einer Horthy-Jagd in Csákvár, als ich als Kind meinen Vater begleiten durfte. Dann kamen Zusammenbruch, Nachkriegszeit und diverse Fluchten. Im Jahre 1951 sah ich ihn bei der Hochzeit meiner Cousine Helli Meran mit Maurizio Lodi-Fé in Glanegg. Er begann damals in Österreich mit dem Wurftaubenschießen und bereitete sich auf die Olympiade in Helsinki vor.

Im alten Ungarn war er jüngstes Mitglied des weltbesten Trap-Teams, das aus folgenden Berühmtheiten bestand: Dr. Lumniczer, dreifacher Weltmeister, Dr. Halasy, Olympiasieger 1924, Sándor Dóra, zweifacher Grand-Prix-Gewinner, Andreas Montagh, Weltmeister, Stefan Strassburger und Ede Szomjas, Europameister. Er war in den dreißiger und vierziger Jahren ein so guter Flintenschütze, dass der große Meister Albrecht von Bayern öfters darauf hinweisen zu müssen glaubte: „Du bist ein Schrotprofi, ich komme aus dem ‚Kugel-Lager'."

Er war alljährlich bei den Winterstreifjagden in Tótmegyer, wohin man die talentierten jungen Schützen vornehmlich einlud. Das waren neben dem Haussohn Sándor Károlyi, Lajos Károlyi, Albrecht von Bayern, Zsiga Széchényi, Géza Andrássy und andere. Er war natürlich Stammgast bei meinem Onkel Hansi Meran in Kőrösladány, wo man seinerzeit auch 2000 Stück Niederwild an einem Tag erlegte, und nahm – ohne zu übertreiben – an allen großen Jagden Ungarns (außer Pusztaszer) teil, wobei er wegen Termin-Kollisionen da und dort auch absagen musste. Dazu kam, dass er lange ein weithin begehrter Junggeselle war.

Er sprach zeit seines Lebens sowohl ungarisch als auch deutsch akzentfrei. In seinen Adern floss mehr österreichisches als ungarisches Blut. Den Zweiten Weltkrieg überstand er als Doppelstaatsbürger so geschickt, dass er nicht einen Tag Soldat war. Seine wahrscheinlich größte Leidenschaft galt dem Sport. Es gab keine Sportart, die er nicht ausprobiert oder studiert hätte. Als aktiver Spitzensportler betrieb er schon in sehr jungen Jahren Boxen, Tennis, Skilauf, Ralleyfahren sowie alle Arten von Schießen, vor allem Wurftaubenschießen.

In der Disziplin Olympisch-Trap erzielte er seine größten Erfolge. Neben zahlreichen internationalen Siegen (er schoss z.B. viermal 100 von 100) war vielleicht sein größter Triumph der vorolympische Wettkampf in Montecatini (Bologna), den er vor der gesamten Weltelite gewann. Neben zahlreichen WM- und EM-Teilnahmen war er auch auf drei Olympiaden, und zwar 1952 in Helsinki, 1960 in Rom und (als 54-jähriger) 1964 in Tokio. Bei der Europameisterschaft in Brünn (1963) zeigte er, was er konnte. Er wurde in Trap Fünfter. Was aber einmalig ist und niemand ihm nachmachte: Er gewann die Kombination Trap/Skeet mit überragendem Resultat (unverständlicherweise war dies inoffiziell und gilt bis heute nicht). Seine Vielfältigkeit, Zähigkeit, Willensstärke, Kaltblütigkeit und vor allem seine ausgezeichnete Kondition waren anerkannterweise unübertroffen.

In der BRD wurde seinerzeit alljährlich ein international ausgeschriebenes 500-Taubenschießen abgehalten, das László Szápáry regelmäßig mit großem Vorsprung gewann, und zwar vor Welt-, Europameistern und Olympiasiegern. Seine Vielseitigkeit dokumentierte sich auch darin, dass er auf der Jagd mit Syde-by-syde, Bock und Automaten gleichermaßen unübertroffen gut schoss, was eine Seltenheit ist.

Österreichischer Staatsmeister in Trap-Schießen wurde er erstmals 1955 sowie dann ohne Unterbrechung von 1959 bis 1965. Ich hatte die Ehre, hinter dem damals unerreichbaren Trapschützen Szápáry etwa viermal Zweiter zu sein. 1965 war er immerhin schon 55 Jahre alt, und keiner in Österreich konnte ihn bezwingen. Seine Nerven waren wie Stahl. Im Gegensatz zu mir konnte er vor einem großen Schießen ausgiebig frühstücken und in einer entsprechenden Schießpause auch mit großem Gusto ein Brathendl essen.

Das erste Mal nahm ich an einer Landesmeisterschaft (damals offen für alle) im Jahr 1954 in Trattendorf teil und gewann diese bei starkem Wind mit 90 von 100 Treffern, wobei ich alle Österreicher, auch Szápáry, schlagen konnte. Als Waffe benützte ich meine vor einigen Jahren erworbene alte Springer-Flinte, die für die Jagd, aber absolut nicht für das Trapschießen geschäftet war. Ich selbst hatte nun „Blut geleckt", und László unterstützte mich mit Rat und Tat sowie nicht selten auch mit Geld. Dabei war es „Usus", dass er mich zumindest einen Teil des Weges mit dem Auto mitnahm. Sehr oft entnahm er seiner Brieftasche einen Tausender und überreichte ihn mir wortlos. Das war nicht viel weniger als mein damaliges Monatsgehalt, in den fünfziger Jahren sehr viel Geld, von dem ich mir immer etwas ersparen konnte.

Das Wurftaubenschießen galt damals als Herrensport. Es gab keinerlei Subventionen für die Sportler, nicht einmal Reise- oder Nächtigungskosten, auch bei Länderkämpfen nicht. Und die Medien schwiegen eisern über unsere Erfolge, mit Ausnahme vielleicht der Tageszeitung „Die Presse" und zweier Grazer Zeitungen. Es sieht heutzutage erfreulicherweise etwas anders aus. Es gibt nun Subventionen, Sponsoren, Reklameeinkünfte, Gratispatronen und eine Hochglanz-Zeitschrift in Farbe, in der die heutigen Spitzenschützen abgebildet werden. Das Skeetschießen wurde erst 1960 olympische Disziplin, davor gab es schon Skeetmeisterschaften. Als wir nach dem Krieg antraten, gab es aber nur eine Staatsmeisterschaft im „Wurftaubenschießen" mit etwa 40 bis 50 Teilnehmern. Heute gibt es sicherlich ein Dutzend Staatsmeisterschaften, wenn nicht mehr, und das Wurftaubenschießen wird Wurfscheibenschießen genannt (vielleicht um die Tierschützer nicht zu ärgern).

László liebte das Schießen an sich. Ich begeisterte mich nur für den Wettkampf, und nach Mitte Juli schoss ich auch auf keiner Konkurrenz mehr. Als ich 1983 – nach 30 Jahren im A-Kader – nach einer gewonnenen Landesmeisterschaft aufhörte, hatte László wenig Verständnis für meinen Schritt. Ich blieb aber bei meiner Entscheidung, und nach einigen Versuchen, mich zum Jagdparcours-Schießen zu locken, gab er es schließlich auf.

Seine liebe Schwester Gabrielle sagte mir einmal in Dobersberg Folgendes, was ich nie vergessen habe: „Spürst du die Güte und Liebe in diesem Haus? Ähnliches habe ich nirgends erlebt." Seit dem Jahr 1969 war ich über zwanzig Jahre lang ständiger Jagdgast bei der Rehbrunft in Dobersberg. László, der in seinem ganzen jagdlichen Leben geehrte, verwöhnte und auf die besten Jagden eingeladene Mann, war als Jagdherr der großzügigste, den man sich vorstellen kann. Obgleich er ja wirklich sehr gerne jagte, verzichtete er die letzten 25 Jahre darauf, bei sich in Dobersberg Rehböcke zu jagen, obgleich er in sein geliebtes Donaueschingen nicht mehr eingeladen wurde. Er führte von nun an seine Gäste selbst, bevorzugte Freunde wie ich durften allein waidwerken. Er hat mir mit seinen Einladungen in diesen Jahren unendlich viel Freude bereitet. Dobersberg war ein herrliches Rehrevier, und dann und wann gab es auch sehr gute Böcke, wie die „Wand“ in Lászlós „Allerheiligstem“ bewies.

In den fünfziger Jahren, als er die Kautzener Feldjagd noch pachtete, veranstaltete er für sechs Schützen einen Hasenstreifen, an dem ich mit meinen beiden Brüdern teilnehmen durfte. Er war ein ganz hervorragender Hasenschütze, was nicht von jedem Flugwildschützen zu behaupten ist. Wir schossen knapp unter 300 Stück, darunter viele Rebhühner und etliche Fasanen. Tempi passati. Ich erinnere mich z.B. auf dem Taxener Feld noch eine Anzahl Birkhahnen gesehen zu haben.

Auch Lászlo war Stammgast in Stammham. So habe ich mich im Laufe der Jahre mit ihm bei zahlreichen Jagden getroffen: auf der Hofjagd in den Ardennen, in Glanegg, Kogl und Auersbach, in Neudau, Lieboch, Frohnleiten, auf der Hochalm, in Brandhof, in Herbersdorf, in Hainfeld, Kirchberg, Waldschach, Wasserburg, Iharos, Weinern, Heidenreichstein, Ebreichsdorf, Petronell, Anthering, Weithwörth und an noch sehr vielen anderen Orten, die mir momentan nicht einfallen.

Er war der Einzige, der nach der recht anstrengenden Gamsjagd in der Umgebung des Jagdhauses „Höll“ bei Weichselboden mit mir und Vetter Hansi auf den Abendstrich auf Enten in die Preszeni-Klause ging. Das Schießen war hier besonders schwierig, weil die Silhouetten der in den Himmel ragenden Berge nur ein kleines Segment des Himmels frei und offen ließen. László störte es nicht, wenn man beim Bergen der Beute auch bis zum Bauch durch eiskaltes Gebirgswasser gehen musste. Seine Schießkunst auf der Jagd ließ mit zunehmenden Alter kaum nach. Er hatte jedoch die Angewohnheit, immer lauthals zu betonen, wie schlecht er geschossen habe, was natürlich nicht stimmte und was diejenigen Schützen, die in ihrem Leben nur halb so gut geschossen haben wir er, ärgerte. Ich warnte ihn, denn was man viel und oft betont, das wird schließlich geglaubt, aufgebauscht und übertrieben, auch wenn es für alle offensichtlich war, dass es nicht stimmte. Ich sagte ihm Folgendes: „Schau László, wenn du ständig betonst, wie schlecht du schießt, werden die Leute weitererzählen, dass du nicht mehr schießen kannst, und man wird dich nicht mehr einladen. Die Altersgenossen sind fast alle tot und die Jungen, die dich kennen, wollen schlussendlich keinen Alten, der noch dazu ‚nichts trifft‘.“ Es half nichts. László wurde immer selbstkritischer. Schoss aber weiterhin wie in seinen besten Tagen. Auf seiner letzten Fasanenjagd – so sagte mir ein Teilnehmer, der neben ihm stand – fehlte er kaum einen Hahn.

Seine Söhne erzog er von klein auf zu Jägern und Spitzensportlern. Der Ältere, Niki, ein beruflicher Schießpädagoge, war längere Zeit im Skeetschießen in der absoluten Weltspitze und platzierete sich bei Olympiaden und Weltmeisterschaften ganz vorne. Der Jüngere, Peter, war zwar auch erfolgreicher Skeet- und Trapschütze, mauserte sich aber im Laufe der Jahre zu einem der besten Flinten-Jagdschützen Österreichs. Das Verhältnis zwischen László und seinen Kindern war ein besonders herzliches und zärtliches. Hier möchte ich nicht versäumen, seine Frau Charlotte zu erwähnen, die als perfekte Hausfrau das meistens von Gästen überfüllte Herrenhaus in Dobersberg zur allgemeinen Freude hervorragend managte. Mir ihr – einer sehr gescheiten, viel gereisten und gebildeten Frau – konnte man stundenlang über alle Themen reden.

Ich war von allem Anfang an „dabei". Als er schon so gut wie verlobt war, fuhren wir zum Frühstück in die holländische Botschaft in Wien, um anschließend in Deutsch-Wagram die Meisterschaft von Niederösterreich zu „absolvieren". Der Vater von Charlotte war holländischer Botschafter in Wien. Ich erinnere mich deswegen so gut an diesen Tag, weil ich diese Meisterschaft vor László gewann. Es war der 12. Mai 1957.

In Pörtschach waren wir alljährlich beim großen Pfingstpreis. Meistens wohnten wir auf der Halbinsel Pritschitz bei Pörtschach im gastlichen Haus unseres Freundes und Schützenkameraden Dietz Angerer. Einmal reiste ich mit László im Schlafwagen nach Bern, zum dortigen großen internationalen Preis. Es war Anfang Mai, der Löwenzahn bedeckte den ganzen Hintergrund, sodass die gelben Tauben zeitweise „verschwanden". Hier war László der Bessere, wie es sich auch gehörte. Es dürfte so 1967 gewesen sein. László schoss im Trap Weltklasse, nach eigener Aussage nur bis zum 60. Lebensjahr, danach fielen seine Leistungen etwas ab, was auch sicher mit den Augen zu tun hatte. Aber er schoss noch längere Zeit auf „Jagdpacours" weiter, bis zum Tag seines Todes.

Er war nicht eitel. Die Ausübung seines geliebten Sportes war ihm wichtiger als die erzielten Resultate. Es fuhr noch als betagter Achtziger Hunderte von Kilometern mit dem Auto, um an einem Schießen teilzunehmen. Ich gab das Schießen – nach dreißig Jahren – mit 57 Jahren auf. Irgendwie kam ich mir feig und mickrig vor neben diesem Titanen der Schießkunst.

Und noch eines war László: ein wandelndes Lexikon. Sein Erinnerungsvermögen, besonders in sportlichen und jagdlichen Belangen, war phänomenal. Er wusste einfach alles, was er je erlebt hatte, und vergaß nichts. Seine Haupteigenschaft aber war die Güte, die Nächstenliebe, die er ausstrahlte wie kaum ein Mensch, den ich kennen gelernt habe. Und so war er auch allen Menschen sympathisch, auch dann, wenn er manchmal, besonders im Alter seine Meinung oft sehr dezidiert äußerte. Über Zeitgeschehen und Politik wusste er viel. Er hatte eine gereifte und abgerundete Weltanschauung, die er auch dann vertrat, wenn sie dem herrschenden Zeitgeist nicht entsprach.

Und wie viele „Zeitgeister“ hatte dieser Mensch schon erlebt! Er war beim Sturz der Monarchie schon acht Jahre alt. Seine schönsten Jahre verbrachte er zwischen 1933 und 1943 im schönen alten Ungarn, wo er in Abony eine große Domäne und ein Schloss sein eigen nannte. 1943 gelang es ihm, in den Karpaten einen Goldmedaillenhirsch zu erlegen, dessen Trophäe im Dobersberger Herrenhaus zu sehen ist. Er erlegte ihn am 26. September 1943 in Fürzérradvány und er hatte 201.64 Nadlerpunkte. Der Hirsch war unglaublich leicht und wog mit der (ganz) kleinen Hirnschale nur etwas über acht Kilogramm. Aber die Stangen dieses Hirsches waren armdick.

László hat viele unvergessliche Jagderlebnisse gehabt, etliche Rekordstrecken erzielt. Er führte jedoch kein Jagdbuch und sprach darüber nur auf Befragung. Er war weder Trophäen-Jäger noch Schießer; im Sinne der Waidgerechtigkeit war er vorbildlich.

Wir telefonierten oft miteinander. Zuletzt besuchte er mich 1997 in meiner Wohnung. Er war immer da, immer ansprechbar, immer bereit, auf Fragen zu antworten. In meinem Leben hinterlässt er eine Lücke, die niemals zu schließen ist. Es ist einfach unvorstellbar, dass er nicht mehr unter uns weilt. Aus einem vollaktiven Leben, das er liebte, holte ihn Gott zwar unerwartet, aber friedlich und schmerzlos zu sich. Er liebte Gott und die Menschen, und zu solchen Seelen ist Gott besonders gnädig.

*Der Zaun ist kein Hindernis*

# *Der Perückenbock*

Mai 1996. Wie immer seit nunmehr 15 Jahren bin ich in Ungarn. Es ist ein äußerst wichtiges Jahr, denn im Sommer wird endgültig das neue ungarische Jagdgesetz eingeführt. Für langjährige ausländische Jagdgäste ergeben sich einschneidende Änderungen. Es werden sich die Grenzen der Jagdreviere ändern, und es werden sich in den meisten Fällen neue Jagdgenossenschaften bilden. Jetzt im Mai ist alles noch beim Alten, aber unwiederbringlich das letzte Mal.

Wie oft habe ich in meinem Leben solche Wendepunkte erlebt! Im Dezember 1944 kam der Abschied vom alten Csákberény. Die letzte Jagd hielten wir noch ab, als bliebe alles unverändert. Fasanhennen wurden geschont, obgleich das Donnern der russischen Kanonen deutlich zu hören war. Dann der Abschied vom zweiten Zuhause, von Ikrény. Bald darauf das Ende des Krieges und der Zusammenbruch der alten europäischen Ordnung. Vaters plötzlicher Tod im Exil, bald nachdem wir unser Experiment im neuen Ungarn hatten aufgeben müssen. Später, im Laufe meines Lebens, die letzte lateinische Messe, die letzte Meisterschaft im Wurftaubenschießen, schließlich der letzte Tag im Büro. Dazwischen der Abschied von Vorsätzen, Plänen und Träumen, das ganze Leben lang. Eintritt ins Alter in einer völlig geänderten Zeit, die man nicht mehr versteht, weil man für sie weder geschaffen noch auf sie vorbereitet war. Die Propaganda und Werbung verheißt uns pausenlos Neues, dem ich – aus Erfahrungen lernend – nur äußerst skeptisch gegenüberstehe. Wir Alten sind weder Reaktionäre noch Fortschrittsfeinde. Wir erleben nur sehenden Auges den Zusammenbruch der abendländischen Kultur, die Demontage aller Werte, die uns heilig sind. Wir glauben den sogenannten „Wenden“ nicht, denn sie sind nur „Etappensteine“ am Weg in den Untergang.

Geschichtlich gesehen, ist das alles nichts Neues. Wo ist das alte Ägypten mit all seinen Göttern und all seiner Macht, wo das alte Griechenland, vielleicht die

Wiege unserer Kultur? Wo ist das Römische Weltreich mit seinen zwölf Hauptgöttern? Verschwunden sind sie alle im Reißwolf der Geschichte. Jener Geschichte, die niemand betrügen kann, auch die so zahlreichen Fälscher ihres Ablaufes nicht. Wir leben heute in einer gottlosen Welt, und wenn ich eines zu wissen glaube, ist es der einfache Satz: Die Strafe des Schöpfers wird furchtbar sein.

Das letzte Mal bin ich im Jagdhaus des Reviers Szőreg unweit der Ortschaft Kübekháza untergebracht. Die Jäger sind noch die gleichen. Die Leitung der Jagdgenossenschaft ist – vorübergehend wieder einmal – eine neue.

Es begrüßen mich Mathias, der Jäger von Kis-Zombor, der Senior in der Runde, Jóska, der einmal entlassen wurde, nach dem Abgang des Jägermeisters aber wieder Revierjäger wurde, mit ihm schoss ich im Jahre 1991 den uralten Abnormen, dann der Jäger von Tiszasziget und der neue Hilfsjäger. Der Präsident der Jagdgenossenschaft ist der Feuerwehrkommandant von Makó. Es begrüßt mich weiters die gemütliche, ältere, vor allem aber ausgezeichnete Köchin, die aus Siebenbürgen stammt. Sie ist die Häuslichkeit und Mütterlichkeit in Person. Ihr sieht man es nicht an, dass sie Gefängniswärterin im berüchtigten Szegeder Zuchthaus war, das man nach seiner Architektur Csillagbörtön (Stern-Gefängnis) nennt und in dem der ehemalige Parteisekretär Mathias Rákosi lange Jahre eingesperrt war, bis man ihn für die seinerzeitigen Fahnen des 1848er Freiheitskampfes im Tausch nach Russland ausreisen ließ. Sie macht den besten Gurkensalat, den ich je vorgesetzt bekam, und serviert mir jedes Jahr im Mai bereits frische Erdbeeren. Sie stammen zwar sicher aus dem Glashaus, sind aber wesentlich schmackhafter als unsere importierten „Früherdbeeren".

Mai in der ungarischen Tiefebene, im Süden Ungarns, unweit der heutigen Grenze zur ehemals ungarischen Woiwodina. Die Frösche quaken im kleinen Teich beim Jagdhaus, der Kuckuck ruft, Bienen summen, Schwalben gaukeln, Fasane prahlen. Das rund 20.000 Hektar große Revier erstreckt sich im Dreieck zwischen Theiß und Maros, wie es auf Ungarisch auch sein Name ausdrückt: Tisza-Maros-szögi vadásztársaság. Das Revier beginnt in den Außenbezirken von Szeged, wo der berühmte Paprika angebaut wird, und erstreckt sich bis über Makó hinaus, jene mittlere Stadt, in der Pullitzer geboren wurde, die aber in Ungarn vor allem wegen Zwiebel- und Knoblauch-Plantagen berühmt ist. Interessant ist, dass erstere maschinell, letztere aber nur händisch bearbeitet werden.

Das Jagdhaus befindet sich in einem kleinen Eichenwald bei Szőreg: Südlich davon liegen Tiszasziget und Kübekháza, nordöstlich, noch südlich der Maros:

Deszk, Klárafalva und Ferencszállás, schließlich Makó. Die letzteren drei kleinen Ortschaften liegen an der Straße Szeged–Makó. Die etwas größere Ortschaft Kiszombor liegt etwas südlicher, gegen die rumänische Grenze. Südlich von Kübekháza, bei der kleinen jugoslawischen Ortschaft Rabe, ist die Dreiländerecke: Ungarn-Serbien-Rumänien. Im Revier befindet sich ein Stein, der die tiefste Stelle der Großen Ungarischen Tiefebene (Nagyalföld) bezeichnet. Noch zu erwähnen ist, dass etwas nördlich von Szeged sich das ehemals pallavicinische Revier Pusztaszer (Mindszent-Algyő) befindet, das einst das beste Hasenrevier der Welt war. Ich selbst hatte die Ehre, mit Stammgästen dieser grandiosen Jagd zu sprechen. Es waren dies Siegmund Batthyány, Carl Abensperg-Traun und Moritz Széchenyi – alle drei begnadete Schützen.

Bei der ersten Besprechung mit den Jägern melden sie einen starken Perückenbock, der schon aus dem Grunde abgeschossen werden soll, weil er sonst mit Sicherheit geforkelt werden würde. Ich habe eigentlich keine große Ambition darauf, merke aber, dass die Genossenschaft bereit ist, mir einen sehr kulanten Preis für ihn zu verrechnen. Im vorigen Jahr soll der Bock ein ganz normaler hochkapitaler Sechser gewesen sein, sein Perücken-Dasein ist also allerkürzesten Datums. Im Vorjahr hatten sie ihn geschont, in der Annahme, dass er zu jung sei. Da ich in meinem Leben noch nie einen Perückenbock geschossen habe, willige ich schließlich ein, diesen Bock zu erlegen.

Diesmal möchte ich im Falle eines Waidmannsheils diese Abnormität für mich behalten. Als Direktor des Steirischen Jagdmuseums wäre seine Einreihung in die Bestände des weltberühmten Abnormitätenkabinetts wohl eine Selbstverständlichkeit gewesen. Um so mehr, als es mir gelungen ist, im Laufe der Jahre fünf Perückenbock-Trophäen für das Museum zu erwerben. Und zwar in verschiedenen Stadien der Perückenbildung.

Meinen Lesern dürfte aber inzwischen geläufig sein, wie die vorgesetzte Behörde mit dem von mir gegründeten und unter oft fast wundersam anmutenden Schwierigkeiten aufgebauten, bestbesuchten Museum der Steiermark, dem ersten österreichischen Jagdmuseum, zu verfahren gedenkt. Mein Lebenswerk, die Arbeit von 42 Jahren, soll wesentlich verkleinert und somit mutwillig zerstört werden. Damit sind neben so vielen anderen Exponaten die einzigartigen Jung-Ilsenheim'schen Dioramen der Jagdgeschichte in extremer Gefahr, endgültig vernichtet zu werden. Ein Skandal der Steiermark, ein Skandal europäischen Ausmaßes. Nicht zu sprechen von den Kosten, ein fix und fertiges Museum abzutragen und zu dislozieren, das keinen Groschen kostet, aber Besuchergeld einbringt, besonders in einer Zeit der Sparpakete, außerdem undemokratisch, da viele Tausende Unterschriften für den Verbleib in Eggenberg gesammelt wurden. Wir leben eben in einer Zeit, die keine Russen braucht, um Bestehendes zu zerstören, das machen die „Zuständigen“ ganz von allein. Entschuldigen Sie mich bitte für diese „Einblendung“. Als Schriftsteller werde ich vielleicht noch ernst genommen, als Pensionist nicht mehr.

Am Nachmittag des nächsten Tages fahren wir endlich in das Gelände, wo sich dieser Bock zuletzt aufzuhalten pflegte. Es ist relativ warm, und es geht ein leichter Wind. Die Wolken – von weißer bis schiefergrauer Farbe – hasten von Westen gegen Osten. In der Ferne sieht man die Türme des Szegeder Domes. Wir fahren entlang einer Akazienallee. Kaum ein Reh ist zu sehen, das vom Winter übrig gebliebene Riedgras wird da und dort durch grüne Inseln durchbrochen. Hier gibt es recht viel Brache, unbebaute, verwilderte Felder, sogar noch Kukuruzstoppel vom Vorjahr. Aber dazwischen schöne Kleefelder, relativ niedriger Weizen, etwa halbmeterhohe Gerste. Überall Bäume, kleine Remisen, da und dort eine Schottergrube. Turteltauben streichen hin und her, andere gurren fleißig, überall sieht man Greifvögel und Reiher.

Bei einer etwas erhöhten Akazien-Gruppe steigen wir mit Józsi aus, während Mathias den Geländewagen bis zu einem größeren Wald weiterfährt. Links von uns ist eine tiefe und breite Mulde voller Schilf, aber ohne Wasser. Hier – sagt Józsi – hält sich der Abnorme meistens auf. Vor uns ist ein Kleefeld, etwa 30 cm hoch, dunkelgrün und verlockend, der ideale Äsungsplatz für abends ausziehende Rehe. Wir warten. Ich sitze auf meinem Wettermantel, den Rücken an einen Akazienbaum gelehnt. Józsi halbrechts hinter mir. Die Mulde dürfte auf etwa 70 Meter halblinks am Rande des Kleefeldes anfangen und insgesamt etwa 120 Meter weit reichen.

Noch zeigt sich nichts. Mit schwerem Schwingenschlag ziehen zwei Purpurreiher der nahen Maros-Au zu. Falken rütteln, eine Lerche steigt jubilierend in den Himmel. Nicht weit von mir sitzt auf einem Dornenbusch ein rotrückiger Würger. Kindheitserinnerungen werden wach, wie viele gab es doch in meiner Jugend in Csákberény. Aus einem gut sichtbaren Elsternest streicht jetzt ein Turmfalke heraus. Gleich gesellt sich ein zweiter zu ihm, und sie vollführen ganz in unserer Nähe akrobatische Balzflüge. Nun ist der erste Hase im Kleefeld sichtbar geworden. Der Dorndreher hat einen Käfer gefangen und spießt ihn ungeniert auf. Es ist ein schillernd glänzender Mistkäfer. Mit dem Glas sehe ich noch, wie seine Beine sich bewegen. Der Dornenbusch ist eigentlich die Speisekammer oder der „Eiskasten“ des Würgers. Wie so viele unserer „Räuber“ tötet er sozusagen sammelnd auf Reserve. Töten und getötet werden, der ewige Kreislauf der Natur.

Nun erhebt sich aus einem fernen Graben ein Stockerpel, ein zweiter folgt – die Damen scheinen zu brüten. Die beiden Erpel streichen geradewegs auf uns zu. Ich habe Zeit, die Leica einzustellen und sie aufzunehmen, wie sie vor unserem Wäldchen eine elegante Schleife ziehen. Die Wolken sind jetzt blaugrau. Gegen das ferne Szeged mache ich einige Aufnahmen. Überall melden Wachteln. Dieser kleine Zugvogel, der bei uns schon viele Jahrzehnte geschont wird, hat in letzterer Zeit an Zahl zugenommen. Wie ist es überhaupt möglich, dass diese hierzulande nur unwillig fliegenden „Kurzstreckenvögel“ über das Mittelmeer nach Afrika und zurück wandern? Seinerzeit habe ich in Ägypten zwischen Alexandrien und der Gegend um El Alamein jene Strände besichtigen können, wo die todmüden kleinen Wanderer nach dem anstrengenden Flug über das Meer einfallen. Sie sind so erschöpft, dass sie von den Bauern mit der Hand gefangen werden können und in großen Körben heimgetragen werden. Es sind dieselben Wachteln, die in ganz Europa geschont werden (damit die Südländer sie zu Tausenden einfangen). Vogelschutz ohne internationale Koordination ist sinnlos!

In der Mulde, wohin meine Augen immer öfter schweifen, rührt sich nichts. Endlich entdecke ich im nördlich an das Kleefeld angrenzenden Weizen das Haupt einer Rehgais. Nach einiger Zeit zeigt sich daneben das Bastgehörn eines zweijährigen Rehbockes. Józsi wird ganz aufgeregt. Jener Sprung Rehe, in dem sich der Perückenbock befindet, scheint nicht in der Mulde, sondern im Weizen zu sein.

Im Laufe einer langen halben Stunde werden die Rehe nacheinander hoch; als Letzter der Perückenbock. Auf etwa 180 Meter wirkt das bastbedeckte Sechsergehörn wie eine unfassbar dickstangige Trophäe. Der Perückenbock wird von vier Gaisen und fünf jungen Böcken begleitet, letztere allesamt ein Bastgehörn tragend. Da ich denke, dass die Rehe das Kleefeld annehmen werden, warte ich. Doch auch wenn ich wollte, könnte ich nicht schießen. Es ist wie verhext: immer steht einer der „Adjutanten“ vor dem Abnormen und deckt ihn, als wollte er ihn schützen.

Nun hat eine Gais das Kleefeld betreten, eine weitere folgt. Die jungen Bastböcke scheinen sich um den Perückenbock zu scharen. Etwas Ähnliches habe ich noch nie gesehen. Die Wolken verdichten sich ganz allmählich, der Kuckuck ruft ganz aufgeregt. Endlich sind alle Rehe im Klee, der so hoch ist, dass der halbe Wildkörper verdeckt ist. Langsam richte ich mich zum Schuss. Vor mir, vielleicht ein wenig zu weit, ist eine dünne Akazie, an der ich anstreichen kann. Durch mein Vorbeugen verliere ich die Stütze im Rücken. Die Entfernung beträgt ca. 150 Meter. Im Hintergrund ist auf einem kleinen Hügel ein Wäldchen mit einer Sand- oder Schottergrube. Ein guter Kugelfang also.

Ich ziele bedächtig und genau. Der Schuss peitscht in das Kleefeld, der Bock rührt sich nicht. Die sich aber rühren, sind die jungen Böcke. Zwei von ihnen stellen sich vor den Bock. „Sie haben zu hoch geschossen", sagt Józsi in seiner ruhigen Art. Endlich ist der Bock wieder frei. Abermals keine Reaktion. „40 Zentimeter drüber", bemerkt Józsi. Ich kann es nicht glauben. Beim dritten aus der gleichen Position abgegebenen Schuss habe ich unter den Bock in den Klee gehalten. Kugelschlag, zwei bis drei Fluchten, dann überschlägt sich der Bock. Im selben Augenblick schlägt der Blitz vor uns ins Feld ein und ohrenbetäubender Donner folgt. Józsi ist ganz weiß im Gesicht, sagt, dass er Schwefelgeruch in der Nase hat. In der Ferne startet nun Mathias den Geländewagen und nähert sich in schnellem Tempo, denn die Schleusen des Himmels haben sich geöffnet und ein mit Hagel vermischter Platzregen prasselt auf uns nieder. Ich bin froh, im (blitz-)sicheren Auto zu sitzen. Die jungen Böcke stehen noch immer dort herum, wo der Perückenbock mit Sicherheit schon verendet liegt.

Wir warten, bis der Regen aufhört, dann stiefeln wir durch das nasse Kleefeld zum Bock. Er hat einen tadellosen Blattschuss. Nun bin ich doch neugierig, was mit meiner treuen Büchse los ist. Warum habe ich den Bock zweimal gefehlt? Fast unwillig flüchten die jungen Böcke fort.

Wir gehen mit den Jägern zum Schießstand hinter dem Jagdhaus. Eine Scheibe mit einem „Schwarzen" in der Größe etwa eines Vierfachdukatens wird auf hundert Meter aufgestellt. Ich kann wunderbar und weich auflegen. Halte auf den unteren Rand des Schwarzen und schieße zweimal. Die Schüsse sind weniger als einen Zentimeter voneinander entfernt mitten im Zentrum. Das Gewehr schießt genau so gut, wie ich vor einer Woche beim Kontrollschuss festgestellt habe. Allgemeines Kopfschütteln. Ich merke, dass die Jäger in ihrem Aberglauben an irgendwelche dämonischen Kräfte glauben. Später, als ich die Situation überdenke, halte ich es durchaus für möglich, dass ich beim Zielen mit meinem Auge zu weit vom Zielfernrohr entfernt war. Aber dreimal hintereinander? Auf meiner 7 x 64 Mauserbüchse aus dem Jahre 1966 ist das vierfache Fernrohr altmodisch hoch montiert. Dafür kann man unter dem Fernrohr mit Kimme und Korn schießen. Suhler Montage. Die Sache bleibt trotz aller Erklärungen ein Rätsel.

Die Trophäe wird mit dem Bast – durch den man die feine Perlung „ertasten" kann – präpariert. Frisch wiegt der ausgekochte Schädel ca. 1.300 Gramm. In diesem Jahr haben die Böcke, das heißt ihre Gehörne, abnormal niedrige Gewichte. Ich schieße im selben Jagdrevier noch zwei hochkapitale Böcke, die aber mit kleiner Hirnschale 400 Gramm nicht erreichen. Vom Aussehen her, gebe ich ihnen 520 bis 550 Gramm.

Der Abschied von diesem herrlichen Revier fällt schwer. Wie sich später herausstellt, wurde es in vier Teile aufgeteilt: Kübekháza, Deszk, Tiszasziget und Kis-Zombor. Für österreichische Begriffe ist allerdings jedes von ihnen ein großes Revier. Es wird Jahre dauern, bis all die Nachteile, die mit Revier- und Genossenschaftswechsel einhergehen, zu Vorteilen werden und es endlich mit der durch die Wende arg geschädigten Jagd wieder aufwärts geht.

Ungarn mit seiner immer schon, aber ganz besonders seit dem Krieg erfolgreichen Jagdwirtschaft sollte bemüht sein, Experimente im Jagdwesen eher zu vermeiden. Es genügt schon der unfassbar hohe Aderlass durch eine mafios organisierte Fleisch- und Trophäenwilderei und das zwar illegale, aber überall mit dem Machtwechsel einhergehende „Ausschießen" verloren gehender Reviere. Die Polizei ist entmachtet worden, was ja, im Grunde genommen, richtig war, aber es schadet der neuen demokratischen Rechtsordnung, wenn in den Augen des Volkes diese mit Exzessen, wie der motorisierten Wilderei, einfach nicht fertig wird.

Auch in Ungarn gibt es in der Gesellschaft jagdfeindliche Tendenzen. Die Jagd ist außerdem traditionell im Volk weit weniger verankert als in unseren Breiten. Die Jagdfeindschaft hat einen ganz anderen Ursprung. Hier assoziiert man Jagd mit Bonzen-Privilegien. Die Jäger werden noch heute vielfach als „Kommunisten" beschimpft. Es ist wahr, dass die ehemals feudalen Jagdprivilegien in den Händen bis an die Zähne bewaffneter hoher Parteikader lagen. Erst nach ihnen rangierte der Jagdtourismus. Der einfache Ungar ging dabei wie immer fast leer aus, denn die neuen Jagdgenossenschaften rekrutieren sich zu einem großen Teil aus Neureichen und nicht aus dem Mittelstand des Volkes. Der einfache Jäger darf auch heute außer Sauen, einigen wenigen Fasanhahnen und Enten kaum etwas erbeuten.

Die Genossenschaften und Staatsreviere sind bei gigantisch angestiegenen Pachtpreisen gezwungen, alle mittleren und starken „Trophäenträger" zu verkaufen. Zu den Ausländern gesellen sich aber nun die einheimischen „Neureichen", die mit Ersteren durchaus Schritt halten können, als Ungarn – wenn sie das Gleiche zahlen – jedoch Vorrang haben. Auf jeden Fall ist die Zahl der potenten Jagdaspiranten größer und nicht kleiner geworden, was zum Nachteil des Durchschnittsjägers gereicht. Man kann es vielen nicht verdenken, wenn sie sich nach jenen Zeiten zurücksehnen, als die Zahl der Jäger minimal und der Pachtgroschen nicht nennenswert war. Es gab zwar viel weniger Jäger, aber diese waren doch irgendwo durch Privilegien herausgehoben. Jagdfeindlichkeit und Wilderei existierte nicht. Das Regime war zwar zu 90 Prozent durch jagende Bonzen und Politiker vertreten, doch es stand der Jagd äußerst positiv gegenüber. Wir sehen also, die heutigen Probleme der ungarischen Jagd sind vielschichtig und werden nicht leicht und nicht so bald behoben werden können.

# *Auf Ringeltauben bei Siófok*

September 1996

Der verregnete Sommer ist vorbei. Goldgelbe Blätter tanzen im Wind, und zur Mittagszeit wärmt eine lang entbehrte Sonne die rot gewordenen Äpfel und gelbreifen Birnen. Wanderdisteln kugeln über die noch auffallend grünlichen Weiden, und die selbständig gewordenen Spinnweben, die der Ungar „ökörnyál" (Ochsenspeichel) nennt, schweben über die herbstlichen Felder als kleine Vorboten des Nebels, der mit den kürzer werdenden Tagen bald die Natur beherrschen wird. Die Remisen und Windschutzgürtel färben sich bunt. Hier reifen die gelben und süßen Ringlotten, der mehlig angehauchte Schlehdorn und das dunkelrosa Pfaffenkapperl, im Farbton mit dem brennenden Rot der Hetscherln kontrastierend.

Es ist Herbst geworden, und die Natur dämmert von Tag zu Tag ein bisschen mehr ihrem Winterschlaf entgegen. In den Wäldern orgeln die Hirsche, und zahlreiche Zugvögel haben sich gegen Süden in Bewegung gesetzt. So verhasst mir der Herbst in meiner Kindheit auch war, war er doch die Jahreszeit, in der das unerbittlich strenge Internat uns naive und unschuldige Kinder vom Lande wieder aufnahm und für ein völlig anders gedachtes Leben zurechtformte, so sehr liebe ich diese Zeit als reifer Mann, der selber im Herbst seines Lebens steht und nach dessen Winter kein Frühjahr mehr kommen wird. Herbst ist Erfüllung, Ernte, Lebensbilanz, Rückblick und Abrechnung, aber auch Dankbarkeit für all das Schöne, das man durch Gottes Hilfe und Güte erleben durfte. Der Herbst ist abgeklärt und ausgeglichen wie der alternde Mensch. Er erwartet nichts Neues mehr, sein Wetter ist beständiger, weil seine Tage mit großen Schritten kürzer werden. Die Gewitter haben aufgehört, eine gleichmäßige, Seele und Herz erfassende Ruhe liegt über der Natur, vielleicht die Ruhe vor dem Sturm, vor kommenden winterlichen Tagen der Kälte, Entbehrung und des Hungers, für manche Geschöpfe auch des Todes.

Ich war zwei Wochen zur Hirschbrunft in Ungarn. Zuerst im Hévizer Berek, anschließend bei Zalaegerszeg, jenem weitausgedehnten Revier, das östlich an das Revier von Imre, Ligetfalva und Bezeréd, anschließt und bis in das malerische Tal der Zala reicht. In keinem Revier habe ich den erstrebten alten Hirsch bekommen, ja nicht einmal gesehen. Nach den anstrengenden Tagen der Brunft mit täglich frühem Aufstehen bei stockfinsterer Nacht, gönne ich mir einige Tage der Ruhe in Balatonfenyves.

An einem Tag, Mitte der Woche, fahre ich nach Siófok auf Ringeltauben. Die großen Scharen der nach Süden ziehenden Ringeltauben fallen sonst, wo die Dämmerung sie erreicht, in den Wäldern ein, stärken sich am Morgen an noch vorhandenen Maisstoppeln für den Weiterflug und verlassen das Land bald. So war es alle Jahre.

In diesem Jahr, dem regenreichen Jahr 1996, ist es anders. Wegen der vielfach aufgeweichten Felder konnten die Neubauern und die Arbeiter der noch vorhandenen landwirtschaftlichen Genossenschaften die Sonnenblumenfelder teilweise nicht abernten, und gerade sie sind Anziehungspunkte für die großen Ringeltaubenpulks. In anderen Jahren war dies nicht der Fall, weil eben um den 20. September kein Sonnenblumenfeld mehr steht. Diese sind jetzt überreif. Die Ringeltaube ist ein echtes, ernst zu nehmendes Wild. Bei uns kommt sie nicht in so großen Mengen vor, wie z.B. in Belgien oder Großbritannien. In letzterem Land darf sie das ganze Jahr hindurch bejagt werden, weil sie unendlich viel Schaden an den landwirtschaftlichen Kulturen anrichtet. Ich hatte nie die Gelegenheit, in England auf Ringeltauben zu jagen. Meine Erfahrungen mit Ringeltauben sammelte ich im Laufe der Jahrzehnte im oststeirischen Raabtal, außerdem in anderen Bundesländern, in denen ich mich nach dem 1. August aufhielt.

Auch in Ungarn darf die Ringeltaube erst ab 1. August bejagt werden. Im September ist ein Großteil der einheimischen Tauben schon abgereist. Aber aus dem Norden und Nordosten kommen die großen, überaus scheuen Scharen und überfliegen das meist flache Land in wenigen Tagen. Ich habe diese großen Ansammlungen während der Hirschbrunft schon oft beobachtet. Man sieht abends oft einige hundert Ringeltauben, und die Luft ist erfüllt vom Brausen zahlreicher Schwingen. Wenn die Tauben eingefallen sind – und ich nehme an, dass sie recht müde sein müssen – genügt das kleinste Geräusch, um sie mit großem Schwingengetöse auffliegen zu lassen, sogar beim Verlassen des Hochstandes und dem relativ stillen Gang zum abgestellten Wagen sind sie immer wieder aus den Pappelhainen und Eichenwäldchen hochgeworden.

Ich sagte schon: Die Ringeltaube ist ein echtes Wild, im Gegensatz zu den dem Menschen angepassten Türkentauben, die in den Städten und Dörfern nisten und den Menschen nur bedingt fürchten. Eine Ringeltaube zu überlisten ist schon schwer. Das kann jeder Pirschjäger bestätigen, der zur Balzzeit, Anfang April, mit dem Taubenruf unterwegs ist. Eine Schar von nordischen Zugtauben zu überlisten ist noch wesentlich schwieriger. Für den echten Jäger eine Aufgabe!

Ich komme in Begleitung Attilas unweit von Siófok mit dem dortigen Revierjäger zusammen. Er ist voll der Klage über die bevorstehenden Änderungen, die durch den Wechsel bei der Revierpacht und den vorhergegangenen Jagddruck entstanden sind. Wir beruhigen ihn. Sind einmal die Verhältnisse klar, wird es wieder aufwärts gehen.

Um 10 Uhr sind wir in einer Senke, wo zwei Sonnenblumenfelder stehen, angelangt, steigen aus und suchen uns geeignete Plätze. Ich wähle eine kleine Schilfinsel, eine gute Deckung für mich, den Sitzstock und die Patronen, unweit von einer Hochspannungsleitung, auf der bei unserem Eintreffen Ringeltauben saßen. Der Jäger entfernt sich auf etwa zwei Kilometer. Nicht wenige Türkentauben ziehen über mich hinweg, aber ich lasse sie unbeschossen, denn schon bald nach unserem Eintreffen sehe ich am Horizont im Nordosten einen geschlossenen Pulk von Ringeltauben sich nähern. Da darf kein Schuss fallen, denn auch ohne Schuss kreisen die scharfäugigen Zugtauben vier- bis fünfmal, bevor sie sich zum Einfallen entschließen. Es ist wirklich eine aufregende Sache, denn man darf ihr Kreisen nicht mit nach oben gewandtem Gesicht verfolgen. Das lichte – nicht in die Natur passende – Gesicht eines Menschen verjagt die Tauben sofort und mit ihnen die eventuell hinter ihnen kommenden weiteren Pulks. Englische und belgische Taubenjäger verwenden daher oftmals Gesichtsmasken.

Meine Schilfdeckung ist gut, dennoch muss ich mich noch kleiner machen, den Sitzstock zusammenlegen und verstecken, die bunten Patronenschachteln mit Gras zudecken. Es ist warm geworden, und ich knie auf meinem mitgebrachten Pullover, der nicht notwendig ist. Nur durch die Schilfstängel luge ich vorsichtig hinaus, um die Tauben in ihrem Kreisen, zumindest teilweise, beobachten zu können.

Endlich, endlich verlieren sie an Höhe, und kaum habe ich mich darauf eingestellt, ist schon der ganze Pulk vor mir, will auf der Leitung einfallen. Ich kann mir die erste Taube im Stich schön aussuchen, habe mir vorgenommen, den zweiten Schuss nicht zu verhudeln, und schon fasse ich mit dem linken Lauf eine erschreckt hochdriftende voll. Bis ich nachgeladen habe, ist die Schar vorbei. Attila schießt noch auf sie, ich sehe aber keine fallen.

Inzwischen sind mir Türken- und einige wenige Turteltauben in Schussnähe gekommen. Aber ich bleibe hart und konsequent. Heute schieße ich nur auf Ringeltauben. Nach zehn Minuten erscheint am Horizont, diesmal im Osten, ein weiterer Pulk. Es ist eigentlich das erste Mal, dass ich herbstliche Zugtauben bejagen kann. In Frankreich, in den Pyrenäen vor allem, schießen die Jäger auf die hoch über die Pässe und Sättel des Gebirges gegen Süden ziehenden zahlreichen Ringeltaubenscharen von vorbereiteten, gut getarnten Hochständen. Für die Franzosen der meisten Departements ist der Zugvogel, so auch die sehr zahlreichen Ringeltauben, eine der Haupt-Niederwildarten. Durch die von der Französischen Revolution verfügte „freie" Jagd für jedermann ist trotz der herrlichen Biotope Frankreichs das Wild mehr oder minder ausgerottet worden. Ausnahmen sind in manchen Gegenden Kaninchen, aber diese werden immer wieder von der Myxomatose dezimiert. Fasanen und Hasen gibt es wirklich kaum mehr, von Schalenwild nicht zu reden. Ausnahmen sind einige Departements sowie Elsass-Lothringen, wo noch das wilhelminische Jagdgesetz im Großen und Ganzen mit seinem Reviersystem übrig blieb und einige Reservate, staatliche Tierparks und Gatter.

Auch in Belgien, wo das Jagdgesetz weit besser ist, wird die Jagd auf die Zugtaube professionell ausgeübt. Ich sprach darüber seinerzeit im Jagdhaus von Budafa mit einem bekannten belgischen Wurftaubenschützen. Seine Tagesstrecken auf ausschließlich hoch durchziehende Ringeltauben, die sich auf dem Zug nach Süden befinden, bewegen sich zwischen 50 und 120 aufgeklaubte Stücke.

Nun, in unseren Breiten gibt es diese Jagdart nicht. Es ist eine einmalige Ausnahme, dass in diesem Jahr die Ringeltaubenscharen hier bei Tag auf den – ganz wenigen noch stehenden – überreifen Sonnenblumentafeln einfallen. Die Tiefebene wird einfach überflogen, und in Westungarn pflegen sie nur für die Nacht in den Wäldern einzufallen, wo aber wegen der Hirschbrunft, später der Damhirschbrunft, kein Schuss auf sie fällt. Und obgleich sie aus dem Norden und

Osten kommen, wo man sie der riesigen Flächen wegen kaum bejagen kann, sind sie scheu und wild, wie es bei uns keine Taube sonst ist. Keine Schar fällt zielbewusst sofort auf das Sonnenblumenfeld oder auf den Draht ein. Alle vollführen aus Vorsicht mindestens drei, aber meistens fünf Umkreisungen. In zwei Stunden habe ich zehn Tauben erbeutet, aber nur zwei Dubletten gemacht.

Die Türkentauben haben es überrissen, dass es diesmal nicht gegen sie geht, und „umgaukeln" mich in allernächster Entfernung. Wenn sie auf den Draht einfallen, was jede Taube gerne vor dem Niederlassen auf der Äsungsfläche macht, agieren sie manchmal doch als Locktauben für ihre großen Verwandten. Manchmal kommen auch Haustauben. Diese schonen wir natürlich, denn es könnten ja wertvolle Brieftauben unter ihnen sein. Auch sie agieren unbewusst als Lockvögel. Alle fünf bis 15 Minuten sieht man eine neue Schar sich nähern. Einige werden durch Schüsse meines Freundes vergrämt, andere wieder merken doch etwas. Man kann sagen, dass sich 50 Prozent zum Einfallen entschließen. Es ist ungeheuer aufregend, wenn sich dieses scheue Wild schlussendlich doch in entsprechender Höhe nähert.

Ich habe mich so postiert, dass ich in richtiger Schussposition bin, wenn der letzte Anflug – natürlich gegen den Wind – erfolgt. Das ist wirkliches Wild, das man überlisten muss, damit es in Schussnähe kommt: stundenlange Tarnung, kaltblütiges Verhalten vor dem Schuss, keine Übereilung, kein Zuspätkommen, in vielen Jahrzehnten erlerntes jagdliches Verhalten, überlegtes Schießen im richtigen Augenblick.

Die Zeit vergeht wie im Flug, ich habe schon zwanzig Ringeltauben zusammengeklaubt. Ihre Erlegung war ein überragendes Erlebnis, denn die Überlistung dieser hochsensiblen und scheuen Wanderpulks ist keine Kleinigkeit. Nun brausen einige MIG 29 über unsere Köpfe hinweg. Die Ungarn haben sie von den Russen an Stelle von nicht bezahlten Schulden übernommen. Haben wir Österreicher nicht auch noch Milliarden von der seinerzeitigen Sowjetunion „ausstehend", die der Rechtsnachfolger nie bezahlen wird? Wieso eigentlich Rechtsnachfolger? Den Staatsvertrag zu bekommen war seinerzeit ein Meisterstück unserer talentierten und zutiefst patriotischen Politiker der fünfziger Jahre. Muss er heute noch sklavisch eingehalten werden, wenn es keine Sowjetunion mehr gibt?

Sooft ich MIG 29 fliegen sehe, denke ich, dass wir diese hervorragenden Abfangjäger heute an Stelle der ausstehenden Zahlungen erhalten könnten, was unserem auf die EU-Sparpakete getrimmten Budget ebenso guttäte wie unserer Landesverteidigung. Doch wenn der Jugend eingehämmert wird, dass Soldaten Mörder sind, wenn im Gegensatz zu allen anderen Staaten der Welt in Deutschland und Österreich die Kriegsgeneration geschmäht und sogar Denkmäler des Ersten Weltkrieges, ungestraft und medial verheimlicht oder verniedlicht, geschändet werden können, wenn am Burgtheater und anderswo so vieles in den Schmutz gezogen wird, was uns immer heilig war, dann lässt nüchterne Logik, normales Denken und Folgern einfach aus. Dann kann man nur den Himmel um Erleuchtung oder ein Wunder anflehen. In verbockte Schädel dringt aber keine Erleuchtung, und Wunder sind selten geworden.

Immer und immer wieder streben noch größere und kleinere Zugtaubenpulks zu den Sonnenblumenfeldern. Zuerst scheinen sie klein, hoch und fern wie Insekten, dann immer tiefer und näher kreisend und (wenn sie keinerlei Störung erfahren) schlussendlich geradewegs von vorne zum Schuss kommend, um nach meinen Schüssen in unglaublicher Schnelligkeit und Höhe abzufliegen. Ich hatte mir den Platz wirklich gut ausgesucht. Bis 16 Uhr bleiben wir. Ich habe noch acht Ringeltauben erlegt. Dann aber müssen wir den Ort verlassen, denn wir planen, noch an den Sió-Fluss zu einem bescheidenen Abendstrich auf Enten zu gehen und dazwischen wollen wir noch etwas essen.

Das war ein unvergesslicher Tag in Siófok, Ende September 1996 erstmals erfolgreich auf ziehende Ringeltauben! So viele Tauben sah ich das letzte Mal am Flugplatz von Brüssel anlässlich eines CIC-Kongresses beim Starten der Maschine, als von den Wiesen, die das Flugfeld umsäumen, Hunderte und Aber-

*Vor dem Einfallen*

hunderte aufflogen. Wohlgemerkt in der Brutzeit, also alles alte Tauben, denn die CIC-Kongresse finden immer im Mai statt.

An Siófok erinnere ich mich noch vom vorletzten Kriegsjahr, als wir hier Urlaub machten und im Hotel Hullám wohnten. Der Strand des Balaton war voll von deutschen Soldaten, anscheinend friedlich auf Urlaub, wie in späteren Jahren die DDR-Bürger. Statt der MIG 29 flogen damals die „Fliegenden Festungen" über uns hinweg, allerdings in größerer Zahl. Über dem Balaton sammelten sie sich vor ihren Angriffen auf Budapest. Das war vor 52 Jahren und ich wurde damals – gerade 17-jährig – „erwachsen". Verzeihen Sie mir, liebe Leser, wenn ich in Siófok als nunmehr alter Mensch ein wenig ins Grübeln kam.

Ich glaube nicht, dass ich beim Herbstzug von den auf Wanderschaft befindlichen Ringeltauben jemals annähernd so viele geschossen habe wie an diesem bemerkenswerten Septembertag.

*Sauen im herbstlichen Wald* (Gemälde von Robert Muray)

# *Spätsommerabend*

Seit Tagen sitze ich allabendlich auf einem Hochstand und warte auf einen bestimmten Bock. Heute ist es märchenhaft schön. Doch die Dämmerung wirft schon ihre langen Schatten auf die Waldwiese. Fast unbemerkt war sie gekommen, und der Abend wurde träge wie der müde gewordene Spätsommer. Die Wipfel der großen Fichten leuchten im Glanz der im Westen dunkelrot untergehenden Sonne und ihre Stämme berührten schon das immer dunkler werdende Grau der kommenden Finsternis. Der im Graben versteckte Bach rinnt leise und unaufhörlich flüsternd in eine unbekannte Ferne, doch im Gegensatz zum Tageslicht verabschiedet er sich nie. Sein Murmeln und Gurgeln hat weder Anfang noch Ende. Während die Schatten der ersten Dämmerung nicht wissen, ob sie zum Tag oder schon zur Nacht gehören, ist der Abschied des Lichtes nur von kurzer Dauer. Ähnlich ist auch das Leben des Menschen. Auf den hellen Tag folgt die finstere Nacht, und auf die Dunkelheit folgt mit Sicherheit das Morgenrot, und die traurigen Gedanken der Dunkelheit finden ein Ende.

Man kann es bei allerbestem Willen und vorherrschendem Optimismus nicht leugnen, dass in unserer Zeit einige Dunkelheit herrscht. Ich lebe lange genug, um das zu erkennen. Noch nie hatte das Böse, Hässliche und Schlechte ähnlich günstige Bedingungen zur Entfaltung wie heute. Gegenwehr gibt es kaum. Das Gute, Schöne und Altbewährte wird heutzutage nicht selten wirksam verfolgt und bekämpft. Neue Mächte beeinflussen mit Hilfe der Technik schon lange die Massen. Individualisten und sogenannte Reaktionäre gegen all dies werden mundtot gemacht, manche in akribischer Kleinarbeit sogar „vernichtet“. Auf die Alten wird nicht gehört, Autorität ist nicht mehr „in“.

Man darf natürlich auch das Gute und Angenehme niemals übersehen. Toleranz in alle Richtungen wäre notwendig. Aber dem erfahrenen Beobachter muss die Entwicklung doch ein wenig Angst machen. Mönche folgen nicht ihren

Äbten, Bischöfe sabotieren den Papst und bekämpfen einander in Medien, die mit Gott und Religion nichts auf dem Hut haben. Da gewissen Elementen und Gruppierungen scheinbar alles erlaubt ist, duckt sich die Masse der Menschen, um einfach Ruhe zu haben. Diejenigen, die dazu da wären, dem Menschen moralisch, politisch, sozial zur Seite zu stehen, glotzen wie Kaninchen auf die sich nähernde „Schlange", die anscheinend allmächtig ist.

Die Demokratie ist etwas Wunderbares, aber nur wenn sie echt, ehrlich und wirklich vorhanden ist. Ob das Volk noch daran glaubt, dass in unserem Land eine lupenreine Demokratie herrscht? Ich kann es nicht sagen. Die seinerzeit ohne Zweifel begeisternden und zündenden Parolen wie „Freiheit, Gleichheit und Brüderlichkeit" können heutzutage verschieden ausgelegt werden. Neuerdings gibt es das Abhören von Gesprächen völlig unbescholtener Menschen, einen gesetzlich erlaubten, immer drohenden „Hausfriedensbruch", und was uns Jäger besonders betrifft: die immer wieder angekündigte, zumindest teilweise geplante Entwaffnung der ein ganzes Leben lang Anständigen, die Schikanen an den Individualisten sind nur Randerscheinungen.

Unendlich viel habe ich unserem Land zu verdanken. Nach der Flucht aus der kommunistischen Hölle hat es mir und meiner Familie in der Freiheit und wahren Demokratie eine neue Existenz, eine Karriere ermöglicht. Eben deswegen, eben weil ich dieses Land und seine demokratische Freiheit so liebe, erlaube ich mir dann und wann eine Kritik. Nicht am System, eher an manchen Repräsentanten. Auch die Freiheit hat ihre Grenzen, wenn sie andere kränkt, beleidigt, und Kunst hört auf, Kunst zu sein, wenn sie Kinder verdirbt, Religionen in den Dreck zieht.

Freiheit ja, aber durchaus nicht grenzenlos. Wann wird aus einer heute herrschenden, vielen die Sicht nehmenden Nacht wieder das Morgenrot einer ehrlichen und besseren Welt kommen, einer wahren Demokratie wie in Figls Zeiten, wo der Wille des Volkes ausschlaggebend war und nicht jener seiner Verführer? Wenn ich an einen gerechten Gott glaube, der seine Hand schützend über die Menschen hält, der für den Menschen diese unfassbar herrliche Natur geschaffen hat und beleidigt wäre, würde dieser sich nicht an all ihren Schönheiten erfreuen, wenn ich gläubig bleibe, wie es meine Ahnen waren, darf ich die Hoffnung keine Sekunde lang aufgeben!

Der Wald, an dessen Rand ich jetzt sitze, war vor 1000 und vor 100 Jahren nicht viel anders als heute, nur war er weit schwerer zu erreichen und weniger überlaufen. Waldesstille und Bäumerauschen gibt es kaum mehr. Jetzt hört man das Brummen der fernen Schnellstraße, und das klingt wie der noch weit entfernte Dauerdonner heranнahender Gewitterfronten. Doch während der Straßenlärm sich nicht nähert, droht uns die Front einer neuen Gottlosigkeit immer schneller näherkommend zu zermalmen. Wer sich vom Schöpfer entfernt, wird schrecklich büßen. Zivilisationen und Kulturen können verschwinden. Das lehrt uns die zwar oft manipulierte, letztlich aber unbestechliche Weltgeschichte. Und angeblich große, berühmte Menschen verschwinden in der Versenkung, als hätten sie niemals gelebt. Soll ich Beispiele nennen?

Meine düsteren Gedanken werden unterbrochen vom Schrecken zweier Rehe vor mir im Graben. Was mag dort sein? Ich wundere mich auch ein wenig, dass noch keine Rehe auf die Wiese ausgetreten sind. Es ist schon recht düster hier im Schatten, und es wird ein wenig kühler. Durch den herabfallenden Tau erheben die Wiesenblumen ihre Köpfe. Und der Duft des Sommerwaldes raubt einem fast die Sinne. Da, plötzlich sehe ich große Käfer um die alten Eiche brummen. Mein Glas enthüllt eindeutig, dass es sich um Hirschkäfer handelt. Nun höre ich im Graben ein herannahendes Getrappel vieler Läufe. Es werden doch nicht am Ende Sauen sein? Ein Frischling quietscht auf, und ich habe die Gewissheit, Schwarzkittel sind im Anmarsch! Ich nehme mir vor, Bachen und Frischlinge zu schonen. Schon höre ich ganz nahe das unwillige Blasen einer Bache und gleich darauf das wehleidige Aufschreien eines Frischlings. Und wieder rumpelt und rauscht es im Graben unter mir. Wer kennt die erhabene Spannung nicht, wenn sich Schalenwild nähert? Das Geräusch – so vertraut und doch geheimnisvoll – kommt eindeutig näher. Aber sehr langsam und, wie mir scheint, vorsichtig. Mitunter scheint es ganz still zu sein, sodass ich meine, die Rotte hätte sich wieder verabschiedet. Aber die heuer so gute Buchenmast beschäftigt sie dort unten bei den Jahrhundertbuchen. Hin und wieder scheint es mir, als hörte ich etwas, das wie wohliges Grunzen klingt, doch kann ich das nicht mit Sicherheit sagen. Rascheln höre ich es in den trockenen und welken vorjährigen Blättern mehrmals.

Die Dunkelheit aber kommt unaufhaltsam, obgleich auf der Wiese das Schusslicht noch tadellos ist. Nun bringt der Wind den ein wenig vom schweren Moorgeruch des nahen Sumpfes durchsetzten ersten Nebelfetzen heran. Er ist durchsichtig wie der innere Vorhang eines Fensters, verhält ein wenig, ändert seine Form und schwebt dann, schmal und länglich geworden, die Lichtung entlang, um einem anderen Dunstschleier Platz zu machen. Der etwas stärker werdende Abendwind bringt nun andere Düfte auf die Wiese. Sie kommen von den nahen Feldern. Um diese zu erreichen – und das, glaube ich, wollen die Sauen –, müssten sie über die Wiese. Die Gerüche von den Feldern erzählen vom reif gewordenen Mais, der in der Dämmerungsbrise raschelnd flüstert, von prallen Weintrauben, die bald in die Pressen kommen werden, von Rüben und Erdäpfeln, vom goldgelben Kürbis und vom taubedeckten Klee.

Wie wimmelte es früher auf diesen Feldern von Rebhühnern und jungen, kaum ausgefiederten Fasanen, von Hasen jeder Größe! Und die vielen Wachteln und Turteltauben, die es früher hier gab und das Herz erfreuten! In den großen Wäldern waren verstreut zwar, aber bis weit hinein nach Ungarn, unsere größten Tetraonen, das Auerwild, heimisch. Heute scheint mir, dass nur jenes Wild eine Chance zu überleben hat, das sich entweder nicht vom Menschen beeinflussen lässt, wie die Schnepfe und u.a. die Wildgans, oder sich aber der Lebensweise des Menschen anpasst, sogar in seine Siedlungen zieht, wie die Stockente oder die Türkentaube.

Ein Pulk ziehender Ringeltauben fällt mit großem Schwingenschlag in die alten Fichten ein. Sie kommen von den Feldern, wo schon einige Maisfelder abgeerntet sind und wo sie ihre Abendessen eingenommen haben. Ich beobachte sie mit dem Glas. Sie sitzen nahe beieinander, ändern ein paarmal ihre Position, um dann im oberen Drittel des Baumes, nahe dem Stamm, still zu sitzen. Wieder schreckt ein Reh auf der gegenüberliegenden Seite des Grabens. Wieder höre ich das Getrappel, diesmal noch näher an den Rand kommend als vorher. Langsam greife ich nach meiner alten Büchse, um auf jeden Fall vorbereitet zu sein. Die großen Bäume stehen still und nachdenklich, und am Himmel erscheinen weit früher als im Frühling nacheinander die ersten Sterne.

Gespannt spähe ich zum Rand der Lichtung. Noch immer kommen sie nicht heraus, obgleich ich schon lange das Blasen, verhaltene Grunzen und gelegentliche Quietschen vernehme. Der restliche Himmel hat sich jetzt wie ein riesiges Feuer rot gefärbt. Wie so oft in solchen Situationen, habe ich die Leica nicht bei mir, sondern im Kofferraum meines Wagens. Zuerst ein grelles Brennen in allen Farben von Orangerot bis Kardinalspurpur, dann werden die dunkelroten Schäfchenwolken zunächst violett, dann ohne Übergang grau. Das Leuchten des Himmels hat nicht länger gedauert als drei Minuten, wie schon der Titel meines dritten Buches heißt: „Das Abendlicht kennt kein Verweilen." Die himmlische

Schönheit dieses überirdischen Himmelslichts wird uns nur ganz kurz zur Erbauung gewährt. Ein solcher Abendhimmel, der nur ganz kurz so unbeschreiblich schön ist, dürfte auch eines jener kleinen Gucklöcher in die Ewigkeit, in Gottes himmlisches Reich sein, wie es zum Beispiel die Augen unschuldiger Kleinkinder oder der Blick von einem Berggipfel in das herrliche Gebirgspanorama sind.

Noch habe ich mich vom staunenden Bewundern nicht richtig erholt, als auf die Allee drei – vier – fünf Frischlinge stürmen, plötzlich innehalten und dann spielend sich im Kreis herumjagen. Dann kommt die Bache und dann noch eine. Sie verhalten am Rande des Waldes. Sie winden, horchen, dann treten sie ganz auf die Lichtung. Und hinter der zweiten Bache erscheinen plötzlich drei Überläufer, vorjährige Frischlinge, sommerlich grau und mit spitzem Gebrech sind sie allesamt. Ich warte noch, nicht weil ich einen nachkommenden Keiler erwarte, daran denke ich jetzt nicht, einfach weil die Idylle so schön und hierzulande in freier Wildbahn auch so selten ist. Einen der Überläufer, den schwächsten der drei, habe ich im Fernrohr. Das Fadenkreuz saugt sich ins Blatt, der Stecher knackt. Beide Bachen haben das knackende Geräusch gehört. Die größere bläst warnend, doch mitten in diese – wohl berechtigte – Warnung peitscht mein Schuss, und der Überläufer liegt im Feuer. Im Bruchteil einer Sekunde ist die Bühne leer. Noch lange höre ich es blasen und mahnen, dann breitet sich Stille über die Waldwiese.

Ein kühler Hauch kommt von den Bergen, und der Dunst kehrt von den Feldern zurück. Es riecht nach lehmiger Ackererde, nach Schwämmen und reifen Maiskolben. Ein beschaulicher Spätsommerabend, der mir unverhofftes Waidmannsheil brachte, geht fast unbemerkt ein in die schwarzschattige Dunkelheit.

Bild rechts: *Ein alter Baum gibt Schutz und Deckung*

Bild umseitig: *Aus sicherer Entfernung*

# *Jagdausflug nach Kroatien*

1996

Im meinem Leben war ich bisher zweimal in Kroatien gewesen. Beide Male auf Einladung meines lieben Freundes und Kollegen Lazar Raič, des Direktors des Zagreber Jagdmuseums. Das erste Mal Mitte der fünfziger Jahre, da ich Lazar schon seit der Eröffnung „meines“ Museums kannte, das zweite und letzte Mal im März 1967, als „sein“ Museum von der Stadtmitte in eine Villa übersiedelte. Lazar war ein in Kroatien lebender Serbe aus der Woiwodina und mit seiner liebenswerten Art ein Beweis dafür, dass die so grundverschiedenen Völker des künstlichen südslawischen Staates sehr wohl miteinander leben und auskommen konnten.

Bei meinem ersten Besuch war der Präsident des kroatischen Jagdverbandes, jener Carlo Mrasovič, der zur Zeit der Schreckensherrschaft von Mátyás Rákosi jugoslawischer Botschafter in Budapest war, anlässlich des Rajk-Prozesses fälsch-

Bild umseitig: *Ein Anblick fürs Leben*

Bild links oben: *Schaufler im Morgennebel*
Bild links unten: *Der Hochstand ist leer*

lich angeklagt und ausgewiesen wurde, anwesend. Sowohl mein Freund Lazar Raič als auch Präsident Mrasovič sprachen ein ausgezeichnetes Ungarisch. Ich plauderte längere Zeit mit diesem interessanten Mann, der mich auch zur Jagd einlud, und konnte ihm später aus den mir zugeschickten ungarischen Zeitungen alle Artikel zusenden, die ihn im Zusammenhang mit dem Rajk-Prozess als Spion, Kettenhund und Konterrevolutionär angriffen und von denen er mir sagte, dass er sie vorher nie gesehen habe. Jäger aller Länder verstehen sich auch dann, wenn sie aus ganz verschiedenen „Ställen" oder Kinderstuben kommen. Die Einladung zur Jagd habe ich aber damals höflich abgelehnt.

Beim zweiten Besuch am 17. und 18. März 1967 hatte Lazar mir zuliebe sogar ein Schnepfentreiben organisiert. Es waren zwar die Schnepfen schon in den Norden abgewandert, aber der Jagdausflug mit kroatischen Freunden gab mir die Gelegenheit, einen Teil des schönen Zagorien zu besichtigen. In Erinnerung geblieben ist mir ein völlig heruntergekommenes Schloss eines Herrn von Kiss, in dem er aber selbst wohnen durfte, eine Burgruine der Zrinskys und die wunderbare, liebliche Landschaft, die ein wenig an meine ungarische Heimat erinnerte.

In den unmittelbaren Nachkriegsjahren hatten sich in Jugoslawien schauerliche Mordorgien, die damals alle anderen Länder übertrafen, abgespielt. Was der Partisanenführer Tito an der deutschen und ungarischen Minderheit an schrecklichen Massentötungen verbrach, war damals noch gut in Erinnerung. In unserem Bekanntenkreis wurden die Grafen Ottenfels und Attems ermordet, unzählige Priester und völlig unpolitische Gutsbesitzer, nicht zu sprechen von den Kriegsgefangenen, die man bestialisch zu Abertausenden gegen jedes Völkerrecht ermordete. Obwohl Tito ohne (die den Westen täuschende Ouvertüre einer zwei Jahre dauernden) Scheindemokratie, wie z.B. in Ungarn, sofort mit dem mörderischsten und brutalsten Kommunismus begann, änderte sich die Haltung seines Regimes von dem Augenblick an, als er sich mit Stalin überwarf. So war Ende der fünfziger Jahre und noch mehr in den Sechzigern in Jugoslawien das Leben leichter und relativ freier als in den verbliebenen Satellitenstaaten der Sowjetunion. Trotzdem stach einem die hoffnungslos graue Öde und Tristesse des Lebens in die Augen. Kommunismus ohne Armut, totale Gleichschaltung auf unterstem Niveau gibt es eben nicht. Dafür fiel dem wachsamen Auge sehr wohl der Wohlstand und Luxus der führenden Kader auf.

Nun sind seit diesen meinen Kroatienbesuchen viele Jahre vergangen. 1967 war ich 40 Jahre alt, inzwischen bin ich 32 Jahre älter geworden. Die Generationen wechseln sich ab, die Zeiten ändern sich, und über die Massengräber ist nicht nur Gras, sondern an vielen Stellen ein üppiger Wald gewachsen. 1980 starb der alte Tito. Von ihm sind zwei positive Dinge zu sagen: Erstens hielt er das nach dem Ersten Weltkrieg entstandene Land mit den verschiedenen Sprachen, Religionen und Schriften zusammen, wenn auch mit dem Feuerschwert der Diktatur, zweitens hat er – selbst leidenschaftlicher Jäger – viel für das Waidwerk in seinem Reich getan.

Dann kam das, was viele vorausgesagt haben. Mit der sogenannten Freiheit und Demokratie wuchs der unselige Nationalismus, krochen die historischen, uralten Feindschaften wie Feuer speiende Drachen aus ihren Höhlen ans Tageslicht, und es entbrannte in fast ganz Jugoslawien ein Bürgerkrieg, der vorerst drei Jahre anhielt und nach Schätzungen zwei- bis dreihunderttausend Tote forderte. Im Gegensatz zu längst vergangenen Zeiten starben nicht in erster Linie die Soldaten und Milizionäre, sondern die Zivilbevölkerung. Die damals viertstärkste Armee Europas konzentrierte sich darauf, Städte, Dörfer und die in ihnen lebenden Menschen, durchwegs Zivilisten, zu vernichten. Kirchen, Museen, Schlösser, Kunstdenkmäler, ja sogar Friedhöfe wurden dem Erdboden gleichgemacht. Der Rassismus erlebte eine Wiedergeburt und die ethnischen Säuberungen waren nichts andere als die Ermordung der Menschen anderer Nationalität. Nato und EU waren damals nicht fähig, die brennende Fackel am Balkan zu löschen. Es waren schlussendlich allein die Amerikaner mit ihren Bomben und Panzern, die dem Balkankrieg ein (tragischerweise nur vorläufiges) Ende bereiteten.

Für Anfang November 1996 hatte mein Neffe Hansi Keil eine zweitägige Jagd in Kroatien organisiert und dazu mich als weitaus ältesten Teilnehmer eingeladen. Teilnehmer waren noch u.a. Hansi Wilczek, Peter Böhler, Douglas Marenzi, Philipp Harmer, Fritzi Meran, Fritz Mayr-Melnhof jun., Peter Onczay, Niki Draskovich und Georg Eltz.

Am ersten Tag sollte das Revier Kujnjak bejagt werden. Weitere Unternehmungen sollten – näher der Heimat – dort stattfinden, von wo wir am frühen Nachmittag abreisen konnten. Treffpunkt war eine Autobahnraststelle im Süden von Graz. Es war Anfang November und ungewöhnlich warm. Die österreichisch-slowenische Grenze passierten wir schnell und problemlos, wenn auch auffiel, dass der neue slowenische Staat um einiges pedantischer schien als das alte Jugoslawien. Aber dann kam die kroatische Grenze. Das Ausreisen aus Slowenien und Einreisen nach Kroatien erwies sich als unerwartet harte Nuss.

Zuerst ließ man uns nach guter alter Sitte warten. Wir konnten zusehen, wie die Zöllner am Fernsehschirm ein Fußballmatch verfolgten. Dann mussten wir Waffen und Munition vorlegen. Hier eröffnete man uns, dass jeder Jäger pro Kopf nur zehn Patronen mitnehmen dürfe. Proteste halfen nichts. Dafür half anderes: Geldwechsel war nicht am Zoll, sondern in einer weiter weg gelegenen Bank möglich. Man spürte förmlich, wie der junge Staat Kroatien seine Grenzen den einreisenden Ausländern einprägen wollte. Das Ganze dauerte fast zwei Stunden, wobei die Zöllner immer sehr freundlich und menschlich blieben.

Da der Tag kurz war, sahen wir bei der Weiterreise in Richtung Zagreb wenig vom Land. Erst als wir von der Autobahn abbogen, tauchten im Scheinwerferlicht die ersten Ruinen des Krieges auf. Es war gespenstisch. Die Ortschaften waren völlig ausgestorben, unbeleuchtet, die Häuser in minutiöser Kleinarbeit zu Mauerresten zerschossen, die Gärten verwildert, da und dort trottete auf der Straße ein völlig abgemagerter, verwildeter, vergessener und allein gelassener Hund. Das Erschütterndste aber war der in der Dunkelheit auftauchende Anblick der Kirchenruinen. Wir wissen, wie schwer eine Kirche zu zerbomben ist, wie stabil solch ein Gotteshaus gebaut wurde. Der Kölner Dom ist ein Beispiel dafür, aber hier waren viele katholischen Kirchen bis auf die Grundfesten zerstört.

Als wir bei einer Wegkreuzung einen Radfahrer fragten, wo Kujnjak war, dachten wir auch, einige bedauernde Bemerkungen über ein eben durchfahrenes Ruinendorf machen zu müssen. Da wir ja in Kroatien waren, sprachen wir davon, wie schrecklich wohl hier die Serben gehaust haben. Der Mann sah uns verständnislos an und sagte dann: „Aber das sind doch serbische Dörfer." Auch das gehört zur Wahrheit, die wir hier erlebt haben.

Bald kommen wir zum Jagdhaus. Es ist ein schönes, aus Backstein gebautes Gebäude mit einem gepflegten Rasen davor und einigen Nebengebäuden. Offensichtlich ein früheres Protokoll-Jagdhaus. Es empfängt und begrüßt uns äußerst herzlich Stavko, der junge Jagdleiter, der sich gleich mit unserem Boss, Hansi Keil, zusammensetzt, um die Triebe des nächsten Tages zu besprechen.

Die Kroaten sind sehr nette Menschen, mit viel Witz und Humor, aber auch sehr profundem Wissen. Wie alle Menschen, die Schweres mitgemacht haben, sind sie mitfühlend, verständnisvoll, aber auch dankbar und geradeheraus. Unsere junge Garde ist ein untereinander gut bekanntes Team, das viel zusammen jagt und deren Mitglieder aneinander gewöhnt sind. Mehr als die Hälfte kenne ich gut. Mein Neffe Georg Eltz, Sohn des ehemaligen Besitzers von

Vukovár und Abgeordneten des kroatischen Parlaments, Jakob Eltz, ist in der kroatischen Sprache gut bewandert. Niki Draskovich, Sohn Karls, einer Kapazität im Wildgatter- und Gehegewesen, Nachfahre des kroatisch-ungarischen Geschlechtes der Draskovich, spricht auch schon ganz gut. Es ist schön zu sehen, dass unsere Jugend sich mit der Jugend der postkommunistischen Staaten so vortrefflich versteht.

Nach einem guten Abendessen gehe ich relativ früh schlafen. Am nächsten Morgen werden wir nach einem sehr guten und üppigen Frühstück ins Revier gefahren. Ein gemischter Laubwald, relativ feuchter Boden. Mein Stand ist an einer Allee, wenig Aussicht in den Trieb, dafür guter Ausschuß nach hinten. Rechter Nachbar ist Georg Eltz, den linken kann ich nicht sehen. Nach der Standskizze stehen die Schützen in einer V-Form, wobei die rechte Seite des V länger ist. Ich höre zwar Sauen sich nähern, doch ist mein Wind schlecht. Georg schießt einen Überläufer. Es fallen etwa 13 Schüsse.

Dann geht es recht weit weg. Der zweite Trieb ist größer als der erste. Mein linker Nachbar ist Duxi Marenzi. Vorn und hinter mir Eichenwald, mit sehr viel Unterwuchs. Nach links macht das Gelände einen Knick, sodass ich zwar meinen Nachbarn sehen kann, aber nicht vor ihn in den Wald. Der Wind ist wieder nicht gut. Mein Nachbar schießt zweimal, ich sehe nur ein Reh. Nach diesem Trieb, in dem etwa 17 Schuss gefallen sind, tragen einige der Schützen Brüche. Nach einem guten Imbiss an einer sehr luxuriösen Essensstelle aus hölzernen Palisaden mit Dach und gedeckten Tischen und einem fünfeckigen Gewehrständer kommt auch der kroatische Landwirtschaftsminister und mischt sich „unters Volk“. Zu einem olivgrünen Anzug mit langer Hose trägt er eine fast weiße Weste und einen ganz lichten Safarihut. Bis heute weiß ich nicht, ob er mitgejagt hat oder nicht.

Es geht zum dritten Trieb. Ich werde vorne an eine Allee gestellt. Vor mir stark bewachsener, etwa 40-jähriger Laubwald, hinten Hochwald. Rechts geht es steil hinauf, links steil hinunter. Unter mir ist wieder D. Marenzi, unter ihm Fritzi Mayr-Melnhof, ganz unten Hansi Keil. Der Stand schaut vielversprechend aus, auch ist der Wind sehr gut, doch ist bekannt, dass Sauen eher bergab als bergauf flüchten. In diesem Trieb fallen von Anfang an Schüsse, insgesamt vielleicht 25. Mein linker Nachbar schießt in Sichtweite fünf einzeln ankommende Sauen. Fritzi und Hansi schießen auch fleißig. Endlich, schon gegen Ende des Triebes kommt in wilder Flucht ein Überläufer, dem ich gerade in seiner Fluchtrichtung quasi den Weg verstelle. Nach hinten gelingt es mir, ihn zu roullieren. Während ich noch genau beobachte, ob er nicht gekrellt ist und wieder hoch wird, raschelt es und ein Frischling überhastet die Allee ober mir. Bis ich herumschwenke, ist er schon im dichten Unterwuchs, der hier aus Farnkraut besteht, verschwunden. Schade. Er wäre nicht weit gewesen.

Langsam läppert sich eine ansehnliche Strecke zusammen. Beim letzten Trieb bin ich der letzte Schütze links. Die Schützen umstellen den Trieb in U-Form. Der mich anstellende Schützenaufsteller vergisst mir zu sagen, ob ich hier nach vorne-links schießen darf, ich versäume es zu fragen. Die Geländewagen sind dahingefahren und der aufstellende Jäger in die Richtung gegangen. Ich beschließe, nur nach hinten zu schießen. Und es kommt wie befürchtet. Gerade gegen das Eck trollt gleich am Anfang eine Rotte von Überläufern. Dreimal verhoffen sie auf 60 Schritt, ich traue mich nicht zu schießen, denn dort könnten Menschen in der Schussrichtung stehen. Ein Teil verlässt den Trieb auf der Flanke, es fällt kein Schuss. Also folgere ich, dass ich doch hätte schießen dürfen. Noch während ich mich darüber ärgere, fallen weit von mir Schüsse, die noch übrigen drei Überläufer „schalten" auf schnell, und mein hinter der Allee hingeworfener Schuss, bei dem ich ein gutes Gefühl habe, geht fehl. Ich habe in eine junge Esche geschossen. Pech. Meine Strecke bleibt der eine Überläufer im dritten Trieb.

Die Streckenlegung wird vor dem Jagdhaus in besonders feierlicher Form vorgenommen. Nun taucht auch der Landwirtschaftsminister auf. Es liegen 46 Sauen auf der Strecke. Wie mir Stavko später erzählt, sind bei der letzten Jagd in diesem Gebiet auch drei Wildkatzen gefallen. In Kroatien sind sie nämlich frei. Während die anderen sich entspannen, teils Bier trinken oder Karten spielen, fahren Niki Draskovich, Georg Eltz und ich in die nahe Kirche, um an der Abendmesse teilzunehmen.

Eine große Kathedrale empfängt uns. Sie ist bis auf den letzten Platz besetzt. Und es konzelebrieren drei Bischöfe! Der Diözesanbischof und zwei Weihbischöfe. Ich fühle mich nach Siegendorf versetzt – schöne alte kroatische Lieder, innige Andächtigkeit. Hier hat im Gegensatz zu Ungarn der Kommunismus der Volksfrömmigkeit wenig anhaben können. Man sieht viele junge Leute. Alles in allem ein wunderschönes Erlebnis!

Heimgekehrt ins Jagdhaus haben wir gerade Zeit, uns ein wenig zurecht zu machen, und schon wird das Abendessen serviert. Launige Reden werden gehalten. Dann kommt die Musikkapelle und die Sängerin Martha. Es sind Musikstudenten aus Zagreb, unbeschwerte, nette junge Leute. Martha singt internationale, vor allem italienische Schlager. Sie hat eine sehr gute Stimme, und ihr Vortrag ist natürlich und anmutig. Schon bemühen sich die durchwegs jungen Jagdteilnehmer um das fesche Mädchen. Ich – der Alte – bin harmlos, daher spricht sie die längste Zeit mit mir. Die Musiker übernachten auch im Jagdhaus.

Ich bleibe bis halb eins am Morgen in der immer lustigeren Runde, dann lege ich mich schlafen. Ich habe in meinem Leben schon genug gefeiert. Beim Frühstück bin ich dann auch prompt der Erste. Bald kommt Martha und nach und nach die anderen. Teils sichtbar übernächtigt, teils frisch wie Jugend nach einer durchgefeierten Nacht sein kann. Es wird zusammengepackt, wir verteilen uns auf die Autos, und ab geht die Reise gegen Westen. Unter anderem durchfahren wir den alten Besitz des Grafen Pejachevich, Nasiče, wo noch bis in die vierziger Jahre die erfolgreichsten Schnepfenjagden abgehalten wurden. Mein Freund Dudás Nagy war hier Stammgast. Ursprünglich dachte ich, dass dieses weltberühmte Schnepfenbiotop in der Ebene, im Flachland, läge. Aber es sind ganz ansehnliche Berge von 600 bis 700 Metern, dicht mit Laubwald bewachsen.

Wir passieren auch das eigentliche Bürgerkriegsgebiet und sehen erstmalig bei Tageslicht mit eigenen Augen die zerstörten und zu Staub geschossenen Kirchen, Museen, Paläste und Häuser. So etwas Ähnliches habe ich im Zweiten Weltkrieg im Frontgebiet meiner Heimat nicht gesehen. Damals sind Häuser infolge der Kämpfe zerschossen oder beschädigt worden. Die meisten Kirchen standen, denn weder die Russen noch die Deutschen haben sie mutwillig – wie hier – zerstört. Auch fällt die Systematik bei der Vernichtung der Reihenhäuser auf. Ethnische Säuberungen, Mord und Zerstörung im Zeichen des unseligen Nationalismus, mordender Rassismus, ein schrecklicher Krieg, um so mehr, als reguläre Armeen gegen die unbewaffnete Zivilbevölkerung „kämpfen". Und zwar mit allen – bestens bekannten – Methoden des Balkans. Vergewaltigung, Folterung, Ermordung von Frauen und Kindern und dies alles im Namen des – längst tot geglaubten – nationalistischen Wahns, wo früher das Zusammenleben so lange möglich war.

Wir kommen in ein wunderschönes Gebiet mit höheren Bergen und tiefen Tälern. Auch hier dominiert der Laubwald. So könnte ich mir die Vorberge der Karpaten in Siebenbürgen vorstellen. Hier soll weniger Schwarzwild (dafür aber stärkere Keiler) leben. Zwei Treiben sind vorgesehen.

Im ersten Trieb stehe ich in einem Hohlweg. Ausschuss habe ich nur links ober mir auf eine kleine Fläche. Rechts ist eine Kurve, hinter der – ebenfalls im Hohlweg – Neffe Fritzi steht. Das Wetter ist ungewöhnlich warm für Anfang November. Es hat laut Autothermometer 23 Grad, und es brennt die Sonne hernieder. Der Stand gefällt mir nicht. Hinter dem Hohlweg ist ein alter Hochwald mit herrlichen Jahrhundertbuchen. Da könnte man weit entgegensehen, wenn man nur 100 Schritt weiter unten im Wald stünde. Plötzlich fällt es mir ein: Vielleicht fürchten die Veranstalter Minen und wollen nichts riskieren, daher die Stände im Hohlweg. Gottergeben warte ich, auf meinem Sitzstock sitzend.

Ein Adler zieht hoch über mir seine Kreise. Ich glaube, in ihm einen Kaiseradler zu erkennen. Dann ein Huschen eines niedrigen, länglichen Tieres über die sonnige Fläche vor mir. Ich zucke zusammen: eine Wildkatze! Aber schon ist sie verschwunden. Nach längerer Zeit vernehme ich rechts von mir die unverkennbaren Schritte schweren Wildes. Doch bei meinem Neffen fällt kein Schuss. Endlich sind ganz plötzlich die Treiber da. Es sind nur vier Schüsse gefallen. Fritzi Mayr-Melnhof schoss zwei und Peter Onczay einen Überläufer. Mein rechter Nachbar berichtet ganz aufgeregt, dass ihm halb verdeckt ein riesengroßes Schwein gekommen sei. Er wartete nur darauf, dass es den Hohlweg annehme, aber irgendwie gelang es ihm, verdeckt und nur für Sekunden sichtbar, die Linie zu passieren. Wären wir hinter dem Hohlweg im Hochwald gestanden, wäre das Hauptschwein wohl nicht ausgekommen. Mein Neffe behauptet, dass es eine Sau so groß und so grau wie ein Esel gewesen sei. Später Ärger nützt nichts mehr.

*Vor dem Abspringen*

MURAY R

Beim zweiten und letzten Trieb bin ich der unterste Schütze, wohl mit Rücksicht auf mein Alter hat man mir das lange Steigen ersparen wollen. Der Wind ist schlecht, aber ich habe recht guten Einblick in den Trieb. Mein linker Nachbar ist wieder Fritzi Meran. Abermals stehen wir auf einem Waldweg, diesmal ist es aber kein Hohlweg. Hinter uns fällt das Gelände steil ab, bis hinunter in das Haupttal, wo ein Bach dahinplätschert. Bald höre ich rechts unter mir das Kläffen von Hunden. Aus dem Rascheln und Rumpeln ist zu entnehmen, dass eine größere Rotte unterwegs ist. Doch sie passiert die Schützenlinie genau an der Kreuzung zweier Wege, wo die Geländewagen stehen und kein Schütze postiert ist. Dann verhallt das Hundegeläute unten im Tal und verliert sich allmählich hinter der Linie. 1:0 für die Sauen! Schon höre ich die Treiber rufen. Da erscheint halblinks ein schwarzer Überläufer. Ich warte, dass er besser sichtbar wird, und hoffe, dass er sich mir zuwenden wird, da knallt es bei meinem Nachbarn, und ich sehe und höre die erlegte Sau schlägeln und dann tot gegen mich herunterkollern. Der Trieb und die Jagd sind vorbei.

Nun folgt bei einem Jägerhaus ein üppiges, fettes Essen mit Speckbraten, frischen Wildschwein-Blutwürsten und Bäckereien. Das Essen zieht sich in die Länge. Heute sind nur vier Sauen gefallen. Das Gelände und die zauberhafte Landschaft haben aber mehr gehalten, als wir erwartet haben.

Dann endlich verfrachten wir unser Gepäck und uns in die diversen Autos. Ich fahre mit Hansi Wilczek, und nach längerem Fahren, auch kleineren Irrwegen sind wir endlich auf der Autobahn. Bei meinem ersten Zagreb-Besuch gab es sie noch nicht. So wie es damals auch in Österreich die erste, die

Oben: *Winterfuchs im frischverschneiten Wald*
Unten: *Die Rotte überfällt die Schützenlinie* (Zwei Gemälde von Robert Muray)

Westautobahn, noch nicht gab. Die Prozeduren an den Grenzen sind infolge unserer geschickteren Behandlung der Grenzorgane wesentlich kürzer als bei der Einreise. Ich wäre allerdings mit den ursprünglich genehmigten zehn Kugelpatronen leicht ausgekommen.

Es ist später Abend, als wir alle an unserer Raststelle ankommen. Lange müssen wir warten, denn Fritz Mayr-Melnhof hatte einen Reifenplatzer auf der Autobahn, doch ist gottlob nichts passiert.

Alles in allem war der Ausflug in das selbständig gewordene Kroatien hochinteressant. Wir sahen Wiederaufbau der Ruinen, neuen Aufbruch, Patriotismus und Optimismus. Überall in Europa teilen sich die Staatenbünde. Die Zeit der nationalen Euphorie war selten so groß wie gerade heute. Ob es der geeignete Zeitpunkt ist, das geeinte Europa im Blitztempo gerade jetzt durchzupeitschen, scheint mir angesichts des Wiederauflebens des Nationalismus und der begeisterten Gründung neuer Staaten mehr als fraglich. So wie der erfolgreiche Jäger nur mit Geduld zum Ziel gelangt, sollten sich auch die Europapolitiker gerade zum jetzigen Zeitpunkt als geduldig erweisen. Und jene Kräfte, die seinerzeit die Monarchie als erprobtes Beispiel erfolgreichen Zusammenlebens mutwillig zerschlagen haben, sollten aus ihren Fehlern lernen. Denn es ist wesentlich leichter zu zerstören als neu zu schaffen.

# *Unvergessliche Festtage*

## 1997

Das Jahr 1997 hatte uns einen ungewohnt langen Nachwinter beschert, sodass ich erst am 18. März nach Ungarn auf Schnepfen fuhr, denn unsere geliebten Langschnäbel fanden sich fast zwei Wochen später als sonst ein. Die Wälder waren weniger feucht als im Vorjahr, der Boden aber um so tiefer gefroren. Ich hatte südlich des Plattensees schon Jahre erlebt, da in der zweiten Märzhälfte nicht nur Störche in ihren Nestern standen, sondern auch schon die Schwalben ankamen. Heuer waren kaum Kiebitze zu sehen, und die erste Ringeltaube hörte ich in Keresztur am 21. März.

Wieder war es um mich einsamer geworden. Im Vorjahr war der großartige Gönner und Freund Herzog Albrecht von Bayern gestorben, und in Frohnleiten trugen wir die ungekrönte Königin der Steiermark, Marie Goëss-Saurau, zu Grabe. Gewisse Menschen sind unersetzlich. Mit ihrem Lebensfaden reißt alles ab. Ihre Stimme, ihre einzigartige Schrift, ihre Telefonanrufe, ihre Anteilnahme und ihre Einladungen sind von einem Tag auf den anderen nicht mehr, haben für immer aufgehört zu existieren. Man weiß ja, dass der Tod das einzig Sichere im menschlichen Dasein ist. Im Gegensatz zu den Tieren wissen wir Menschen, dass wir sterben müssen, aber wenn man zusehen muss, wie einer nach dem anderen für immer weggeht, oft so plötzlich wie die Minki, mit der ich noch am Vortag lange telefoniert habe, wenn die Zahl der Freunde und Weggenossen von Jahr zu Jahr abnimmt und die Zahl der Menschen, mit denen man noch die gleiche Sprache spricht – dann weiß man, was es bedeutet, alt zu werden. Zu den körperlichen Beschwerden gesellt sich wie selbstverständlich die seelische Einsamkeit, und die ist wesentlich schmerzhafter, weil es dagegen kein Mittel gibt. Das gemeinsam Erlebte, der gemeinsame Kampf um die Ideale, die gleiche

Lebensauffassung und Überzeugung sind eine Art Zement, das die Freundschaften zusammenhält. Bröckelt das Bindemittel, wackelt das ganze Gefüge, und die Stütze der echten Freundschaft, ohne die Menschen nicht leben können, entfällt für immer. Was haben wir doch zusammen mit Minki um den Verbleib „meines" Museums in Eggenberg gekämpft! Gemeinsam konnten wir uns aussprechen und über die Falschheit, Gemeinheit und Feigheit der „Zeitgeistigen" unserer Wut und Enttäuschung freien Lauf lassen.

So geht es von Jahr zu Jahr: Nur wenige aus anderen Generationen verstehen die Sprache, die wir sprechen. Das ist nichts Neues in Gottes Schöpfung, nur für den Betroffenen, Einzelnen ist es neu. Doch in der Unbeschwertheit und im ansteckenden Optimismus unserer Kinder offenbart sich – das glaube ich fest – eine große Hoffnung. Und auch die treuen Vierbeiner sind dankbar für jedes gute Wort. Wenn Jagdhunde sofort den Jäger erkennen, ihn lieben und anerkennen – so bleiben sie ein echter Trost, bauen einen auf. Nur leider haben die treuen Hunde ein zu kurzes Leben, sterben viel zu früh und hinterlassen eine Lücke, die nur der wahre Tierfreund verstehen kann. Und die Kinder werden, schneller als man glaubt, Halbwüchsige. Was moderne Pädagogen in diese unschuldigen Wesen heutzutage hineinpumpen, ist, ohne es jetzt im Einzelnen aufzulisten, dazu angetan, sie uns zu entfremden. Kinder und Tiere, was habt ihr mir für schöne Stunden beschert, aber das Schöne im Leben währt nur kurz. Damit muss man sich abfinden, das muss man zu Kenntnis nehmen, auch wenn es schmerzt.

In diesem Jahr, 1997, war die verkürzte Schnepfensaison, die ich zumeist in Ujvárfalva und Balatonkeresztur verbracht hatte, zwischen dem 23. März und dem 5. April, zwar gut, aber kein Rekordjahr. Die guten Jahre, die manchmal hervorragend werden können, sind immer jene, die früh beginnen. Wie alljährlich hatte ich Anfang April in Graz zu tun und mein Aufenthalt in Kogl war zwar wie immer herrlich, doch hatte ich hier bereits den Hauptschub der Schnepfen verpasst.

Ende April fuhr ich dann nach Ungarn. Hier war das ganze Gefüge des Jagdwesens durch das neue Jagdgesetz und die Neuaufteilung der Jagdreviere grundlegend verändert. Nachdem ich mich in Balatonfenyves informiert habe, fahre ich nach Südungarn. Mein erstes Ziel ist jener Teil der ehemaligen Jagdgenossenschaft im Dreiländereck, der am östlichsten liegt. Ich werde, da das geliebte Jagdhaus in Szöreg jetzt anderen gehört, im Erholungsheim der Feuerwehr

Makó, in der Au der Maros, untergebracht. Zu meinem Erstaunen ist die aus Rumänien kommende Maros (Mures) stark angeschwollen und ein Teil des Überschwemmungsgebietes schon unter Wasser. Tendenz steigend. Eine Nacht verbringe ich hier. Am nächsten Morgen schaue ich aus dem Fenster und stelle fest, dass das Wasser schon bis zur zweiten Stufe des Eingangs reicht. Nach dem Frühstück müssen wir fluchtartig das Erholungsheim verlassen. Der Feuerwehrkommandant und Jagdleiter bringt mich für die nächsten Tage in einem der Gästezimmer seiner Kaserne unter, mitten in Makó, der berühmten Zwiebel-Stadt.

Das Gästezimmer ist annehmbar, die Kaserne voll mit Offizieren und Mannschaften der Berufsfeuerwehr. Solch eine Unterkunft habe ich bei einem Jagdausflug noch nicht gehabt. Frühstück wird im Zimmer, andere Mahlzeiten werden im Speisesaal eingenommen. Mathias (Mátyás) kommt mich mit seinem Geländewagen abholen. In seinem Revier erlege ich am 1. Mai einen abnormen Bock, der mich freut, einige hundert Meter von der rumänischen Grenze entfernt. Diesmal sieht man weder Grenzpatrouillen noch auf der drüberen Seite arbeitende Brigaden. Voriges Jahr haben hier etwa 50 Menschen – Frauen und Männer – die großen Rübenfelder händisch vom Unkraut befreit. Welch herrlicher Fortschritt, wahrhaftiger Gott. Unseren Grünen würde das gefallen, denn auf diese Weise entfällt der giftige Pflanzenschutz. Weniger gefallen würde ihnen allerdings, wenn sie selbst die Harke zehn Stunden am Tag schwingen müssten. Ich kenne das Gefühl. Ich habe in den Jahren 1947/48 selbst ein Feld von einem Hektar bearbeitet. Ein Hektar ist, so wenig es scheint, für einen Einzelnen sehr viel. Schon nach zehn Quadratmetern war ich so müde, dass ich am liebsten aufgehört hätte. Aber ich brachte es in einigen Tagen fertig. Der Kukuruz musste jährlich zweimal bearbeitet werden. Schwielen und Blasen an den Händen, die ich mir damals „erarbeitete", waren noch zehn Jahre später an meinen Händen feststellbar.

Am nächsten Tag kommt Józsi, jener Jäger, mit dem ich im Vorjahr den Perückenbock im alten Großrevier erlegt habe, und holt mich ab – in das Revier Tiszasziget, das an der jugoslawischen Grenze liegt. Hier kennt er einen engen, sehr dicken und abnormen Bock. Bevor wir hinausgehen, muss ich mich mit dem neuen Jägermeister und seiner Familie bekannt machen. Dann kommen einige Jäger, die gehört haben, dass ich da bin, und wünschen Widmungen in mein ungarisches Buch, das im Dezember 1996 erschienen ist und das sie gekauft haben.

Am Abend sehen wir den Bock nicht. Er hat seinen Platz entlang der „feindlichen“ Grenze zu Szöreg, jenseits eines alten Bahndammes, der vor dem Krieg täglich etliche Schnellzüge auf seinem Schienenstrang nach Jugoslawien transportierte. Heute sind nicht einmal die Spuren der einstigen Schwellen zu sehen, auch wieder eine Errungenschaft des realen und überall gleich funktionierenden Kommunismus. Zerstörung, technischer und sozialer Rückschritt, Ruinen und Unkraut.

Am nächsten Morgen, noch in der Dämmerung, sehen wir den Abnormen. Von vorne gesehen fast wie ein Einstangler. Die beiden dicken, ungeperlten Stangen schließen sich, ja kreuzen sich fast an der Spitze. Er ist heute sehr unruhig und flüchtet bald. Gott sei Dank nicht über die Jagdgrenze. Nach einem langen Pirschgang im Graben des alten Bahndammes, der äußerst anstrengend und beschwerlich ist, gelingt es mir, aus etwa 180 Schritt zu Schuss zu kommen. Der Bock zeichnet nach weit hörbarem Kugelschlag und flüchtet ca. 20 Meter, dann fällt er plötzlich, als hätte ihm eine unsichtbare Kraft die Läufe gleichzeitig weggeschlagen. Er ist wirklich eine einmalige Abnormität. Wie eine Bischofsmitra sieht das Gehörn aus.

Einen anderen alten, schussbaren Bock, der in einem völlig entlegenen Revierteil neben einem Überschwemmungsgebiet – diesmal der Theiß – hausen soll, sehen wir trotz dreier intensiver Pirschgänge nicht ein einziges Mal. Jóska hält es für möglich, dass ihn das Hochwasser momentan auf einem der höher gelegenen Revierteile, auf einer Insel sozusagen, festhält.

Es ist Mai und es gibt überall genügend Äsung. Ich breche meine Pirschen in Tiszaszget ab und begebe mich in ein völlig neues Revier, unmittelbar an der jugoslawischen Grenze nach Röszke. In dieser Gegend bin ich unbekannt und der Jägermeister sowie der Präsident der Jagdgesellschaft müssen erst von mir menschlich „erobert“ werden. Dies gelingt mir bald. Revierjäger sehe ich keinen. Auch hier ist die Theiß die Grenze und hat einen großen Teil des Reviers innerhalb des Schutzdammes unter Wasser gesetzt.

Hier soll ein alter Kapitalbock seinen Einstand haben. Das Revier ist in kleinere Parzellen aufgeteilt als anderswo, daher sind auch mehr Menschen auf den Feldern unterwegs. Auf der Abendpirsch sehen wir einen kapitalen Bock, doch ist dieser meiner Meinung nach höchstens vierjährig und ich bin mit meinen Gastgebern einig, ihn auf keinen Fall zu schießen. „Das ist der Sohn“, sagt Jägermeister Rákóczi, „der Alte ist ähnlich, aber etwas stärker.“

Ich entschließe mich, in Röszke zu übernachten. Mein Gastgeber ist ein Mitglied der Jagdgesellschaft. Gutes Essen, Fernsehen, lange Gespräche. Allgemeines Klagen über das Wildererunwesen. Angeblich kommen Wilderer sogar aus der benachbarten Woiwodina über die Grenze, was ich aber schwer glauben kann. Außer, die Zöllner steckten unter einer Decke mit ihnen, was ich aber für unwahrscheinlich halte. Hier sind die Leute irgendwie zufriedener als in anderen Gebieten Ungarns. Auch das Jagdrevier ist nach dem Jagdgesetz nicht kleiner, sondern größer geworden.

Noch im Finstern stehen wir auf und frühstücken etwas. Der ungarische Kaffee kann Tote aufwecken. Dafür aber liegt er im Magen. Wir fahren zum Grenzübergang Röszke (auf der jugoslawischen Seite liegt etwas weiter Horgos). Unweit der Grenzstelle, die stark beleuchtet ist, lassen wir unseren Wagen stehen und gehen zu dritt etwa 400 Schritt, bis wir zu einem Hochstand kommen. Er steht recht frei, umgeben von niedrigen Büschen. Links ist ein Wäldchen, vor uns aber ein tiefer und breiter Graben. Am Hochstand sitzend, erwarten wir das Büchsenlicht.

Über der fernen Theiß schwebt wie Engelsflaum eine längliche Nebelwolke. Weit im Osten färben sich die Ränder der Schafwolken rötlich. Reiher schweben über den Auen, und unmittelbar in unserer Nähe beginnt ein Kiebitz seinen gaukelden Flug. „Pütpilit, pütpilit", auch die Wachtel meldet schon, und über dem Wäldchen schweben zwei Bussarde. Wir haben die Gläser am Kopf. Rákóczi sagt, dass hier ein starker Bock gesehen wurde, der aber oft über die Grenze zieht. Vor einer Woche war er neben dem Wäldchen gesehen worden. Sein Gehörn soll nicht hoch, aber sehr dick sein.

Vorerst ist kein Reh zu sehen. Dafür balzen die Fasanhähne, dass es eine Freude ist. Die Hennen tun so, als interessiere sie das alles nicht. Wieder muss ich an die Jugend von heute denken. Es schmerzt mich, mitansehen zu müssen, wie nicht nur erwachsene Menschen erfolgreich manipuliert werden, sondern vor allem die so vertrauensvoll idealistischen Jungen. Sie sind das wichtigste Ziel der Manipulation und Umerziehung, was die Alten denken, ist uninteressant. Und es wird jede Gelegenheit ausgenützt, um die Generationen aufeinander zu hetzen. Eine Ausstellung über die „Verbrechen der Wehrmacht" – wie sie jetzt in Deutschland gestartet wird, 52 Jahre nach dem Krieg, wenn niemand mehr da ist, der sich wehren könnte – dient, wie ich befürchte, einzig dem Zweck, die Jungen gegen die Alten aufzuhetzen. Und unsere Kirchen, die Barmherzigkeit und Verzeihen predigen sollten, schweigen meist dazu. Ja, man macht sich halt so seine Gedanken, auch hier im Nachbarland, auf einem Hochstand sitzend, an einem wunderschönen, beginnenden Maitag.

„Dort steht ein Reh", sagt Rákóczi. „Am Rand vom Graben, so auf 150 Meter, hinter dem Schilfstreifen." – Jetzt sehe ich es auch. Eine Schmalgais. Sie scheint allein zu sein. Mit sichtbarem Genuss zupft sie die frischen, grünen Blätter mancher Feldblumen und das zarte Gras. Rehe sind Feinschmecker, davon können viele Gartenbesitzer erzählen, auf deren Arealen in einer Nacht zum Beispiel sämtliche Rosen abgezupft werden. „Und jetzt kommt der Bock", Rákóczi haucht es nur. Schon habe ich ihn im Spektiv und versuche, ihn ganz genau anzusprechen. Ich sehe unfassbar dicke Rosen, lange Augenenden und sehr starke Stangen. Das Gesicht sagt mir, dass es ein alter Bock ist. Auf die Gestalt darf man Anfang Mai nicht zu viel geben. Durch das Winterhaar haben auch junge Böcke starke Träger. Das Gehörn des Bockes erscheint mir knapp 24 cm hoch zu sein. Es ist gut verfegt und hat für ungarische Tiefebenen-Verhältnisse eine relativ dunkle Farbe. Kein Wunder, denn überall stehen Erlen und dort beim Weg zum Wäldchen sind Nussbäume in noch recht zartem Alter.

Nach mindestens zehn Minuten Ansprechen entschließe ich mich zum Schuss. Der Wind steht nicht gut, und die unruhig gewordenen Rehe beginnen am Grabenrand wegzuziehen. Der Hochstand ist durchdacht gebaut. Das ist in Ungarn nicht die Regel. Die Brüstung ist niedrig (Rákóczi ist relativ klein), und das ist weit günstiger als eine hohe Brüstung, die Fehlschüsse geradezu provoziert.

Ich lege meinen alten Hut unter den Lauf, warte, bis der Bock breit steht, und lasse dann auf 170 Meter nach sehr sorgsamem Zielen fliegen. Im Kugelschlag kollert der Bock in den Graben hinein. Aufatmen, Händeschütteln, aber auch Durchrepetieren. Doch nichts regt sich mehr. Der Bock ist verendet. Als ich zu ihm trete, verschlägt es mir, der einiges in seinem Leben gesehen hat, doch ein wenig den Atem. Ich habe solche Rosen noch nie gesehen (29 cm). Ein Griff in den Äser sagt mir, dass ich Recht hatte. Es ist ein alter Bock, der vielleicht schon besser war. Die Messung ergibt 570 Gramm mit kleiner Hirnschale, das ist der schwerste Bock meines Lebens. Punktemäßig ist er mein zweitbester Bock. Wir fahren „nach Hause", und ich bekomme ein herrliches Frühstück. Mittags bin ich wieder in meiner Kaserne.

Am nächsten Tag fahre ich nach Norden in mein altes Revier Visznek. Hier sind zwar in den letzten Jahren keine guten Böcke bestätigt worden, aber die

Treue und der Anstand gebieten es, jetzt im 15. Jahr meiner Ungarnfahrten meine Aufwartung zu machen.

Ich werde wie immer bei Józsi untergebracht. Und bald geht es mit Lajos und Lojzi auf die erste Pirschfahrt. Wir sehen viele Rehe, einen Seeadler, einen Kaiseradler, relativ wenig Enten und auf dem Teich die seit einigen Jahren hier brütenden Säbelschnäbler. Es ist kein Bock unter den Rehen, den ich schießen möchte. Lajos hat ein einziges Mal einen abnormalen Bock gesehen, mit einem gamskruckenartig zurückgebogenen Gehörn, aber der dürfte jetzt in der Raps-Tafel sein, die in voller Blüte steht, jedoch nicht höher als 60 bis 70 cm ist. Da haben wir natürlich wenig Chancen. Sonst ist in diesem Jahr hier im Norden das Getreide relativ niedrig.

Abends sitze ich beim Fernsehen. Es bringt Filme von den Greueltaten der kommunistischen Geheimpolizei in einer Sendung, die den Titel „Der Staatsterror unter Lenin und Stalin sowie seinen ungarischen Satrapen" trägt. Der Kommunismus hat über 70 Jahre regiert. Hier meinen die Medien, dass es unumgänglich sei, eine „Vergangenheitsbewältigung" vorzunehmen. Hier gibt es einen einflussreichen Verein mit dem Titel „Landesverband der politisch Verfolgten" (POFOSZ). Zahlreiche Leidensgenossen werden interviewt. Ich sehe, dass Józsi, dem alten Kommunisten, manchmal der Mund vor Staunen offen bleibt. Auch wir wären sehr erstaunt, schnitte man dieses Thema nur einmal sachlich an. Jetzt, wo sich die sowjetischen Archive öffnen, wären auch Ausstellungen in dieser Richtung sinnvoll.

Am nächsten Morgen fahren wir nach alter Viszneker Sitte erst um 7 Uhr ins Revier. Die Sonne ist schon hoch, trotzdem tummeln sich noch viele Hasen auf den Feldern. Visznek ist ein ausgezeichnetes Hasenrevier. Im Vorjahr, als eine durchgehende Schneedecke von November bis März die Felder bedeckte, waren wir mit Attila Mitte Dezember hier, um (eingeladenerweise) einen kleinen „Stamperer" zu unternehmen. Da gab es Tafeln, auf denen bis zu 50 Hasen zu zählen waren. Und dabei waren wir nur zu dritt, ohne Hund. Ein Hauch von Vergangenheit! – Was hätte man hier bei einer Feldstreife ausrichten können?

Aber auch der Anblick so vieler Hasen, in einer Zeit, wo sie weltweit abnehmen, ist erfreulich. Die Zunahme der Hasen in Ungarn ist unter anderem auch der bereits fast restlos durchgeführten Privatisierung zu verdanken. Weniger Kunstdünger, wesentlich mehr Äsung, sehr viel Brache. Für den immer teurer werdenden Kunstdünger fehlt es den neuen Besitzern oder Pächtern an Geld –

die wiedererstandenen Feldraine bieten Äsung, auch nach der Ernte. Außerdem bleiben die Stoppelfelder lange ungepflügt und voller Unkraut.

Wieder sehen wir viele Rehe, die unserem Geländewagen aber schon von weitem ausweichen. Mit Lajos steige ich neben dem Rapsfeld aus und postiere mich stehend auf einem kleinen Hügel, einem der vielen Vermessungspunkte mit Betonsockel, eineinhalb Meter über dem Bodenniveau. Schon beim Aussteigen aus dem bald weiterfahrenden UAZ-Geländewagen werden einige Rehe hoch. Gaisen und junge Böcke, die einige Fluchten machen, sich aber bald wieder beruhigen und niedertun. Ich sehe, dass aus dem Raps das Haupt eines Rehes herausragt. Eine Gais ist noch zu sehen. Sie verhofft gegen uns. Der Wind ist zwar nicht stark, aber er bläst von Norden, ist für uns also nicht günstig. Wir stehen ungefähr eine halbe Stunde, während der Geländewagen das riesige Rapsfeld umfährt.

Da rumpelt es plötzlich vor uns, ein Rehbock wird hoch und flüchtet auf demselben Wechsel wie die anderen. Diese werden auch hoch und flüchten, allerdings langsamer werdend, nach rechts. Lajos hat den Bock inzwischen angesprochen. „Es ist der Abnorme." Auch ich entdecke zwischen seinen Lauschern rechts die „Gamskrucke", links eine Achterstange. Und was Lajos nicht sagt: Ich sehe, dass die Stangen zwar kurz, aber sehr dick sind. Schon habe ich die Büchse hochgenommen, entsichert und benütze die Vermessungsstange als „Bergstock". Nur das Haupt des Bockes ist zu sehen. Jetzt macht er ein paar Schritte nach rechts, verhofft wieder. Ich weiß jetzt, wo der Wildkörper ist. Halte ungefähr dorthin, wo das Blatt sein sollte, und der Schuss peitscht heraus. Ich habe sicher 10 bis 15 Meter durch den Raps geschossen. Der Bock ist gefallen, jedenfalls flüchtet er mit den anderen nicht mit. Auch haben wir dumpfen Kugelschlag vernommen.

Lojzi kommt mit dem Geländewagen. Er meint, der Bock wäre im Feuer gefallen. Ich bin aber vorsichtig. Langsam gehe ich vorne mit bereitgehaltener Büchse, hinter mir Lojzi, dann Lajos. Ganz vorsichtig und leise versuchen wir mit halbem Wind dorthin zu gelangen, wo wir den Bock vermuten. Meine Vorsicht war berechtigt. Ein Rumpeln und Zischen, der Bock ist hochgeworden und flüchtet nach rechts, wo der Rand des Rapsfeldes ist und sich ein frisch angebautes Maisfeld befindet.

Doch zu unserem Glück wird der sichtlich schwerkranke Bock immer langsamer. Ich winke Lojzi heran, und als der Bock mit krummem Rücken auf freiem

Feld verhofft, wirft ihn meine Kugel zu Boden. Ich habe an Lojzis Schulter aufgelegt.

Als wir an den Bock herantreten, den mir ein großes Glück und die Hilfe St. Hubertus beschert hat, entblößen wir unsere Köpfe. Vor uns liegt einer meiner interessantesten Böcke, die ich im Laufe von 56 Jahren erbeuten durfte. Ein knuffig-dicker, geperlter, hochabnormer ungerader Achter liegt vor uns, mit einem einzigartigen gebogenen rechten Stangenende, einer „Krucke". Es ist der drittstärkste Bock, den ich jemals in Visznek geschossen habe. Seit fünf Jahren wieder ein echter Kapitalbock, aber was für einer !

Auch dieser Bock wiegt 550 Gramm mit kleiner Hirnschale, punktemäßig ist er aber schwächer als der Bock von Röszke. Ich muss aber gestehen, dass er mir und allen, die ihn sehen, besser gefällt. Eine Trophäe, wie sie schöner nicht sein kann. Wenn einen die Erbeutung eines solchen – übrigens sehr alten – Rehbockes nicht freut, weil man sich „vorgenommen" hat, kein „Knochensammler", kein „Trophäenjäger" zu sein, wie es manche Leute auszudrücken belieben, dann tut mir dieser Waidgenosse Leid. Ich, der alte Sammler und Museumsmann, bin überglücklich über diese Beute und bin in diesem Sinn ein „Trophäenjäger".

Der erste Schuss war mitten am Leib, daher der dumpfe Kugelschlag. Die Brennecke TIG-Kugel hat, trotz 12 bis 15 Meter durch tauignassen Raps geschossen, den Bock voll erreicht und durchschlagen. Wir hätten dem im Feuer gefallenen Bock vielleicht etwas mehr Zeit zum Verenden lassen sollen, aber ich wusste ja nicht genau, wo der Schuss saß. Es hätte ein Krellschuss sein können, jedenfalls wurde der Bock – zugegebenermaßen auch durch Glück – auf diese Weise viel früher von seinen Leiden erlöst. Weder Lajos, der alte Rehbockfachmann, noch der Revierjäger Lojzi hatten die mindeste Ahnung, dass der Bock ein so hochkapitales Gehörn hatte.

In diesem Jahr, 1997, waren die Gewichte der erlegten Rehbocktrophäen in ganz Ungarn unverhältnismäßig hoch. Genau das Gegenteil vom Vorjahr, aber mit solchen – sicher auch witterungsbedingten – Schwankungen muss man immer rechnen.

Nachdem die Rehbrunft in diesem Jahr in Horn wieder schön und erfolgreich war, diesmal wegen der vielen Regenfälle die Ernte aber im Gegensatz zu anderen Jahren im Waldviertel kaum angefangen hatte, entschloss ich mich, wieder einmal zur Hirschbrunft nach Ungarn zu fahren. Nicht nur mein Alter, auch andere Umstände lassen uns immer wieder die Frage stellen: wie lange noch? Bei uns im klassischen Jagdland Österreich wird über ein neues, strengeres und schikanöses Waffengesetz verhandelt. Es werden, wie schon immer, dann und wann Verbrechen mit Jagd- und Sportwaffen verübt. So etwas wird man nie verhindern können. Statt aber die Schuld bei denen zu suchen, die tagtäglich mittels mieser, meist amerikanischer Filme der Jugend das Töten und „Auf-Menschen-Schießen" genüsslich vor Augen führen, werden die legalen Waffenbesitzer, so auch die Jäger, ungerecht und sinnlos schikaniert. Die Gewalt Mensch-gegen-Mensch ist in unserer humanen und toleranten Demokratie durch das Fernsehen so alltäglich geworden, wie es in dunklen, alten, reaktionären Zeiten das Morgen- und Abendgebet war. Neuerdings wird nicht nur geboxt, wie es „Old Shatterhand" tat, heutzutage wird getreten, am liebsten in den Unterleib oder in das Gesicht.

Der Mensch ist des Menschen größter Feind. Nie hätte man gedacht, dass mit dem Wohlstand die Unzufriedenheit und der Neid ins Unermessliche wachsen würden. Ich kann ja davon ein Lied singen. Ich hatte in meiner Jugend viele überzeugte Kommunisten als Freunde. Das waren Arbeiter, arme Leute, die sich ein besseres Leben erhofften, nicht jene heute vernachlässigten Kinder des Wohlstandes, die mit 18 bis 19 Jahren die vom Vater entlehnten und zuschanden gefahrenen Autos ebenso „sammeln" wie früher die Jäger Schnepfenfedern am Hut.

Ich gehe in die Stadt, um Fotos abzuholen. Allein in der Grazer Herrengasse passiere ich 24 meist knieende Bettler mit betend erhobenen Händen. Ich höre und verstehe, was sie untereinander sprechen. Es sind Zigeuner aus Ungarn und der Slowakei. Vielleicht sind es auch keine „privaten" Bettler, denen allen meine Barmherzigkeit gehört, sondern organisierte. Pardon, ich habe Zigeuner geschrieben; es sollte Roma oder Sinti heißen – mein Fehler.

Am 1. September fahre ich nach Balatonfenyves, wo mich Freund Attila mit der Botschaft empfängt, im „Berek" von Héviz hielte sich ein starker, alter Hirsch auf, mit dolchartig hinunterragenden Augenenden. Der Jäger hat ihn gesehen, er soll schon beim Rudel stehen. Ich nehme in Héviz in einem Nebengebäude einer Pension Quartier mit separatem Eingang. Das letzte Mal wohnte ich in Alsópáhok. Jäger Laci ist nicht da, der jetzige Jäger ist neu, sehr sympathisch, jung und heißt Csaba.

Drei Pirschen mache ich völlig erfolglos. Wir hören Hirsche nur im Dunkeln melden, bei Tag sind nur allein gehende Alttiere oder Tiere mit Kälbern zu sehen. Der Morgen des vierten Tages bricht an. Noch bei völliger Dunkelheit holt mich Csaba ab, und wir horchen alles ab. Im Kukuruz, unweit des Weidenhochstandes, wo wir am Abend immer ansitzen, hört man nichts. Von da scheint das Wild schon in die undurchdringliche Schilfregion oder in das inselartige Wäldchen am nordöstlichen Teil gezogen zu sein. Im vorigen Jahr, als ich keinen Hirsch schoss, war hier wesentlich mehr Wasser, und man hörte das Wild weithin plantschen. Heuer ist es trockener, aber die Gelsen sind nicht weniger geworden und ihre Blutrünstigkeit hat in keiner Weise nachgelassen. Wir umfahren jetzt den Berek gegen Norden, passieren dabei eine kleine, vernachlässigte Ortschaft. Die Hunde fangen ein Geheul an, als näherten sich Wölfe. Noch in völliger Dunkelheit erreichen wir einen Hochstand am östlichen Teil des Wäldchens.

Der Jäger denkt, dass der Hirsch sich vielleicht hier blicken lässt, nachdem wir ihn an der Westseite dreimal umsonst gesucht, ja nicht einmal melden gehört haben. Ich bin ohnehin ein Gegner dieser ausschließlichen Morgen- und Abendpirschen. Man müsste vielmehr auch vormittags ansitzen, und zwar dort, wo sich das Wild zu suhlen pflegt. Hier allerdings, wo alles feucht und kotig ist, wo das Wild überall suhlen kann, sollte man dort ansitzen, von wo man den besten Überblick hat. Das Pirschen im „Berek“ ist nur auf den wenigen, gemähten Alleen möglich. Und auch hier kracht es, wenn man auf die Schilfstoppel tritt. Die Brunft hat einfach noch nicht voll eingesetzt. Weit unten hören wir jetzt eine gute Stimme drei-, viermal kräftig anschlagen. Wir warten auf unserem Hochstand bis zum Schusslicht, aber da sich nichts rührt, pirschen wir – den Wagen am Dorfrand lassend – auf einer der Queralleen zurück auf die Westseite, wo der höchste Hochstand steht.

Ein wolkenloser, warmer Tag scheint sich anzubahnen. Ich sage beim Pirschen, dass direkt beim Wäldchen, wo der alte Hirsch angeblich seinen Einstand hat, ebenfalls eine Leiter hingehört, gerade für einen Ansitz bei Tag, was die Jäger in Ungarn aber partout nicht wollen. Schon der Feisthirsch wird (laut Oberförster Dorner von Lahnsattel) alle vier Stunden hoch, um zu äsen. In der Brunft ist die Unruhe des noch zum Teil suchenden Platzhirsches wesentlich größer, und man könnte eigentlich den ganzen Tag auf ihn passen.

Es ist jetzt 8 Uhr geworden, und wir haben außer einem Sechserhirsch und zwei Tieren nichts gesehen. Noch einen Hochstand wollen wir begutachten im Süden des Berek, aber noch einige hundert Meter in diesem, am Rande einer

Allee, die von Weiden und Silberpappeln gesäumt wird. Hier hatten wir vor einer guten Stunde das einzige kurze Röhren eines offensichtlich älteren Hirsches gehört. Man kann nie wissen. Unmittelbar vor dem endgültigen Einziehen in den Einstand oder manchmal sogar nach diesem äsen die Tiere noch gerne ein wenig. Und der Hirsch, wenn einer dabei ist, begleitet sie dann.

Wir haben Sauen, die die Allee überqueren wollten, vergrämt. Mit lautem Blasen und Rumpeln ziehen sie gegen den nördlichen Teil des Bereks. Wie sich später herausstellt: Gott sei Dank. Der Hochstand ist auf etwa 20 Meter südlich von der Allee, davor ist ein relativ sumpfiger Graben zu überqueren. Ein kleiner Steg würde hier nicht schaden, denke ich. Ich bin schon oben, der Jäger kommt nach. Mit freiem Auge sehe ich plötzlich am Schilfrand den Spiegel eines Hirsches. Er scheint zu äsen, das Haupt, ist am Boden und verdeckt. Lange rührt er sich nicht. Nun werde ich ein wenig ungeduldig. Ich versuche es – wie mein Vater es so oft tat – mit dem Tierruf. Ruckartig hebt der Hirsch sein Haupt und mir steigt gleichzeitig pulsierend das Blut in den Kopf. Was ich da sehe, auf etwa hundert Schritt erblicke, ist so unwahrscheinlich, dass ich einen Moment an eine Halluzination denke. Könnte einem älteren phantasievollen Menschen wie mir doch passieren? Armdicke Stangen, ein enges und kurzes Geweih, rechts über dem Eisende eine dritte, ebenfalls dicke Stange, darunter ein bösartiges, fast „lönsartiges" Altherrengesicht.

Ich zögere keinen Augenblick. Diesen Hirsch muss ich haben, diese Gelegenheit bietet sich niemals mehr. Ich greife nach meiner alten treuen Büchse. Der Hirsch steht noch immer spitz von hinten, unmittelbar vor ihm ist das drei Meter hohe Schilf, das bekanntlich undurchdringlich ist. Die Büchse längst eingestochen, warte ich, dass er sich breitstellt. Nur halbbreit würde schon genügen. Doch der Hirsch rührt sich nicht. Hat er irgendeine Bewegung gesehen, ist er von Natur aus übermisstrauisch? Zehn Minuten vergehen. Dann mache ich wieder, diesmal mit verdeckender Hand, hinter der Brüstung einen Tierruf. In diesem Augenblick wendet der Hirsch und steht den Bruchteil einer Sekunde breit, ich komme am Blatt ab, und ohne Zeichen, ohne Kugelschlag ist er im Schilf verschwunden. Wir sehen noch eine kleine Weile das Wackeln der Schilfhalme, dann ist es still. Gespenstisch still. Nur ganz ferne im kleinen Dorf wüten die Köter. Ich bin tadellos abgekommen und weiß, dass der Hirsch liegen muss.

Wir warten eine Viertelstunde, dann pirschen wir ganz leise zum Anschuss, der nicht zu verfehlen ist. Hier finden wir einige Spritzer Lungenschweiß. Das genügt mir. Ein relativ tiefer Graben muss übersprungen werden, dann ist das Vorwärtskommen schwierig. Hier ist, wo sonst ein kleiner Teich ist, so zäher Schlick, dass er einem die Stiefel bei jedem Schritt auszuziehen droht. Doch nach 30 Metern stehen wir plötzlich vor dem gestreckten Recken: ein Hirsch wie auf einem Riedingerstich. Das ist mein erster Eindruck. Die Trophäe einmalig. Zwar noch kürzer und noch enger als ich dachte – aber eine Trophäe, wie man sie im Leben nur einmal erbeutet. Mit gezogenem Hut stehe ich vor meinem ungarischen Brunfthirsch, den mir diesmal eine gütige Fee beschert hat.

Im Csákberényer Schloss hingen viele hundert Hirschgeweihe. Aber ich erinnere mich an keinen einzigen, der nur annähernd diesem ähnlich war. Die rechte Rose des ungeraden Sechzehnenders misst über 31 cm. Die Stangen sind durchschnittlich 20 cm dick. Was soll ich weiter sagen? Der Hirsch wurde damals und wird noch heute von allen echten Jägern bestaunt. Ich habe richtig gehandelt. Als die gütige Glücksfee mit ihrem wallenden Gewand an mir vorüberstrich, erfasste ich dieses ohne Bedenken. Starke Hirsche habe ich schon geschossen, auch einige Kapitale gestreckt. Aber einen solchen schießt man nie oder nur einmal im Leben.

Es hätte ja auch anders kommen können, wie die nachfolgende Geschichte beweist. Ein deutscher Jäger geht nach mir fast zwei Wochen auf den sagenhaften Hirsch mit den geraden Augenenden. Endlich befolgt der Jäger meinen seinerzeitigen Rat und baut einen kleinen Hochstand am unteren Teil des Wäldchens. Während er baut, kommt ihm am hellen Vormittag der Kapitale auf vierzig Schritt. Am nächsten Tag fehlt ihn der deutsche Gast zweimal. Noch geht er einige Male erfolglos auf ihn, dann reist er ab. Es kommt ein Schweizer. Dieser hat mehr Anblick als sein Vorgänger. Die Brunft ist auch in vollem Gang, und jeder Hirsch hat bei aller Vorsicht Tage der Schwäche und Unvorsichtigkeit. Der Schweizer Herr kommt mit dem Hirsch zusammen und schweißt ihn an. Da er gut abgekommen ist, versteht er nicht, dass der Hirsch nicht zustande kommt. Die Hunde allerdings, die man in vielen Revieren zum Nachsuchen zur Verfügung hat, sind alles eher als gute Schweißhunde. Der Schweizer Waidmann fährt enttäuscht ab. Wochen später beobachtet ein Mitglied der Jagdgenossenschaft, wie ein Mann ein riesiges Geweih schleppt. Der Mann hat Blue Jeans an und ist ein Tourist, wie man hört. Er hat unweit des Anschusses den verendeten und bereits stark verwesten und von Füchsen angenommenen Kapitalhirsch gefunden. Es ist einwandfrei der sagenhafte alte Kapitalhirsch, auf den der

Deutsche und später der Schweizer geschossen haben. Das Gewicht des Riesengeweihes ergibt über 13 Kilogramm.

Wenn ich mir diese Irrungen und Wirrungen vor Augen führe, dann kann ich nur froh sein, den Abnormen erlegt zu haben.

*Das Fegen ist wichtig, kann aber lästig sein!*

# *Familienjagd in Iharosberény*

Die Akazienwälder Ungarns waren kahl und durchsichtig geworden, nur Nadelhölzer boten wirklich Deckung, denn der Wind verlor seine Kraft, wenn er an ihre Ränder stieß. In den Morgenstunden seufzten die verlassenen Felder nebeligen Hauch, unter denen die Büsche und Bäume schemenhaft und voller Ahnung warteten. Die Stille des Wintertages unterbrachen nur die schwarzen, aus dem Osten angereisten Saatkrähen, hin und wieder eine Sirene, dann und wann der dröhnende Motor eines Lastautos russischer Provenienz. Die großen Schilfmeere südlich des Balaton flüsterten geheimnisvoll, doch die Menschen verstanden ihre Worte nicht. Die aufgeackerten Felder waren hart gefroren und unter den mächtigen Bäumen, die still vor sich hinträumten, war der Anfang November gefallene Schnee liegen geblieben. Schwärme von Wacholderdrosseln bevölkerten die kahlen Obstbäume, um sich aus den gefrorenen, übrig gelassenen Äpfeln zu ernähren. Dickes Eis hatte die sonst so quirlig gurgelnden Bäche von den Rändern her zusammenwachsen lassen, und auf den Fenstern der friedlich vor sich hindösenden, und aus kurzen Schornsteinen rauchenden Bauernhäusern bildeten sich Eisblumen, die in ihren bizarren Formen an Palmenwälder und Dschungelpflanzen erinnerten. Die Menschen schienen mürrisch zu sein, wie nach dem Krieg, und ihr Grant übertrug sich auf die Hunde, von denen noch viele tagsüber angekettet waren.

In den Ortschaften, die ich ab der Grenze passierte, waren die Auslagen noch immer phantasielos gestaltet, obgleich die Waren zum Großteil westlich waren. 40 Jahre Kommunismus mit seiner Zukunfts- und Hoffnungslosigkeit hatten Generationen geprägt. Nun waren sie frei, vielleicht noch freier als wir – Rede- und Pressefreiheit herrschte im Land – und sie konnten überallhin reisen. Jeder hatte ein Auto westlicher Herkunft, aber sie waren noch immer unzufrieden – was wollten sie eigentlich?

Ich war als Erster im Jagdhaus Iharosberény, das sein rechtmäßiger Besitzer, der Baron Inkey, „Ágneslak“ (Agneshaus) genannt hatte, eingetroffen. Es lag inmitten eines großen Waldreviers am Rande von Teichen und schien Szent Péterfölde recht ähnlich zu sein. Der Forstdirektor, ein etwa 40-jähriger Mann mit Rauschebart, hieß Császár Gyuri. An der Wand hing ein großes Gemälde, das irgendwie an Pausinger erinnerte und Wildschweine im winterlichen Wald darstellte. Das Jagdhaus war nicht sehr groß, hatte fünf Zweibettzimmer, eine Küche, und der als Speisezimmer benützte Gesellschaftsraum enthielt zwei Sitzgarnituren.

Wie meine Leser schon wissen, organisierte ich seit einigen Jahren alljährlich Ende November oder Anfang Dezember die sogenannte „Familien-Saujagd“ in einem ungarischen Revier. Zuerst waren wir im Börzsönygebirge, der „Ipolyvidéki“ Forstverwaltung, links der Donau unweit des großen Knies oberhalb von Budapest, direkt an der slowakischen Grenze. Hier waren wir – bis auf die sehr lange Anreise – unter der Leitung des Jagdleiters Kovács Feri recht zufrieden, bis dort im Jahre 1995, von der Slowakei ausgehend, die Schweinepest ausbrach. Wir mussten uns daher um ein anderes gutes Revier bemühen und den allgemeinen Wunsch respektieren und ihm Rechnung tragen, dass dieses möglichst in relativer Grenznähe liegen sollte.

Im Vorjahr hatten wir hier die erste Jagd abgehalten, mit den Böhlers und Freund László Szápáry, und ich hatte einen guten Eindruck gewonnen. Für das Jahr 1996 konnte ich zehn Schützen gewinnen, wovon fünf den Namen Meran trugen und einer ein Vetter ersten Grades war. Die Schützen trudelten einer nach dem anderen ein. Zuerst die älteren, ganz zuletzt – wie immer – die am wenigsten Zeit habenden Jungen. Nach einem gemeinsamen Abendessen verabschiedete sich der sympathische Forstdirektor. Der Beginn der Saujagd wurde für den 31.11.1996 um 8 Uhr festgesetzt.

Freund Attila kommt zum Frühstück. Er wird mich wie immer begleiten. Im ersten Trieb, in einem Hochwald, kommt mir ein Frischling, den ich auch erlegen kann. Links von mir schießt Bruder Max drei Überläufer, rechts Neffe Franz eine Bache. Im nächsten Trieb kommt mir leider nichts. Er ist dort, wo ich im Vorjahr einen Überläufer geschossen habe. Da die Triebe sehr lange dauern, ist es bereits 13 Uhr, als wir zum Jagdfrühstück zusammenkommen.

Über Nacht hat es etwa drei Zentimeter geschneit, sodass der Waldboden, wo noch alte Schneereste an den schattigen Stellen übrig geblieben sind, durchwegs weiß und gefroren war. In jeder Hinsicht ideal. Im dritten Trieb wird zuerst Bruder Feri angestellt, dann Vetter Georg, als Dritter ich. Es ist ein jüngeres Stangenholz, der Weg, auf dem wir stehen, zieht sich in einem leichten Halbkreis nach links. Rechts von mir ist noch Bruder Max, die anderen Schützen sind auf der Vorderseite, wo Bruder Feri steht, und auf der uns gegenüberliegenden Flanke sehr weit entfernt. Vor mir ist eine leichte Erhöhung, meine Nachbarn sind außerhalb meiner Sichtweite und überdies noch überriegelt. Lange Zeit genieße ich die Schönheit dieses herrlichen Platzes. Die Temperatur beträgt 3 Grad unter Null, kein Lüftchen ist zu spüren, dafür jeder Ton zu hören. Schwarzspechte beklopfen einen alten morschen Baum so heftig, dass der Schnee leise herunterrieselt. Kohl- und Blaumeisen suchen emsig nach Nahrung. Irgendwo ratscht ein Häher, ein anderer antwortet. Ich bin ganz Auge und ganz Ohr, weiß nicht, wo die Wechsel sind, alte Fährten sind vom Neuschnee verdeckt. Attila sagt, dass er irgendwo, weit entfernt, schweres Wild ziehen hört.

Bald fallen die ersten Schüsse, auch links von mir, ich weiß nicht recht, ob bei Feri oder bei Georg. Dann tut sich lange nichts, bis auf eine Rehgais, die rechts vertraut bis zum Weg zieht. Plötzlich macht sie über der frischen Menschenfährte einen Luftsprung und wechselt – diesmal rasend – wieder in den Trieb zurück. Jetzt sehe ich drei, vier Sauen auf der Höhe erscheinen. Es sind alles Überläufer. Als der eine frei ist, schieße ich sofort, die anderen flüchten links vorbei, ich schieße das zweite Mal in dem Augenblick, als einer gänzlich verdeckt verhofft, auch der liegt. Noch einen kann ich in voller Flucht beschießen, dann verschwinden sie hinter mir in einem tiefen Graben. Ich hatte an einer dünnen Buche angestrichen geschossen, Attila das Ganze mit der Videokamera gefilmt.

Als die Treiber kommen, finden sie sofort meinen ersten Überläufer, ich selbst zeige ihnen den zweiten, dann gehe ich zum Anschuss des dritten. Viel Schweiß, was auch der inzwischen nachgekommene Ansteller, ein Treiber und Bruder Max bestätigen. Ich bin sicher, dass der Überläufer im Graben liegen wird. Dem ist aber nicht so. Ich sehe von oben die sehr gut sichtbare Schweißfährte, aber keine Sau. Der Jäger verspricht, nach dem Trieb mit einem angeblich guten Hund nachzusuchen. Mir untersagt man das Nachgehen, auch ist das Gelände sehr steil und durch Brombeeren verwachsen. Schweiß „wie aus Kannen gegossen", doch der Überläufer wird nicht gefunden. Es geht sich ein vierter Trieb nicht mehr aus. Wir fahren heim.

Der Tag ist sehr kurz und die Nacht wird lang und kalt. Vor dem Abendessen entspannen wir uns. Einige trinken einen Muntermacher, andere spielen Karten, wieder andere versuchen zu ruhen. Das führt dazu, dass die jüngeren Schützen, die sich zur entspannenden Bettruhe begeben, so tief einschlafen, dass sie nicht pünktlich beim Abendessen erscheinen.

Iharosberény! Viel habe ich über dieses Revier gehört, vor allem von Freund Dezsö Pongrácz, der mit dem Baron Inkeys voisinierte und mir viel vom Zsiga und von László Inkey erzählte. Aber auch Zsiga Széchenyi, Ungarns im Jahre 1898 geborener großer Jagdschriftsteller, der leider schon 1967 verstarb, beschreibt das Revier (vor 1944):

„Fast alle Jahre war ich in Iharosberény zum alljährlichen Klopfen eingeladen. Im Schloss von Iharosberény stand im Vorraum eine schwarze Tafel, auf der die Namen und die Tagesstrecke der Gäste mit akribischer Präzision aufgeschrieben waren. Das hatte den Vorteil – den überhaupt Schusslisten haben –, dass jeder sich selber und jeden seiner Gastkollegen kontrollieren konnte. Dabei waren nicht nur die aufgeklaubten, sondern auch die verloren gegangenen und auch die gefehlten Schnepfen aufgezeichnet. Auch die Zahl der verschossenen Patronen war genauestens verzeichnet ... Iharosberény war neben Lovasberény, meinem Wissen nach, das beste Schnepfenrevier (des alten) Ungarns."

Soweit Zsigmond Széchenyi über dieses Iharosberény, in dem wir jetzt rund 50 Jahre später auf Sauen jagen. Im Vorjahr war wesentlich mehr Schnee als heuer, dennoch kamen meinem Neffen Philipp in einem Trieb im Dezember vier Schnepfen.

Von Iharosberény hat mir auch mein Freund Hans Hoyos erzählt. Er war im Jahre 1945 längere Zeit als deutscher Soldat in Nagybajom stationiert, das in der

Nähe liegt und bis 1996 zum großen Jagdkomplex Ujvárfalva (ehemals Somsich) gehörte. Die Deutschen versteiften ihren Widerstand an diesem Teil der Ostfront, weil hier – nach Verlust der Ölfelder von Ploesti in Rumänien – die letzten größeren Ölvorkommen im deutschen Einflussgebiet übrig geblieben waren. Er erzählte von einem im damals nicht besetzten und verschont gebliebenen Schloss verbrachten gemütlichen Nachmittag im Februar 1945, als die Besitzer Tee tranken und ihrem normalen Tagesablauf nachgingen, als bliebe es immer so.

Doch die große Offensive der Russen, anschließend an einen Panzerangriff der 6. Armee Sepp Dietrichs, der misslang, etwa Mitte März 1945, sah Iharosberény zur Schnepfenzeit schon in russischer Hand. Was die Russen aber mit allen Schlössern, die sie fanden, machten, wissen wir. Wir wissen auch, dass von ihnen sogar die kleinen alten Bauernhäuser ausgeplündert wurden. Unendlich große, unersetzliche Werte wurden vernichtet, geraubt, gestohlen. Überall, wo die Sowjets ihren Fuß hinsetzten. Doch darüber gibt es heute weder Berichte noch Filme, noch gibt es Wiedergutmachungen. Über das Leid anderer kommt man schnell hinweg.

Am nächsten Morgen bin ich gut ausgeschlafen. Kurze Besprechung mit dem Forstdirektor, damit vor allem jene zu guten Ständen kommen, die noch nichts geschossen haben. Dann erkundige ich mich über die Nachsuche meines Überläufers. Die Antwort ist: Der Jäger ist nicht weit nachgegangen, weil der Hund Rehfährten nachging und es ohnehin finster wurde. Also auch hier die alte Misere mit angeschweißten Stücken!

Im ersten Trieb, der im Vorjahr der erfolgreichste war, bekomme ich den gleichen Stand, wo ich einen Keiler und einen Überläufer schoss. Heuer ist der Wind schlecht. Es wird auf der anderen Seite geschossen. Vetter Georg, der eine Sondererlaubnis bekommt, schießt ein Tier. Ich werde im nächsten Trieb in einen Hochwald mit eher viel Unterwuchs gestellt. Links überriegelt Freund Waldemar, rechts Bruder Max an der Flanke. Es ist ein langer Trieb, und die Schützen stehen an den Wechseln. Den besten Stand hat Freund Hans Michael, der auf einer Kanzel Platz nimmt, und zwar am Rückwechsel. Dort knallt es sehr bald, ebenso schräg hinter uns.

Attila hatte mir zwar mit seinen guten Ohren das Herannahen von schwerem Wild avisiert, aber es kam so verdeckt oder überriegelt, dass wir es nicht zu Gesicht bekommen. Ein mittelguter Keiler ist es, der Waldemar anläuft, von ihm schwer angeschossen und nachträglich gefunden wird. Dann kommt links und etwas näher in rasender Flucht eine einzelne mittelgroße Sau. Ich schieße und sie liegt im Feuer. Der Schuss hätte natürlich auch in einen Baum gehen können. Ich freue mich sehr über den Schuss. Die Sau kam so schnell, dass Attila gar nichts sagen konnte, schon war sie da und ich im Anschlag. Es ist eine Bache.

Das Essen zieht sich leider zu lange hin. Ich verstehe die Schützen nicht, dass sie die beste Jagdzeit versäumen, denn um 16 Uhr ist es, besonders bei bewölktem Himmel im Wald schon zu finster, um weiterzujagen. So haben wir an jedem Tag in dieser guten Jagd statt vier nur drei Triebe. Man sollte in der Früh den Schützen je zwei Sandwiches ausfolgen, die sie dann am Stand je nach Belieben verzehren können. Man redet sich immer auf die Treiber aus. Diese aber haben ihre meist viel bessere und üppigere Jause ohnehin im Rucksack dabei und sind durch ihr ständiges Gehen nicht ausgefroren, um sich beim Feuer wärmen zu müssen.

Dieses Mal ist der letzte Trieb eine riesengroße, lange Lehne, die mit zehn Schützen ganz zu umstellen unmöglich ist. So werden die Hauptwechsel abgestellt. Neffe Franz und Johann Offner sind am Rückwechsel, ich auf einer schmalen Allee in der Mitte des Triebes, die anderen U-förmig im Hochwald, außerhalb der fast durchwegs durch dichte Dickungen bestandenen Lehne, des dritten und angeblich besten Triebes. Ich muss über einen längeren Fußmarsch und einen Umweg auf meinen Stand. Aufgestellt werde ich etwa in der Mitte dieser Allee, wo das Gelände verhältnismäßig flach ist. Wenn ich zum Triebanfang, wo Neffe Franz steht, schaue, ist vor mir ein völlig verfilzter Wald, in dem Lärchen, Weißbuchen und Eichen von ca. 30 Jahren stehen. Nach links wird die Allee steiler, schließlich, bevor sie oben den Rand des Triebes erreicht, wo auch der Weg verläuft, über den wir kamen, ganz extrem steil. Zwischen meiner Allee und der „Brust" des Triebes ist eine riesengroße Eichendickung, ein richtiges Schnepfenbiotop, höchstens 2,5 Meter hoch. Dazwischen Dornenbüsche, Wacholdersträucher, kleine Föhreninseln. Fast undurchsichtig bis auf einige primitive Forstwege, die einige Meter mehr Einblick gestatten.

Wir müssen uns zuerst auf die Dickung konzentrieren, woher die Treiber kommen. Der Himmel ist leicht bewölkt. Es ist über Nacht wärmer geworden. Das wirkt sich auf meinen Stand so aus, dass große Strecken der Allee schon aper sind, denn die Mittagssonne hat den vorgestern Nacht gefallenen Neuschnee schon fast weggeschmolzen. In den Dickungen und vor allem im Lärchenwald liegt aber genügend Schnee. Ich werde mich hier ganz auf die

Ohren von Attila verlassen, denn ich sollte wenigstens die Richtung wissen, aus der Wild zu erwarten ist, sonst bin ich auf dieser Allee chancenlos.

Der Trieb wird von West nach Ost genommen. Im Westen kommt jetzt die schon recht niedrige Sonne hervor und wird von Minute zu Minute größer und dunkler. Nun fallen am Rückwechsel Schüsse. Das ist in meinen Augen zu früh, denn die Treiber können noch kaum mehr als 100 Meter angetrieben haben. Da fasst mich Attila am Ärmel. Er deutet mit den Augenbrauen nach rechts. Dort ist der große Wechsel. Ich stehe in Halbanschlag und warte. Aber Attila zeigt an, dass es wieder still geworden ist. Das beruhigt mich nicht, denn ich weiß, dass besonders starke Sauen immer wieder Halt machen, um sich mit allen Sinnen zu orientieren.

Plötzlich poltert eine starke Sau beim Wechsel, aber etwas näher als dieser, auf die Allee. Da ich vorbereitet bin, fahr ich gut und rechtzeitig mit, und zu meiner Freude fällt das starke Stück im Feuer, bleibt mitten auf der Allee liegen. Große Freude. Ein Blick durch das Glas zeigt, dass es ein Keiler ist.

Nun knallt es überall. Mitten in eine solche Knallerei, als Attila nicht sein feines Gehör benützen kann, kommt wieder ein stärkeres Stück, etwas weiter und etwas schneller als das erste. Ich werfe mich herum, denn ich habe gerade nach links hinauf geschaut, wo zwei Rehe über die Allee wechselten. Ich komme gut ab, allerdings nicht vorne, wie es sich gehört, sondern hinter dem Blatt. Die Höhe ist aber richtig. Ich spüre, weiß, dass ich getroffen habe. Nun kommen die Treiber auf die Allee. Alle haben rote Plastikschilder auf den Hüten und gelbe Westen. Man richtet sich auf der Allee aus. Ich mache den Jäger, der zu meinem Keiler geht, aufmerksam, dass ein zweites starkes Schwein weiter unten in die Eichendickung geflüchtet ist und dass sie aufpassen sollen, denn es könnte ja noch leben. Die Treiber gehen in die Dickung, und ich höre den an die Fährte angesetzten Hund Hetzlaut geben. Ich muss mich jetzt umdrehen und auf die Eichendickung konzentrieren.

Merkwürdig, denke ich, dass heute so wenig Füchse vorgekommen sind. Im Vorjahr kam ich selber auf zwei zu Schuss und erlegte zu meiner Freude auch einen davon. Nun erscheinen dort, wo die Allee in meiner jetzigen Stellung rechter Hand am steilsten ist, vier Stück Kahlwild und flüchten in mäßigem Tempo nach hinten in die Lärchen. Nun hätte ich den Platz wechseln sollen und mich auf den oberen Wechsel konzentrieren müssen, denn er liegt doch über 100 Meter weit von mir und dort ist die Allee am schmälsten, der Jungwald am dichtesten. Ich hätte wenigstens 40 Schritt nach rechts Aufstellung nehmen sollen. Eine innere Stimme rät mir das auch – und nicht nur einmal. Aber wir bleiben stehen und rühren uns nicht. Wieder knallt es vorne. Da erscheint im Schweinsgalopp ein riesiges Schwein gerade dort oben, wo die Tiere durch sind. Ich fahre zwar auf, aber bis ich in Anschlag gegangen bin, ist der Esel von einem Keiler schon durch.

Er war nicht nur unglaublich hoch, er war auch lang, konnte kaum ein Ende finden. Wäre ich die besagten 40 Schritt weiter oben gewesen, wir hätten doch irgendetwas gehört. Ich wäre in Bereitschaft gewesen, und ich hätte meinen stärksten ungarischen Keiler geschossen. Ich dachte mir sofort, dass dieser Basse nicht aus dem Trieb hinausgehen würde. Und so war es; die beiden Rückwechsel-Schützen Franzi und Johann haben ihn nicht gesehen. Er verdrückte sich in einem der dicht verfilzten Gräben des Lärchenwaldes, die einen idealen Schlupfwinkel für einen alten Eremitenkeiler boten. Es ist wirklich kein Wunder, dass solche Keiler so lange am Leben bleiben. Aber bei diesem wunderte es mich doch, dass die Hunde ihn nicht entdeckten, allerdings sind die ungarischen Hetzköter meistens nachmittags schon so müde, dass sie nicht mehr viel taugen.

Schon höre ich die Treiber nicht mehr, wir rätseln, ob der Trieb bereits zu Ende ist, da erscheint im Troll ein Frischling auf 30 Schritt links von mir, und da ich gerade dorthin schaue, kann ich ihn roullieren. Ein Frischling kann übrigens noch so schnell sein, er macht doch weit kürzere Schritte als ein Keiler. Dann kommt der Jäger mich abholen. Erst jetzt gehe ich zum Anschuss meiner zweiten Sau. Tatsächlich ist kein Schweiß zu finden. Aber bei einer flüchtigen Sau kommt das öfter vor. Ich verlasse mich auf mein Gefühl, auf mein gutes Abkommen. Aber die Jägerschaft ist auch zu verstehen. Was werden den Berufsjägern von all den vielen ungeübten und unerfahrenen Schützen doch glatt gefehlte Sauen als „angeschossen“ angesagt! Die Parole in Ungarn bei Sautreibjagden ist, wenn kein Schweiß zu finden ist, dann wird auch nicht nachgesucht. Es bleibt mir die einzig Hoffnung, dass einer der vorderen Schützen die starke Sau erlegt hat. Allerdings fiel hier kein Keiler mehr, doch habe ich ja nicht festgestellt, ob es ein Keiler war.

Bald brennt im Westen der Saum des Wolkenkleides in schaurig rotgoldenen Farben. Die Sonne ist untergegangen, und ihre aus dem Schatten fingergleich himmelwärts greifenden Strahlen pinseln purpur- und violettfärbige, allerdings nur kurz verweilende Farbflecken auf die dünne Wolkenschicht. Ein schöner

Jagdtag, ein herrliches Wochenende sind zu Ende gegangen.

Der Forstdirektor vermeldet die Strecke. Es liegen 31 Sauen, darunter vier Keiler und zwei Stück Rotwild, insgesamt 33 Stück. Stammham ist ausgefallen, keine andere Jagdeinladung erreicht mich mehr, so bin ich doppelt dankbar, an diesem Jagdséjour sechs Sauen erlegt zu haben, und in gewisser Hinsicht als Organisator stolz, dass niemand ohne Beute die Heimreise antreten musste.

# *Auf Rehböcke in Ungarn*

Mai 1998

Und wieder war es Mai geworden. In den frisch belaubten Wäldern rief der Kuckuck und gurrte die Turteltaube. Herrlicher Fliederduft schwebte über der Landschaft, und an den Rändern der Teiche trafen sich die Stockerpel, um gemeinsam ihr Dasein als Strohwitwer zu beklagen. In den Tümpeln quakten die Frösche Tag und Nacht, um dann plötzlich aus unerfindlichen Gründen, wie auf Kommando, völlig zu verstummen. Emsige Waldameisen krabbelten über die Rinden der alten Eichen, und aus dem Auwald dufteten fast unwirklich süß und trotzdem unverkennbar die Maiglöckchen. Die Natur hatte ihr Festgewand angelegt, unbeirrbar, wie seit uralten Zeiten und kümmerte sich nicht um die Unvernunft der Menschen, die sich in dieser schönen Zeit besonders hervortaten. Die meisten Festlichkeiten finden im Mai statt. Ich weiß es noch aus meiner aktiven Zeit. Tagungen, Generalversammlungen, Symposien, Wahlen, Hochzeiten, Jahreshauptversammlungen, Sportereignisse finden in diesem Monat statt. Sie lenken den Menschen ab von der Beschaulichkeit, der Naturbewunderung und der zur Sammlung, Meditation und dem stillen Gebet notwendigen Einsamkeit.

Viele Jahre fahre ich um den 1. Mai auf Rehböcke nach Ungarn. In den achtziger Jahren, als der Kommunismus unüberwindlich schien, standen rechts und links der Straße Flaggen und kleine Fahnen. Zuerst jeweils zwei rote und eine rot-weiß-grüne, später, noch unter Kádár, zwei rot-weiß-grüne und eine rote, dann hörten die roten Flaggen plötzlich völlig auf. In diesen Jahren konnte ich auf ungarischen Fernsehschirmen das blutrote Flaggenmeer und die mit roten Taschentüchern winkenden Politiker auf der Wiener Ringstraße beobachten, während im kommunistischen Ungarn die Aufmärsche ausblieben und das Volk mit Würstchen, Bier und Ringelspiel feierte.

Auch heute überquere ich über die gleiche Route die Grenze und merke kaum etwas davon, dass morgen der Tag der Arbeit ist, in zehn Tagen aber Nationalratswahl. Man sieht wenige Plakate, und wenn, dann sind sie klein und unscheinbar. Doch auch hier merke ich das Anpassen an den Westen. Statt Parolen oder Argumenten sattrote, geschönte Visagen irgendwelcher, unendlich langweiliger Politiker. Eigentlich sollte in einer Demokratie nicht Personenkult betrieben werden, denn dieser interessiert wirklich niemanden. Vielmehr sollten Sachfragen und das Volk interessierende Aussagen gemacht werden, wie in lange zurückliegenden Zeiten – in den fünfziger Jahren etwa. Doch lassen wir dieses nostalgische Geplapper eines alten und erfahrenen Menschen. Die Widersprüche der neuen Zeit kann ich ohnehin nicht verstehen. Mein Herz ist trotz des herrlichen Frühlingstages traurig und enttäuscht. Man hat in Eggenberg begonnen, mein Lebenswerk zu zerstören, „mein" in 42 Jahren aufgebautes Jagdmuseum auf fragwürdige Weise abzubauen. Jetzt geht es darum, die weltberühmte Dioramenflucht des Künstlers Jung-Ilsenheim zu demontieren und damit zu zerstören. Ich habe vor Jahren vor dieser mir völlig unverständlichen Absicht gewarnt, wurde zuerst ausgelacht, später mit gegenteiligen Beteuerungen abgespeist, doch schließlich habe ich Recht behalten. Für einen alten Mann, der ein ganzes Leben lang seine ganze Arbeitskraft und Liebe in dieses Museum investierte, der demselben und damit indirekt auch der Steiermark zusätzliche Bedeutung verschaffte, am Ende seines Lebens eine bittere Pille. Denn ich war 25 Jahre alt, als man mich zum Leiter dieses Museums ernannte. Verzeihen Sie, liebe Leser, wenn ich, vom eigentlichen Thema abgewichen bin. Doch Sie sind es ja gewohnt, dass ich Ihnen meine Gedanken übermittle. Und wie ich weiß, sind sie mir darüber nicht böse.

Den 30. April verbringe ich bei meinen Freunden in Balatonfenyves. Eine spürbare Abkühlung hat die Gegend des Plattensees erreicht. Das Wetter war Anfang des Jahres 1998 ohnehin völlig abnormal. Der Februar war bis auf die ersten vier Tage sonnig, warm und frühlingshaft. Schon Mitte Jänner sah man Schneeglöckchen. Um den 20. Februar zeigte das Thermometer 24 Grad in Graz. Zur selben Zeit in Warschau 15 Grad. In der Herrengasse in Graz wurden die sommerlichen Sitzgarnituren aufgestellt. Dann kam der März mit Abkühlungen, Schneefall und Kaltfronten. Der April war nur um weniges besser.

Am 1. Mai fahre ich mit Start um 11 Uhr in Richtung Szeged. Hinter mir fährt ein deutscher Jäger, der mit Familie zur Zeit in Héviz auf Kur ist. Er will einen braven Bock erlegen, da er in der Gegend seines Kurortes in den letzten Jahren nur schwache vor die Büchse bekam. Wir fahren über Szeged nach Makó, das etwa 30 Kilometer östlich liegt. Oberjäger Mátyás wird mich auf einen angeblich Starken, den Stärksten des Reviers führen. Er ist ein sehr ruhiger, mir schon jahrelang bestens bekannter Mann, ich vertraue ihm ganz und gar. Um 5 Uhr starten wir in froher Erwartung von dem am Ufer der Maros liegenden Erholungsheim der Feuerwehr, die – da der Obmann der Gesellschaft Feuerwehrkommandant von Makó ist – provisorisch als Jagdhaus fungiert.

Auf einem mit Laub gut getarnten transportablen Hochstand setzen wir uns an. Der Wind ist nicht besonders gut, doch soll das angeblich die Rehe nicht stören. Bald sehen wir rechter Hand im Weizen einen jungen Gabler. Eine Stunde später erscheint vorne rechts aus dem Windschutzgürtel ein eng gestellter Abschussbock und treibt den Jungen eine Weile hin und her. Der ältere Bock verschwindet bald, der junge erscheint immer wieder und äst schließlich auf 300 Meter von den zarten, jungen Blättern der Bäume. Der Wind ist noch immer schlecht, aber kaum spürbar. Zwei Kuckucke streichen laut rufend immer wieder über uns, im schmalen Wald – aus dem wir den Bock erwarten – ertönt das Gurren dreier Turteltauben. Ich habe meine 30-06 Mannlicher-Büchse mit einem neuen Swarovski-Glas, das 3- bis 10fach vergrößert, in welchem aber das feine Fadenkreuz unverändert bleibt. Am Hochstand rechts, wo wegen des Einstieges kein Geländer ist, wird zum Auflegen des rechten Armes ein Stock mit Bindfäden festgemacht, darüber lege ich noch eine Wollweste. Eine Minute vor 20 Uhr erscheint auf 120 Schritt ein Bock, der mir auf den ersten Blick nicht sehr stark und hoch vorkommt. Ich frage Mátyás, ob dies der Bock sei. Er nickt. Ich gebe ihm zur Sicherheit mein Spektiv. Er schaut lange, dann sagt er: Das ist unser Bock, ich erkenne ihn an den Enden. Nun richte ich mich zum Schuss. Das Fadenkreuz ist auf 8fach eingestellt, die Auflage ideal.

Im Knall schlägt es den Bock zu Boden, Hochblattschuss. Er rührt keinen Lauf mehr. Als wir hintreten, liegt da ein braver Erntebock mit langen Enden, 25 cm hoch, aber kein Kapitaler. Mátyás ist untröstlich, denn er hat ihn für weitaus stärker eingeschätzt. Die Lauscher sind kurz. Er hat sich – wie das oft vorkommt – in der Höhe geirrt. Der Deutsche, den der Jungjäger Zsolti führt, erlegt einen weitaus besseren Bock mit einem dicken Draht um den Träger. Er wiegt

530 Gramm und erzielt die Goldmedaille. Mir scheint, die Kategorie des Bockes ist unserem deutschen Freund doch etwas zu hoch, aber er strahlt und ich gratuliere ihm herzlich.

Am nächsten Tag sitze ich an der rumänischen Grenze auf einem Hochstand, wo ein abnormer Mörderbock seinen Wechsel hat. Nach langem Warten, dass der Bock aus dem hinter uns befindlichen Wäldchen austreten würde, sehen wir plötzlich auf ca. 200 Meter vor uns das abnorme Gehörn aus dem Weizen ragen. Er ist in der Frucht und niedergetan. Der Himmel färbt sich langsam rot, die Sonne ist untergegangen. Da erhebt sich endlich unser Bock, zieht aber weg von uns. Ich stelle das Fadenkreuz auf 10fach. Als er sich breitstellt, schieße ich sofort, und auch dieser Bock fällt im Feuer. Diesmal sitzt der Schuss am Halsansatz. Der Bock freut mich sehr, denn auf der linken, nur etwas kürzeren Stange hat er ein sehr tief angesetztes Augenende von 16 cm und einen abnormen Auswuchs.

Tags darauf geht es auf einen angeblich ganz starken Bock, in das mir bisher unbekannte Revier Bordány, 16 Kilometer von Szeged.

Die Gegend ist anheimelnd, doch für einen Kugelschuss scheint sie mir zu bebaut zu sein. Übrigens liegt das Revier unweit von Pusztaszer, das einst das beste Hasenrevier der Welt war. Ich habe mit einigen Teilnehmern dieser legendären Jagd selbst gewaidwerkt. Sie waren alle an der berühmten Streifjagd von sechs Tagen anwesend, als von acht Schützen 22.000 Stück Wild gestreckt wurde, vornehmlich Hasen.

Der Jagdleiter ist ein kleiner, sympathischer, rotgesichtiger, pockennarbiger Mann, zweifellos ein guter Jäger. Er sagt, dass er den „Kapitalbock" das letzte Mal am 31. Jänner gesehen hat. Das dämpft meine Erwartungen doch etwas, denn ich weiß nur zu gut, wie trügerisch ein Bastgehörn sein kann. Wir sitzen am Rande eines großen Schilfes und warten, dass der Bock zur Äsung hinausziehen wird. Ich teile mir beinhart die Sektoren ein, wohin ich schießen kann und wohin nicht. Die Gegend ist voll von alten „tanya-s", das sind meierhofartige Siedlungen, die vorerst verlassen, jetzt neuerdings wieder revitalisiert worden sind. Manche erinnern an die oberösterreichischen Vierkanthöfe.

Endlich, nach sehr langem Warten, erscheint rechter Hand aus dem Schilf langsam, und wie mir scheint etwas hinkend, ein Bock. Das ist er – zischt mein Begleiter. Ich nehme das Spektiv und schaue mir den Bock sehr genau an. Er ist relativ hoch, hat aber ganz dünne Stangen, was ich auch meinem Pirschführer sage, der ihn mit seinem 20fachen Fernglas anschaut und mir dann Recht gibt. Ich schieße also nicht und schone auch einen später austretenden stärkeren Bock, den ich für viel zu jung halte. Ein roter Punkt „par excellence". Es tut mir Leid, den netten Jägern von Bordány nicht die Freude gemacht zu haben, einen Bock zu erlegen. Wir scheiden aber in bestem Einverständnis, und wer weiß, vielleicht ergibt diese neue Bekanntschaft irgendwann ein Waidmannsheil.

Am nächsten Tag fahre ich über Szeged, Kecskemét, Cegléd, Nagykőrös, Jászberény in mein altes Revier Visznek, wo ich in 15 Jahren meine stärksten Böcke geschossen habe. Alles ist wie früher. Ich wohne bei Horváth Jóska, dessen Stieftochter aber inzwischen schon das dritte Kind erwartet. Dadurch sind die Wohnmöglichkeiten natürlich relativ eingeschränkt. Ich bin um 15 Uhr angekommen, melde mich bei Tóth Lajos und wir beschließen, um 17 Uhr zu starten.

Der alte UAZ-Geländewagen kommt mit Lojzi, und wir fahren auf den angeblich besten Bock des Reviers Visznek zur Farkas-tanya. Dieser im Krieg (oder danach) total zerstörte Meierhof des ehemaligen Besitzers Farkas Béla ist mir gut bekannt. Hier gibt es große Fliederbüsche, Remisen, bewachsene Gräben, auch ist es ein gutes Fasanenrevier. Zwei Großgrundbesitzer gab es bei Visznek. Das eben erwähnte Gut des Farkas Béla und Kenyérvár, wo früher auch ein Schloss stand. In den schicksalhaften Jahren nach der „Befreiung" durch die Bolschewisten wurden beide Anwesen zerstört. Nur die teils exotischen Bäume des Parks und die unvermeidlichen Fliederbüsche zeugen davon, dass hier vorher blühendes Leben existierte, das vielen Leuten Arbeit gab. Dafür hat heute der ehemalige Parteichef mehrere hundert Hektar Grundbesitz.

Unweit des großen Dammes zum Fluss Tarna, wo die Grenze des Reviers verläuft (der Damm wird hier eigenartigerweise „Pangét" genannt), ist eine kleine Remise mit einem darin befindlichen Hügel, ein idealer Platz zum Ansitzen. Rundherum Weizen, der hier noch etwas niedriger ist als in Südungarn. Im Norden das große Bergmassiv der Mátra, ihr höchster Punkt ist der Kékes mit 1.100 Meter über dem Meeresspiegel und gleichzeitig der höchste Berg des heutigen Ungarn.

Lojzi hat den Geländewagen hinter dem großen Fliederbusch geparkt, während Lajos und ich auf dem Sitz Platz nehmen, der mitten auf dem kleinen Hügel aufgestellt wurde. Ich bin gerade mit meiner Leica beschäftigt und wechsle einen Film, als mich Lajos – wie es seine Art ist – leise berührt. Auf rund 150 Schritt ist ein Rehbock hochgeworden. Dicke, lange, dunkle Stangen, Lajos nickt: „Das ist der Bock." Er verhofft hinüber zum Jeep, aus dem gerade nichts ahnend Lojzi steigt.

„Es wäre gut, gleich zu schießen, sonst flüchtet er über die Grenze", flüstert Lajos. Und ich bin schon fertig. Der Bock steht fast breit, 12 bis 13 cm des Wildkörpers ragen aus dem Weizen. Ruhig saugt sich das Fadenkreuz ins Blatt. Als der Schuss fällt, macht der Bock einen einzigen Schritt nach vorne und knickt dann verendend ein. Als wir hintreten, ist die Freude groß. Ein wirklich starker, selten dunkel gefärbter, 26 cm hoher Bock liegt vor uns mit einem Schuss durch beide Blattschaufeln. Wir fotografieren, der inzwischen herangekeuchte Lojzi überreicht als Bruch einen kleinen Fliederstrauch, dann machen wir noch eine Rundfahrt, wobei wir die Horste der Seeadler und Wanderfalken besichtigen und wunderbare Fotos vom roten Himmel machen, der einen Schlechtwettereinbruch verkündet.

Abends gibt es Grießnockerln und hausgemachte Pfirsichkompotte. Ich schlafe, wie immer in Visznek, tief und erholsam. Den ganzen nächsten Tag starker Regen, für die hiesige Gegend, besonders im Mai völlig ungewohnt, ein Landregen, wie er im Gebirge vorkommt. Für die Landwirtschaft, den Mais und die Sonnenblumen ein Segen. Ich bleibe zu Hause und lese in alten Jagdzeitschriften. Als wir am nächsten Vormittag etwa um 8:30 Uhr ins Revier fahren, sehen wir, dass ganze Getreidetafeln – allein durch den Regen, nicht durch Überschwemmung – unter Wasser stehen. Wenn Rehe flüchten, spritzt das Wasser wie in einem Bekassinensumpf. In einem der trockensten Gebiete Ungarns ist das

*Rotwild liebt das Wasser in jeglicher Form*

eine Sensation. Später erfahre ich, dass dieses Regentief von Südosten kommt und nicht bis über die Donau reicht.

Wir gehen auf einen alten „Mörderbock“, den sowohl Lojzi als auch Lajos auf 28 cm schätzen und der seinen Einstand am Méhesdomb (Bienenhügel) hat. Lojzi bringt uns auf eine kleine, kaum sichtbare Anhöhe, wo ein Betonring Deckung bietet, ein altbekannter Aussichtsplatz. Nach etwa einer halben Stunde entdeckt Lajos, nicht weiter als 100 Meter westlich von uns, die weißen Spitzen des Gehörns des gesuchten Bockes. Er döst vor sich hin. Sein Gehörn ist nur sichtbar, wenn er – niedergetan – das Haupt ein wenig hebt. Auch mir kommt er hoch vor, geperlt und recht dick. Aber es ist ein ungerader Gabler. Und nun beginnt eine Geduldsprobe von über zwei Stunden. Aus Erfahrung weiß ich, dass es nur selten gelingt, einen alten Feldbock durch menschliche Laute hochwerden zu lassen, ohne dass er sofort flüchtet. Er muss von selber hochwerden, doch dazu hat er keine Lust. Jede halbe Stunde sieht man, wie er aus dem Sitzen heraus ein wenig zu äsen beginnt, dann folgt wieder das Dösen mit nach vorne hängendem Haupt, wie wenn ein braver Staatsbürger (bei einer Politikerrede) vor dem Fernseher einschläft.

Ich habe wiederholt mit gut aufgelegter Büchse hingezielt, versuche mit dem Spektiv festzustellen, wie er wohl gebettet ist, aber mein Entschluss steht fest, ich warte, bis er von selbst hoch wird. Und das geschieht um 12:10 Uhr urplötzlich, langsam und bedächtig. Er steht halbspitz, doch ich warte nicht mehr. Ich ziele genau und trotzdem schnell, und der Bock zeichnet, indem er hinten ausschlägt. Dann rast er weg.

*Das Bad am Vormittag*

„Herzschuss", sagt Lajos. „Ich habe die Kugel einschlagen gesehen." Nach 30 Metern Todesflucht knicken die Läufe plötzlich weg, und der alte Mörder ist verendet. Als wir zu ihm treten, eine kleine Enttäuschung, denn der Bock ist bei weitem nicht so hoch, wie wir ihn angesprochen haben. Jedoch insofern abnormal, als seine Stangen radikal nach vorne zeigen, wie bei einem Gamsbock, ein Abnormer also mit irgendwann gebrochenen oder verbogenen Rosenstöcken. Dadurch dass die Spieße so weit weg von den abnormal kurzen Lauschern hervorragen, haben wir den Bock als viel höher eingeschätzt. Man lernt eben nie aus. Beim Aufbrechen sehen wir, dass Lajos Recht hatte, Herz und Lunge sind zerfetzt, der Ausschuss beim Gescheide.

Von meinem Freund und Jagdvermittler Attila erfahre ich telefonisch, dass inzwischen in Deszk und in Röszke – beide Reviere liegen bei Szeged – je ein Kapitalbock gesehen worden ist. Jener bei Deszk an der Reviergrenze auf 20 Schritt von einem deutschen Jagdgast, der ihn nicht schießen wollte, jener in Röszke, wo ich im Vorjahr den knuffigen Kapitalbock erlegte, an der Grenze zur Woiwodina, also zum ehemaligen Jugoslawien. Es steht mir also eine abermalige Fahrt nach Südungarn bevor.

Als ich in Deszk ankomme, erwartet mich der ehemalige Jägermeister des alten Maros-Theiß-Eckreviers, das heute viergeteilt ist. Ich wohne in einer schönen Pension in Szeged in der Klostergasse. Bei der Abend- wie bei der Frühpirsch sehen wir den bewussten Bock nicht, dort aber, wo er auszuziehen pflegte, einen Dobermann emsig herumsuchen. Ich mache es kurz: Als ich in mein Quartier heimkehre, um vormittags ein wenig zu ruhen, teilen sie mir mit, dass ich das Zimmer bis 11 Uhr räumen muss, denn es käme eine Delegation. Statt Schläfchen findet also nach dem Frühstück eine lästige Hotelsuche und Übersiedlung statt. Die neue Bleibe ist das Hotel Forrás, ein gediegenes, altmodisches Hotel, das von außen schöner aussieht, als es sich innen offenbart. Während der Jägermeister auch auf der Abendpirsch den sagenhaften Deszker-Bock nicht mehr sieht, werde ich im schönen Revier Röszke tatsächlich überall herumgeführt, doch nur junge Böcke sind unter den halbwegs starken zu sehen.

Dabei erfahre ich, dass der im Vorjahr so emsig gesuchte Kapitalbock infolge der Überschwemmungen im Vorjahr und heuer auf der anderen Seite der Theiß, in Tiszasziget, von einem Spanier erlegt wurde. Frisch mit kleiner Hirnschale wog dieser Bock 650 Gramm, offiziell sind 612 Gramm festgestellt worden. Auch so etwas kann vorkommen. Und dabei kenne ich die Jäger von Tiszasziget gut, habe dort mit Jóska und Laci etliche starke Böcke erlegt. Als ich sie Anfang Mai anrief, ob sie einen guten Bock hätten, sagten sie mir traurig: „In diesem Jahr haben sie nicht gut auf."

Mit Lajos Rákóczi, dem Jagdleiter von Röszke, sehen wir sicher 100 Rehe in seinem brettlebenen Revier. Ganz zuletzt versuchen wir es an der jugoslawischen Grenze, unweit der Stelle, wo ich im Vorjahr den Kapitalen erlegte. Wir fahren. Rechts ist der Grenzgraben, an seiner gegenüberliegenden Seite am Rand sind die Grenzsteine. Plötzlich springt aus dem Graben auf die ungarische Seite ein starker Rehbock heraus und flüchtet gegen den unweit liegenden Bahndamm. Ich sehe auf den ersten Blick, dass es ein sehr starker Bock ist, will ihn aber noch genauer ansehen. Mittelhohe, unten und oben sehr dicke, gut vereckte Stangen. Ich springe aus dem Auto. Der Bock flüchtet auf den Bahndamm und verhofft auf diesem. Dahinter Häuser und die Hauptstraße, die zur Grenze führt, voller Lastwagen. Dann verschwindet er hinter dem Damm. Ich pirsche zusammen mit dem inzwischen zu mir gestoßenen Rákóczi vorsichtig auf den Damm. Vom Bock sehen wir nichts. Plötzlich wird er aus einem Brachacker hoch, verhofft kurz, ich komme nicht zusammen. Außerdem erscheint mit prustendem Motor ein aus Ungarn kommender Zug, mit der Absicht nach Jugoslawien zu fahren. Auch unsere Triebwägen waren in den fünfziger Jahren ähnlich silbergrau.

Der Bock verhofft, solange uns der Zug an irgendeiner Aktion hindert. Dann begibt er sich in langsamem Tempo parallel mit dem Bahndamm wieder in Richtung Jugoslawien. Wir laufen so schnell wir können. Parallel zum Grenzgraben ist eine Baumreihe, vielleicht macht er uns den Gefallen und wartet so lange im Ungarischen, bis wir dorthin gelangen. Wir sind schon in die Baumreihe eingeschwenkt. Lajos sieht den Bock auch kurz zwischen den belaubten Ästen. Noch zwanzig Schritt trennen mich von einer Unterbrechung der Baumreihe, von dort könnte es gehen. Aber der Bock hat etwas mitbekommen, wird immer schneller, und auf zwanzig Schritt vor mir überfällt er flüchtig die ungarisch-jugoslawische Grenze. Dort ist ein Acker, dahinter Weingärten und dazwischen ein riesiger Grenzhochstand. Über der Grenze wird der Bock ganz langsam und verhofft schließlich auf 70 Schritt, steht breit, als ob er wüsste, dass ihm hier keine Gefahr mehr droht. Und dann dreht und schwenkt er wieder gegen Ungarn ein. Lajos hofft zwar, dass er die Grenze wieder überfallen würde. Ich aber ahne, dass er nur seinen Einstand aufsucht, und dieser ist der verschilfte und mit Büschen garnierte Grenzgraben.

Von diesem Augenblick an sehen wir diesen Rehbock nicht mehr. Drei volle Tage widmen wir ihm allein unsere Aufmerksamkeit, doch wir sehen wohl seine Gaisen, den Bock aber nie wieder. Eines Morgens bemerken wir noch in der Dämmerung einen jugoslawischen Geländewagen in langsamem Tempo auf 100 Meter von der Grenze parallel zum Graben vorbeifahren. Ob sie ihn wohl letztlich bekommen haben? Es war ein echter Kapitalbock, ähnlich dem vorjährigen, doch etwas höher. Meine Rehbock-Erlebnisse in Ungarn enden mit diesem Bock. Sie waren wieder bereichernd und zum Teil ungeheuer aufregend. Nicht immer erreicht man das, was man sich vorgenommen hat. Und die – wahre – Jagd ist schön, weil sie so viele Unsicherheiten, unvorhersehbare Komponenten in sich birgt. Die ungarischen Böcke sind zudem völlig natürlich in einem gottbegnadeten Biotop herangewachsen. Kraftfutter oder andere chemische Zutaten im Futter sind dort völlig unbekannt.

Auf der Heimreise besuche ich noch meine Heimat Csákberény und Zámoly. Das viele Hässliche, was Menschen diesem früheren Juwel eines Dorfes, diesem Paradies angetan haben, wird im Monat Mai noch am ehesten durch die gütige Natur zugedeckt. Blühende Kastanienbäume von über 150 Jahren, gerade knospende, aber unendlich stark duftende Akazien, der Duft von Goldregen, dunkelrotem Doppelflieder und wunderbar frischem Laub erwärmen das Herz und lassen schöne Erinnerungen wach werden.

Ich besuche den Tischler Bruno mit seiner Anna, die 1934 hier in Graz geheiratet haben. Er ist 88, sie ist 86 Jahre alt. Es sind die letzten lebenden Angestellten meines Vaters. 1999, wenn dieses Buch erscheint, werden sie mit Gottes Hilfe ihr 65-jähriges Ehejubiläum gefeiert haben. Ich glaube, man nennt es die „eiserne Hochzeit“. Ich besuche das Denkmal meines Vaters, das wunderschön weiß in einer Kleewiese steht. Es gibt Menschen, deren gute Taten noch hier auf Erden ihren Lohn finden. Der bescheidene, gescheite und fleißige Familienmensch, der Vater seiner Angestellten und unerschütterlich gläubige römische Katholik Philipp Heinrich Meran, mein Vater, den Gott so früh von dieser Welt abberufen hat, war so ein Mensch.

Vielleicht ist es auch besser, dass er all das Schreckliche und Unfassbare – ich denke dabei auch an die schwere Glaubenskrise – nicht mehr erleben musste. Sein Glaube, seine Weltanschauung, seine Ideale und sein Leben waren aus einem Guss, kerzengerade, unbeeinflussbar und wahrhaftig. Ein besseres Beispiel und aufrechteres Vorbild als das Leben dieses Mannes gibt es nicht.

# *Der alte Brummer*

## Hirschbrunft 1998

Wieder einmal bin ich zur Hirschbrunft in Ungarn. Der Vogelzug hat sehr früh eingesetzt, überall sieht man massenhaft Schwalben. Sie sind offensichtlich auf dem Durchzug und sammeln sich auf den vielen Drähten, die das Bild der alten Dörfer verschandeln. Auf den Telefondrähten sitzen sie locker in Viererreihen, wie die Musikzeichen in einem Notenheft. In jedem Dorf sind Hunderte auf den Drähten und nochmals Hunderte in der Luft. Es gibt noch Schwalben, Gott sei Dank!

Die Ankunft des Herbstes ist unverkennbar. Man sieht schon Herbstzeitlosen, die Pfaffenkapperln leuchten im Gegenlicht, der fast reife Schlehdorn wechselt sich ab mit den kleineren und größeren Hetscherln, die Nussbäume tragen schwer an ihren großen Früchten, allerlei Zwetschken und Ringlotten zieren die ansonsten ungepflegten Bäume. Abends, wenn die Ringeltaubenflüge aus dem fernen Norden um die Remisen kreisen, weinen grillengleich und monoton die Herbstzikaden. Es gibt relativ wenig Gelsen. Über den halbverfallenen Dörfern schwebt ein eigenartiger Duft von reifem Obst, Fäulnis und nassem Stroh.

Es ist der 7. September, als ich um die Mittagszeit in Balatonfenyves bei Attila und Trudi eintreffe. Die Hunde empfangen mich mit Freude, als wäre ich niemals weg gewesen. Etwas vor 15 Uhr starte ich dann nach Héviz. Das Autofahren wird mir mit der Zeit lästig. Am 4. September nahm ich noch an einer fabelhaften Entenjagd bei Salzburg teil. Die Hin- und Rückfahrt und die drei Stunden von Graz hierher spüre ich aber und erinnern mich daran, dass ich nicht mehr der Jüngste bin. Der Jagdleiter der Jagdgenossenschaft, Attila Mocsári, empfängt mich und führt mich zu meinem Quartier, das sich im östlichen Villenviertel von Héviz befindet. Die Hausleute sind (wie immer in Ungarn) nett und gastlich.

Allerdings wird nicht darüber gesprochen, ob ich hier verköstigt werde, ob man ein Frühstück bereitstellt, aber ich habe, um ehrlich zu sein, auch nicht danach gefragt.

Punkt 17 Uhr werde ich von Jäger Csaba, mit dem ich im Vorjahr den abnormen Dreistangler erlegte, abgeholt. Unser Ziel ist der kleine Berek bei Vidornyaszőllős, ein herrliches Sumpfgebiet mit verstreuten Eichen und Weidenwäldchen, seichten Teichen und sumpfig-feuchten, hochwuchernden Wiesen sowie Schilf. Dasselbe Biotop wie im Vorjahr, eine Art torfiges Urmoor, würdig ein Naturreservat zu werden. Wir stellen unseren Geländewagen außerhalb des Moores ab und begehen zuerst einen Damm, dann eine gemähte, etwa 2,50 Meter breite Allee und besteigen einen relativ niedrigen Hochstand am Rande eines Maisfeldes mit mäßigem Ausblick in den Mais, aber weitem Blick über das links liegende Moor. Unser Stand dürfte etwa drei Kilometer südlich der Stelle sein, wo ich im Vorjahr das Waidmannsheil auf den armdicken Abnormen hatte. Nach links hinten und nach links vorne sind zwei der schon erwähnten Alleen, vorsorglich für die Hirschbrunft gemäht, obgleich gerade hier ein Hirsch aus dem Unkraut herausragen würde. Die hiesigen Hochstände sind stabil gebaut, bieten genügend Deckung, da sie aus Brettern bestehen, sind aber für das gute Hineinsehen in das hohe Gewächs etwas zu niedrig geraten.

Das Wetter ist gut – wie die Meteorologen sagen: ein Zwischenhoch. Weit im Westen lauern schon die Kaltfronten, die einen spürbaren Temperatursturz bringen werden. Mich kann man diesbezüglich nicht leicht täuschen. Ich bin nämlich „wetterfühlig" und kann Wetteränderungen meistens besser voraussagen als die auf Satellitenfotos und Computerkarten fixierten Wetterfrösche. Apropos Frösche! Wie auf ein plötzliches unhörbares Kommando fangen sie zu rufen an, und ein lange nicht gehörtes lustiges Konzert verschiedener Froscharten erfreut den Jäger.

Auf den Weg nach Balatonfenyves habe ich die ungarischen Nachrichten gehört. Gyula Horn, der durch die letzte Wahl abgewählte ehemalige Ministerpräsident, hat jetzt auch als Parteivorsitzender resigniert. Sein Nachfolger ist der frühere Außenminister Kovács. Einer, dem die Meinungsforscher hohe Beliebtheitsgrade nachsagen. Wir leben in einem Zeitalter der Visualität und Telegenität. Wenn einer im Fernsehen gut ankommt, ist er schon Kandidat für den höchsten Posten. Man muss durch die Kamera sympathisch wirken, alles andere gilt nur wenig. Eigentlich unmenschlich, ungerecht, fast schon grausam.

Die Tage sind bereits merklich kürzer geworden. Den ersten Röhrer hören wir erst um 19 Uhr, aber in unserer Nähe, wo der Jagdleiter mit einem deutschen Zahnarzt – allerdings im Mondschein – einen kapitalen Hirsch, mit armdicken Stangen gesehen hat, sehen wir außer drei einsamen Tieren und zwei Rehgaisen nichts. Es ist etwa 20 Uhr, als mich Csaba leise berührt. „Eine große Sau", flüstert er und schon sehe ich auf einer der Schneißen ein sehr hohes schwarzes Etwas, das ich erst mit dem Zeiss als unwahrscheinlich starkes Schwein anspreche. Der Gestalt nach dürfte es ein Keiler sein, aber es steht spitz. Nach fünf Minuten dreht es sich nach links, und ich bin platt. Die riesige Sau füllt den ganzen Weg aus! Gerne hätte ich geschossen, die Entfernung beträgt etwa 250 Meter, und mein Fadenkreuz – auf zehnfach gestellt – steht mitten am Blatt des Keilers. Doch es ist hier in Ungarn ein ungeschriebenes Gesetz, dass man in der Hirschbrunft nur dann auf Sauen schießt, wenn der Hirsch schon auf der Strecke ist. Und so lasse ich den urigen Keiler – von dem ich ahne, dass ich ihn nie mehr sehen werde – blutenden Herzens in Richtung der fernen Maisfelder ziehen.

Wir hören erst in der Dunkelheit einige Hirsche melden. Eine Stimme auf große Entfernung, in nordwestlicher Richtung, interessiert mich. Sie klingt wie ein tiefes Brummen. Ich höre sie nur zweimal. Abends stelle ich fest, dass im Quartier kein Essen bereitet wird. Ich habe aber zwei Sandwiches und eine Flasche Güssinger – für alle Fälle – mitgebracht und muss nicht in irgendein fernes, von ostdeutschen Touristen belagertes Restaurant gehen. Auch für die Frühpirsch bin ich vorbereitet und habe Nescafé bei mir. Csaba sagt, dass er mich um 4:30 Uhr abholen wird. Ich bin kein passionierter Frühaufsteher. Vor allem deswegen nicht, weil ich aus Angst, den Wecker zu überhören, immer wieder auf die Uhr schaue und wie diesmal ab 2 Uhr nicht mehr richtig schlafen kann. Aber es gibt Ärgeres. Der große Hirschjäger Hubi Rothermann war seiner Natur nach ein ausgesprochener „Spätaufsteher", hat aber in der Hirschbrunft nie eine Frühpirsch ausgelassen.

Der 8. September ist ein relativ günstiger Tag. Es ist bewölkt, und es geht ein leichter Westwind. Diesmal umfahren wir den „Berek" und wandern sehr weit und sehr lange zu einem anderen Hochstand. Die Hochstände sind 400 Meter voneinander entfernt, und wir setzen uns bei völliger Dunkelheit auf den dritten. Vor uns links ein ausgedehnter undurchdringlicher Weidenwald, fast auf den Meter 400 Meter breit, von einem Hochstand zum anderen reichend. Hinter uns eine verunkrautete Sumpfwiese mit Goldrute, Büschen und kleineren Lacken, weiter westlich ein richtig uriger uneinsehbarer Eichenwald. Und in diesem schreien drei Hirsche in größeren Abständen. Einmal höre ich ganz deutlich das schon am Abend festgestellte Brummen: „Auooo“. Als es lichter wird noch einmal, und sofort verstummen die anderen Hirsche. Aus Erfahrung weiß ich, dass nach Beendigung des noch nicht richtig angelaufenen Brunftbetriebes – ein abnehmender Mond guckt manchmal aus den Wolken – die jüngeren Hirsche in den Fährten der Brunftrudel erscheinen. So ist es auch heute. Zuerst hinter uns ein Achter, von dem ich nur das wippende Geweih sehe, dann im Gänseschritt ein kapitaler Spießer mit schwarzem dicken Spießergeweih und dahinter ein Abschussspießer. Auf derselben Allee, wo gestern der Keiler zu sehen war, unweit seines Wechsels, sehe ich eine verhältnismäßig schwache Bache mit starken Frischlingen zügig über den Weg wechseln.

Nachdem wir keinerlei Hochwild mehr wahrnehmen, spazieren wir den langen Weg zum abgestellten Auto und fahren nach Héviz. Unterwegs kaufe ich mir Wurst und Käse und frühstücke in der Küche, die ab heute ganz allein mir gehört. Der Vormittagsschlaf ist kurz und tief. Mittags versuche ich ein Restaurant zu finden, aber in dem ganzen Viertel gibt es nur eine „Grillstube“, von meinem Quartier etwa 800 Meter entfernt, die entsprechend voll mit Kurgästen ist. Der Kellner gibt mir eine Speisekarte, die ausschließlich deutsch geschrieben ist. Als ich ihn auf Ungarisch frage, ob man hier nicht Ungarisch könne, ist er beleidigt und wirft mir eine ungarische Speisekarte vor die Nase. Von nun an spreche ich nur mehr deutsch, worauf er sichtbar freundlicher wird. Die Auswahl ist nicht besonders. Fleisch sehr viel, Fisch weniger, Beilagen spärlich. Ich verlange die von mir so geliebten Topfenfleckerln, aber diese hat er nicht. Da ich als Beilage Nudeln sehe, bestelle ich Käsenudeln und davon zur Sicherheit zwei Portionen. Auf eine Nachspeise verzichte ich, denn außer Palatschinken in verschiedenen Variationen haben sie nichts. Übrigens ist dieses Phänomen in ganz Ungarn zu beobachten. Und was hatte dieses Land früher für erstklassige Mehl- beziehungsweise Süßspeisen!

Um 17 Uhr ist der gute Csaba wieder da, um mich abzuholen. Die Hirsche fangen früher als gestern zu melden an, aber ein großer Betrieb ist noch nicht. Wir sitzen nun auf dem vierten Hochstand auf der Westseite des Weidenwäldchens. Beim Hingehen auf der Allee bemerken wir plötzlich auf nicht weiter als 30 Meter, wie ein unsichtbarer Hirsch einen Busch bearbeitet. So lange wir auch mit gutem Wind dort stehen, wir können vom Geweih nichts sehen. Endlich wird es mir zu blöd. Ich argwöhne sowieso, dass das ein Einzelgänger, und weil so still, ein junger Beihirsch ist. Auf den Tierruf hört plötzlich das Schwanken der Büsche auf, auch ich verstumme, und nach drei Minuten erscheint schleichend auf 20 Meter das Geweih eines jungen Zehners. Wir rühren uns nicht, der Hirsch wendet und geht im mäßigen Troll ab.

Endlich sitzen wir auf dem Hochstand. Nun hören wir ein kleines Konzert, genau dort, wo wir heute früh saßen. Csaba schlägt vor, dass wir dorthin gehen, da ja der Hochstand ohnehin auf unserem Heimweg ist. Wir erklimmen ihn und sehen nach einiger Zeit einen Sechser über den Weg ziehen. Später, aber viel weiter, nähert sich dem Weg eine gute Stimme. Ein Hirsch, der mit tiefer Stimme orgelt. Statt ihm erscheint aber ein misstrauisches Leittier, das unsere frische Fährte sofort im Windfang hat und zurückspringt. Nun sehen wir auch den Hirsch. Es ist ein Zwölfer, der anscheinend verletzt ist, weil er hinkt. Man sieht vom Wildkörper wenig, und so kann man nicht feststellen, was die Ursache der Verletzung und wie schwer sie ist. Später erscheint etwas weiter auf dem Weg ein Schmaltier und rührt sich nicht, bis es dunkel wird. Überall schreien jetzt die Hirsche, nur dort nicht, wo man mich gestern auf den vermeintlichen Kapitalen geschickt hat. Dreimal höre ich im Westen des Weidenwaldes das bereits bekannte charakteristische einmalige Brummen. Der Hirsch ist bei Dunkelheit ausgezogen und strebt anscheinend zu den nicht allzu fernen Maisfeldern.

Mein Abendessen besteht aus Eingekauftem aus dem Kühlschrank. Die Nacht vom 8. auf den 9. September schlafe ich kurz. Die Wettervorhersage sprach von Regen in ganz Ungarn. Ich bin angenehm überrascht, als am Morgen eine mondhelle Nacht in völliger Windstille auf die noch ferne Dämmerung wartet. Csaba will mit mir an einen anderen Platz gehen, doch beim „Rendez-vous-Platz", wo mindestens sieben ausländische Jäger sich einfinden, werden wir vom Jagdleiter umdirigiert und müssen denselben Revierteil wie bisher aufsuchen. Der Jagdleiter führt einen Herrn Löw an den Platz, wohin Csaba mit mir heute früh gehen wollte. Wir stellen das Auto am Feldrand ab und gehen die etwa 1.200 Meter zum vierten Hochstand, um den „Brummer" am Rande des Wäldchens abzupassen. Hinter uns röhren vier Hirsche, darunter nur einer mit einer halbwegs guten Stimme, der aber für meinen Geschmack zu viel schreit.

Die Hirsche befinden sich alle im hinter uns liegenden Eichenwald, über die Allee zieht nichts. Wir erwarten das Schusslicht und hören plötzlich gar nicht weit das Brummen „unseres" Hirsches. Schon planscht das Wasser im seichten

Teich. Sie nähern sich. Ich sehe aber noch nichts. Plötzlich ist es still. Der Wind hat umgeschlagen, und die Bestätigung folgt auf dem Fuß. Zweimal höre ich noch das Brummen, aber es entfernt sich nach Westen. Das Kahlwild hat Wind bekommen. Nun beobachten wir, wie aus dem Sumpfteich die Entenschofe nacheinander hochwerden und alle in Richtung Plattensee wegziehen.

Plötzlich berührt mich der Jäger. Aus dem Weidenwäldchen tritt vor uns auf etwa 180 Meter ein Hirsch. Es ist ein Zehner, mit recht dicken Stangen, aber kurzem Geweih. Dünner Träger, stolze, jugendliche Haltung. Er zieht zügig in Richtung des Dammes. Genau nach Westen, dorthin, wo der „Brummer" entschwunden ist. Der junge Hirsch ist äußerst unruhig. Ich sehe im Glas, wie er wiederholt zum Röhren ansetzt, aber nur selten kommt ein Ton heraus. Auf dieses „Röhren" meldet sich aber jenseits des Dammes der „Brummer". Dort ist ohne Zweifel ein hochbrunftiges Tier.

Der Zehner benimmt sich seltsam. Manchmal stürmt er mit niedrig gehaltenem Haupt voran, um dann sofort umzukehren und mit tiefem Haupt die Fährten zu untersuchen. Er wagt sich nicht zum Damm, und das muss einen Grund haben. Csaba hat einen Entschluss gefasst. Er sagt, dass am übernächsten Damm, etwa in der Richtung des vermeintlichen „Brummers", ein Hochstand steht. Wir müssen allerdings zum Auto zurückhasten, einen riesigen Umweg über drei Ortschaften machen und dann auf diesem Damm bis zum Hochstand schleichen. Gesagt, getan. Es ist 7 Uhr, als wir beim Auto sind, und 7:18 Uhr, als wir das Auto am Anfang des langen Dammes abstellen. Wir haben nicht viel Hoffnung, dass der Hirsch noch auf den Läufen ist, aber probieren wollen wir es.

Wir schleichen, allerdings in guter Deckung, jedoch mit halbem Wind in Richtung des Hochstandes. Rechts und links hohes Schilf, das uns völlig deckt. Der Hochstand will und will nicht „näher kommen". Endlich hören wir zu unserer Erleichterung das Brummen wieder. Beim Hochstand angelangt, will ich ein wenig ausrasten, aber Csaba erklimmt schon die Leiter. Bei der dritten Sprosse, hält er inne, winkt mir nachzukommen. Endlich bin ich oben. Vor uns ist Schilf, dann kommt ein kleiner Teich, der die Form eines langgezogenen Dreiecks hat und hinter dem Teich wieder Schilf, kleine Blößen und im Hintergrund jener Damm, an dessen jenseitiger Seite der Zehner noch immer sehnsüchtig schreit. Und nun sehe ich plötzlich das Geweih unseres Brummers. Es ist ein ungerader Sechzehnender mit langen Stangen, sehr guten Mittelenden und fast geraden Augenenden. Ein alter, kapitaler Hirsch. Ich sehe ihn mir noch mit dem Spektiv an, doch ist er immer in Bewegung, treibt das einzige Tier, von dem wir dann und wann das Haupt sehen.

Ich richte mich zum Schuss. Dort, wo die Leiter ist, hat der Hochstand keine Brüstung, weil ja dort der „Eingang“ ist. Aber unten ist eine Leiste, auf die ich meine Füße aufstützen kann, und dann ist der Schuss – auf das Knie aufgelegt – auch auf die vorliegende Entfernung von etwa 160 Meter sicher. Manchmal erscheint für Sekunden der ganze Hirsch in einer Lichtung. Ein Riese im Wildbret, der Vorschlag abnormal wuchtig und breit, die Haltung des Hauptes waagrecht. Aus Erfahrung weiß ich, dass das Treiben Pausen hat. Hoffe nur, dass der Hirsch sich nicht niedertut. Und dann kommt das Tier – ein Alttier – auf eine kleine Blöße und hinterher mit wippendem Haupt und langsamen Schrittes der „Brummer“. Als der Hirsch für einen Moment ganz frei, aber halbspitz verhofft, saugt sich das Fadenkreuz auf die rechte Blattschaufel und der Schuss peitscht hinaus. Nachdem ich repetiert habe, sehe ich auf die Uhr. Es ist genau 7:43 Uhr, zehn Meter vom Anschuss sehen wir das Schilf noch ein wenig wackeln, dann ist es still im Sumpf. Nur einige Silberreiher kreisen, vom Schuss aufgescheucht, über dem hinteren Teich. Riesige Starenschwärme überfliegen uns.

Da das Wasser für normale Gummistiefel zu tief ist, beschließen wir, in das Heim des Jägers Csaba nach Sümegcsehi zu fahren, dort zu frühstücken und Fischerstiefel anzuziehen. So geschieht es auch. Um 8:50 Uhr aber stehe ich bei meinem Hirsch, nachdem der Gang zum Anschuss nicht leicht gewesen ist, denn zweimal stürzte ich fast. Unter dem 40 cm hohen Wasser ist noch 20 cm zäher Schlamm, und jeder Schritt muss genau überlegt werden. Lange gebe ich dem alten starken Recken die letzte Ehre, fotografiere und werde vom Jäger fotografiert. Er ist mein fünftstärkster Hirsch, wird von der Bewertungskommission auf 15 Jahre geschätzt, ein Hirsch, der ohne Haupt über 200 Kilogramm wiegt.

Unter den fernen Wolkenbänken erscheint die Sonne und schickt ihre wärmenden Strahlen auf den Sumpf. Im Berek von Héviz wird kein Hirsch mehr brummen, aber der Brunftbetrieb geht weiter, und der junge Zehner kommt unverhofft zu seiner großen Chance. Während ich, einen Fuß vor den anderen setzend, zum Hochstand zurückwate, überfliegt mich in mäßiger Höhe ein Keil von Wildgänsen. Der alte Brummer ist tot, aber das Leben im zauberhaften Sumpf nimmt seinen ungestörten Lauf.

# *Fünfzig Jahre danach*

Oktober 1998

Im Jahre 1998 ist ein halbes Jahrhundert seit meiner letzten Flucht aus Csákberény vergangen. Damals, nach geglückter Ankunft in Österreich, fuhren wir mit Vater nach Mariazell, um der Gottesmutter zu danken, dass sie uns in so schweren Zeiten auf wundersame Weise beschützt hat. Wir fuhren damals mit dem noch eckigen, schwarzgelben Postautobus und brauchten zweieinhalb Stunden, bis wir Mariazell auf der alten, noch unausgebauten Straße erreichten. Unser guter Vater war 54 Jahre alt, Feri 24 und ich 22. Der Krieg war seit drei Jahren vorbei und Österreich ein armes, aber hoffnungsvolles Land. Wir kamen aus Ungarn, in allerletzter Sekunde, und unser Scheitern, unser Abschied von der Heimat – diesmal endgültig – war unendlich schwer.

Heute weiß man, dass seit diesem Jahr in Ungarn alles schlechter wurde, in Österreich aber jener unfassbare Wiederaufbau einsetzte, den man nicht nur allegorisch, sondern im wahrsten Sinne des Wortes ein Wunder nennen kann. 1948 waren in Budapest die Geschäfte voller Waren, die Auslagen beleuchtet und geschmückt wie in Paris. In Österreich waren die Auslagen fast leer. Wir mussten unserer Mutter Kochgeschirr und Besteck aus Ungarn mitbringen, weil dieses hier nicht zu erhalten war. Doch über Ungarn senkte sich unaufhaltsam – und von der freien Welt zugelassen – die blutrote Wolke des Kommunismus nieder, während im kleinen, armen Österreich die zarte Pflanze der Freiheit mit enormer Geschwindigkeit zu wachsen begann.

Was in diesen fünfzig Jahren, besonders zu Beginn des Wiederaufbaus in Österreich geleistet wurde, können nur die ermessen, die dieses erniedrigte und ausgeplünderte Land nach dem verlorenen Krieg erlebt haben. Welch unbeschreiblicher Optimismus beseelte die Menschen, welch selbstverständliches

Gottvertrauen und welche Energie! Hunderttausende Tote, zu Krüppeln gewordene, im Kindesalter erniedrigte, ins Ungewisse verschleppte, von den Siegern bestrafte, pauschal verurteilte Menschen, und dennoch: Hoffnung, Zuversicht und eine Kraft, die nicht von dieser Welt war. An was immer die Menschen jemals geglaubt haben mögen, jetzt hatten sie endlich die Freiheit, und mit ihr kam der bedingungslose Glaube an die Zukunft Österreichs.

Fünfzig Jahre nach diesem denkwürdigen Tag in Mariazell mit unserem heißgeliebten Vater – der uns in weniger als zwei Jahren verlassen würde – fuhr ich wieder nach Mariazell. Diesmal nicht im schwarzgelben Postautobus, den es nicht mehr gab, sondern im eigenen Auto. Und wieder dankte ich aus überschäumendem Herzen der Gnadenmutter von Mariazell für all das Schöne und Gute, das ich in diesen Jahren – einem halben Jahrhundert – erleben, gestalten, lernen und schaffen durfte.

Auf der Heimfahrt halte ich in Brandhof. Die Straße führt nicht mehr am Schloss vorbei. Ich stelle mein Auto zur Almhütte, am Weg zum Krampelgraben. Vor mir das Schloss meines Großvaters, wo wir als Kinder unsere Ferien verbringen durften. Dahinter unverändert seit Jahrmillionen das Bergpanorama der Graualm. Auf der Wiese hinter mir, vor den alten Buchen, fällt mir plötzlich die älteste Erinnerung meines Lebens ein: die Feier des sechzigsten Geburtstages meiner Großmutter im Jahre 1930! Eine Scharade-Vorführung der Kinder und Enkel. Onkel Karl als Erzherzog Johann kostümiert, Vater hält zusammen mit Onkel Hansi eine Fahne, die Kinder bilden eine „Sechzig".

Und das Wasser vor dem Brandhof, aus dem Berg kommend und in die Unendlichkeit verschwindend, es plätschert genauso wie immer. Wie unter Erzherzog Johann, Großvater, den ungebetenen Russen, so auch jetzt. Dem Schein nach hat sich wenig verändert, äußerlich ist fast alles gleich geblieben. Doch in diesen vergangenen fünfzig Jahren hat sich in unserer Welt mehr verändert als früher in mehreren Jahrhunderten. Und durch die Veränderung, die in meinen Augen oft kein wahrer Fortschritt war, haben sich auch die Menschen grundlegend gewandelt, die Führungsschicht, wie Politiker, Lehrer, Geistliche und das Volk, kurz gesagt: die Gesellschaft.

Man lebt im Wohlstand und ist trotzdem unzufrieden. Vor fünfzig Jahren war man arm, hatte Krieg, Hunger und Tod erlebt und war glücklich. Man findet keine Ruhe, man hastet, als ob man alles, aber auch alles auskosten müsste und kommt nicht zum Denken. Der Zeitgeist – entstanden in den Werkstätten moderner Meinungskneter – wird kritiklos angenommen. Was die uns vorkauen, wird geglaubt. Was braucht man da selber nachzudenken?

Und doch ist das Denken, Meditieren, Abwägen wichtiger denn je. Wenn man Erfahrungen hat, ist der Vergleich leichter. Der Unerfahrene lernte früher von den Eltern, von den Lehrern. Heute passen sich die Eltern den Jungen an, und nur wenige Lehrer wagen die Wahrheit so auszusprechen, wie sie sie empfinden.

Doch dem großen Götzen, diesem unfehlbaren Lehrer, der Television, fühlen sich die meisten Erzieher ohnehin nicht gewachsen. Die Zeit der Anpassung ist angebrochen. Der Mensch ist weich und verführbar geworden; eine kaum erkannte, aber höchst gefährliche Situation. Auch in früheren Zeiten gab es ähnliche Probleme. Doch half damals immer der Glaube oder diejenigen, die ihn zu verkünden hatten. Die Kirche war ein Halt im Sturmwind der Zeit und eine rettende Insel im Ozean der Einflüsse. Heute ist es leider so weit, dass manche Hirten sich dem Zeitgeist anpassen; mit Sicherheit nicht aus bösem Willen. Sie glauben, so handeln zu müssen, und der von tausend Verführungen, Reizen und Zeitgeistparolen ohnehin überforderte und geschüttelte Mensch bleibt ohne Halt.

Langsam, sehr langsam versinkt das einmalig schöne Bild des Brandhof im Schatten des Nachmittags. Wie viele Maler haben dieses schöne Haus mit der Graualm im Hintergrund schon gemalt. Ender, Loder, Gauermann ... noch im Auftrag des Erzherzogs. Von den Bildern im Souterrain, das vor der rechten Eingangstür liegt, konnten wir im Jahre 1945 bis auf eines alle retten. Das von Gauermann gemalte Bild hat ein Russe der allerersten Stunde mitgehen lassen. Da wir die Wertsachen des Museums gut versteckt hatten, hingen wir ins Souterrain an die Stelle der verwahrten Bilder einige vom Gang. So ging dieses bereits am ersten Tag verloren.

Doch was ist ein Bild gegenüber dem, was in späteren Jahren an geistigen und ideellen Werten verloren ging? Da ist zunächst der Verlust des Schamgefühls, die Verrohung der Sprache schon vom Kindergarten an, die unsichtbaren Wunden in den Seelen durch gotteslästerliche, blasphemische und glaubensverhöhnende – als freie Kunst erlaubte – Aktionen, „Werke“ und Aufführungen. Vor Kindern und alten Leuten muss man sich manchmal schämen, wenn eine obszöne Szene im „Glotzkasten“ zu sehen ist, die den Urhebern früher schwere Strafen eingebracht hätte. Ich beobachte dann bei den Alten ein Gefühl der totalen Ohnmacht und Verdrängung, bei den Kindern Desinteresse oder Gleichgültigkeit – ein segensreicher Abwehrmechanismus. Wie haben zahlreiche Menschen gehofft, ein flammend verurteilendes Wort von der (nicht mehr existierenden) Kanzel gegen Blasphemie und Pornographie im Wohnzimmer zu hören. Statt dessen Schweigen im Walde, oder man besucht sogar, den Katalog in der Hand, Ausstellungen solcher „Künstler".

Ja, viel hat sich geändert in den letzten fünfzig Jahren, unendlich viel. Nur wenige Hirten sind vom Holz eines Kardinal Mindszenty geschnitzt. Aber es gibt noch welche, die das moderne Martyrium der jahrelang andauernden Hetze für ihre Glaubensüberzeugung und von Gott delegierten Verantwortung auf sich nehmen. Ganz schrecklich finde ich es, wenn solche „moderne Heilige" dann von Kollegen über die Medien noch angegriffen oder sanft kritisiert werden (je nach Temperament), anstatt tief beschämt in sich zu gehen oder sie zu verteidigen.

Ich mag vielleicht schon zu alt sein, um solches zu verstehen. Ich selber bin kein Held, aber ich bin ja auch kein Bischof oder Kardinal.

Doch reden wir über anderes, Erfreulicheres. Das 1919/20 vom Großreich zum Kleinstaat zerfetzte Österreich wurde immer als lebensunfähig erklärt. Unsere Zweite Republik hat bewiesen, dass wir sehr wohl lebensfähig sind. Als ich 1949 beim Land zu arbeiten anfing, konnte ich mir noch lange keine Fahrrad leisten. Heute hat fast jeder 18-Jährige ein eigenes Auto, und wenn er es zuschanden gefahren hat, bekommt er ein neues. Man fährt nicht mehr auf den Semmering zur Sommerfrische. Heute sind es die Malediven, die Seychellen, die Karibik oder die Dominikanische Republik. Über ein verlängertes Wochenende fliegt man nach New York, die Hauptstädte des alten Europas öden die meisten

Zeitgenossen schon an. Doch interessanterweise macht dieser Wohlstand nicht zufrieden und dankbar, wie es natürlich und logisch wäre, sondern unzufrieden und seelisch krank.

Der Neid ist halt doch eine der größten Triebfedern aller Lebewesen. Wenn man einen Hund streichelt, verdrängt ihn der andere. Wenn ein Hund den Bissen verweigert, genügt es nur den Namen des anderen Hundes zu nennen und der Bissen ist schon geschluckt. Noch nie war unser Land so frei, noch wie war es so wohlhabend. Statt stolz und seinen Eltern und Großeltern dankbar zu sein, dass sie aus Ruinen und nach dem zerstörendsten aller Kriege der Geschichte das alles für uns aufgebaut und geschaffen haben, ist man unzufrieden und strebt ungeduldig nach noch mehr.

Die Armut in der Welt sollte gerade jene berühren, die einmal selber so arm waren. Da tut sich allerdings auch sehr viel Positives. Österreich ist führend in der karitativen Spendentätigkeit („Nachbar in Not", „Licht ins Dunkel"), das muss uns auch mit Freude und Genugtuung erfüllen. Und es gehört auch zur Bilanz der letzten fünfzig Jahre. Ältere Leute neigen zum Pessimismus. Die unbeschwerte Zukunftsvision der Jugend aber sollte uns trösten. Ihr Leben fängt mit Beginn des 21. Jahrhunderts erst an. Vielleicht hat die alte Welt noch eine Chance. Sie liegt in der Hand der heutigen Jugend. Vielleicht gelingt es ihr, all den Verführungen und oft dämonischen Versuchungen standzuhalten, Widerstand zu leisten und ihre natürliche Waffe, den jugendlichen Optimismus und Idealismus, den Verderbern als Abwehrwaffe ins Gesicht zu schleudern. Nach fünfzig Jahren, als 72-Jähriger, hier am Brandhof, eine Dankeswallfahrt hinter mir und in unerschütterlichem Gottvertrauen hoffe ich, dass trotz allem alles gut gehen wird. Dieses Österreich, dem ich so viel verdanke, hätte es verdient.

# Regenbogen

Heute spaziere ich unbewaffnet, in Gedanken versunken über die Felder. Es regnet. Nach einem sommerlich heißen Mai sucht uns ein verregneter, kalter Juni heim. Man müsste eigentlich heizen. Da reden die Experten – vielleicht begründet? – vom Treibhauseffekt. Die Wirklichkeit ist aber die, dass man von Ende September bis Anfang Juni heizen könnte oder müsste. Dabei ändert sich das Wetter so schnell und unvorhergesehen, dass die Sirenentöne der Rettungsautos und Notarztwagen kein Ende nehmen wollen.

Die Natur, unsere herrliche, bisher so verlässliche, berechenbare und gleichbleibende Urmutter, schlägt plötzlich zurück, und wir Menschen sind schuld daran. Egoismus, Wohlstandsstreben und falsch interpretierter Fortschritt haben die Umwelt und mit ihr die Widerstandskraft der Natur geschädigt. Der Landmensch sieht das und weiß das schon lange. Jene mächtigen, ihre gläsernen Büropaläste und Luxuslimousinen kaum verlassenden Stadtmenschen, die Wasser predigen und Wein trinken, torkeln zwischen Übertreibung und Verniedlichung hin und her. Und so sehen auch ihre Gesetze und Verordnungen aus! Die Natur ist krank geworden. Wenn im Februar zehn Tage lang die Temperatur zirka 20 Grad über dem Gefrierpunkt liegt und im Juli kaltes Allerheiligenwetter herrscht, dann muss doch irgendetwas im genialen, perfekt konstruierten Getriebe kaputt sein?

Doch auch der Mensch, die Krönung der Schöpfung, scheint in gewissem Sinne krank geworden zu sein. Die Schäden an Natur und Umwelt, für die er verantwortlich ist, haben auch ihn geschädigt. Im auslaufenden 20. Jahrhundert zeigt sich immer mehr – unter der Tünche der Zivilisation und der behaupteten Demokratie – sein auf Macht und Gewalt niemals verzichtender wahrer Charakter. Wenn man die Fernsehsendungen verfolgt, darf man sich nicht wundern, dass Jugendliche prügeln, schießen und gelegentlich sogar morden. Es wird ihnen ja täglich vorgeführt. Dagegen hilft kein Lauschangriff und keine Rasterfahndung. Das Übel muss an den Wurzeln bekämpft werden. Dazu kommt die permanente Angst vor der immer größeren Macht mancher Medien. Man getraut sich nicht mehr frei zu sprechen oder einen unschuldig verfolgten Freund zu verteidigen.

Man verstehe mich richtig. Natürlich sind die frei schreiben könnenden Medien ein großer Segen für die Menschheit. Mich stören nur die gelegentlich demonstrierte Einseitigkeit und Unausgewogenheit. Ich fürchte mich vor einer Gesinnung, die es ohne Protest zulässt, dass unsere ehrwürdige Staatsflagge im Namen der Kunst von einem Staatskünstler mit seinem Kot besudelt wird, dass eine Heilige und geweihte Bischöfe in einem öffentlichen Kunsttempel bei Sexorgien gezeigt werden. Es gibt kein Wort des Protestes von Seiten der dafür zuständigen öffentlichen Stellen, aber auch kaum eines von jenen, die dafür ernannt wurden, um den Menschen und seinen Glauben zu schützen. Das ist es, was mich beunruhigt, denn ich folgere daraus nicht eine Komplizenschaft, nicht ein Einverständnis, sondern einfach das Fehlen der Zivilcourage und des Mutes, die große Männer früherer Zeiten charakterisierten. Es gibt kaum mehr Menschen, die es heute wagen, gegen den Strom zu schwimmen, sich dem herrschenden Zeitgeist entgegenzustellen – genau das, was die Künstler früherer Zeiten ausgezeichnet hat. Wie kann einer von sich behaupten, er wäre modern und fortschrittlich, wenn er – oft nicht schlecht bezahlt – ausschließlich im Sinne des kulturellen und politischen Establishments wirkt und schafft? Wo sind die großen Satiriker und Zeitkritiker vom Format eines Karl Kraus in unserer Zeit, die doch von sich behauptet, freier zu sein als die späten Jahre der alten Monarchie (mit ihrer perfekten Pressefreiheit)? Wie sollen diese faulen Anpasser und feigen Schweiger Vorbilder einer Jugend sein, die voll von natürlichem Idealismus nur darauf wartet, dass die Älteren ihr den Weg weisen? Nur allzuleicht geraten die Jugendlichen in die Fänge professioneller Verführer, sei es von rechts, sei es von links. Der politische Extremismus hat sicher auch seine Ursache darin, dass viele Erwachsene denkfaul, unkritisch und feige geworden sind. Wer sich mit dem Zeitgeist vermählt, wird bald Witwer sein. Denn Mode, Trend und Zeitgeist sind wie abfallendes Laub. Bleibend und den Menschen stützend sind nur die ewige Gottesordnung und die Gesetze der Natur.

Vom Westen her – dort wo die Sonne untergehen wird – nähert sich ein wolkenfreies Band des Lichts, das sich ständig vergrößert. In der reinen Luft, die der

Regen, wenn auch für kurze Zeit, radikal gereinigt hat, bildet sich im Osten ein doppelter Regenbogen, wie ich ihn schöner seit meiner Jugend nicht mehr gesehen habe. Mit der immer bereiten Leica fotografiere ich beides: die hinter Wolken hervorkommende Abendsonne und den fast unwirklich schönen Regenbogen. Die Erinnerung an eine wunderbare, längst vergangene Jugend wird wieder lebendig. Wie oft in meinem Leben fragte ich mich: Was hätte unser vor nunmehr fast fünfzig Jahren verstorbener Vater zu alledem gesagt, wie hätte er gehandelt? Wenn er jetzt plötzlich zurückkehren würde, was würde er sagen? Seine Geradlinigkeit und seine aus ihr resultierenden Reaktionen sind mir noch aus der Russenzeit bestens bekannt. Da sagte er uns ohne Umschweife, dass wir für unsere Überzeugung auch sterben müssten, sollte es notwendig sein. Auch sollten wir unsere Mutter unter Einsatz unseres Lebens verteidigen, wie er dazu entschlossen war.

Noch sehe ich ihn vor mir, wie er im Mai 1945 in der Brandhofer Kapelle den russischen Offizieren die Uniformkappen eigenhändig vom Kopf nahm. Auch sehe ich ihn, wie er dem aufgeregten, betrunkenen russischen Soldaten, ohne mit der Wimper zu zucken, in die auf seinen Kopf gerichtete Pistolenmündung schaute. Er hatte Mut, und damals hatten viele Menschen Mut. Jene Buben, die die Hitlerjugend schwänzten, um ministrieren zu können, die Millionen hoffnungsvollen jungen Menschen, die in einem sinnlosen Krieg sterben mussten, die Luftschutzwarte, die bei Flächenbombardierungen todesverachtend und pflichtbewusst auf den Dächern ausharrten, die Väter, Ehemänner und Söhne, die ihre Töchter, Frauen und Mütter gegen die Massenvergewaltigung der Russen zu verteidigen suchten, die tapferen Bischöfe, wie Galen, Ketteler und andere, die vielen Priester, die das unmenschliche Regime von der Kanzel aus offen angriffen und dafür sterben mussten.

Wo sind heute die streitbaren Vertreter des Glaubens, die ihre einsam den Wölfen überlassenen Schafe mutig verteidigen? Wo sind die Hirten, die – mit weit weniger Risiko – unsere offen mit Hass und Blasphemie angegriffene Kirche verteidigen, wofür sie eigentlich da sind? Es fehlt vielen der Mut, gegen den Zeitgeist, das Kreuz in der Hand, aufzustehen, obgleich dafür nicht das Fallbeil, höchstens mediale Schelte drohen würden. Vater könnte es einfach nicht glauben, wie sich alles grundlegend und nicht (immer) zum Besten verändert hat.

Während im Osten der gigantische Regenbogen langsam verblasst, ist der Himmel über mir bereits wolkenfrei. Unsere Sonne, knapp vor ihrem

Verschwinden größer, dunkelrot und glanzloser geworden, legt sich zwischen den ganz nahe gerückten, von Nebelbänken umgebenen Bergen schlafen. Die zahllosen Vögel zwitschern ihr ein letztes Abschiedslied, das allmählich in der aufkommenden Abenddämmerung abklingt. Die Luft ist rein, die Wolken verschwinden im Osten, und wie eine riesengroße Laterne erscheint der rötliche Mond über den Wolkenbänken, die noch vor kurzer Zeit mit Regen, Hagel und Unwettern die Erde heimgesucht hatten.

Stille und allmählich wachsende Dunkelheit legen sich auf das Land. Irgendwo läutet eine Kirchenglocke, und meine Gedanken kehren zurück in die alte ungarische Heimat. Je älter ich werde, desto öfter. Die Erinnerung an meine schönen Kindheitstage und die Liebe zu meinem Geburtsort konnten mir im Laufe eines langen Lebens, trotz allem, was dort geschah, nichts und niemand nehmen. Ich rieche noch den großen Weihnachtsbaum in der Halle von Csákberény, diesen intensiven Pechgeruch, oder den Lack des Bleches der Spielzeugeisenbahn, den Geruch des Schaftes meiner ersten Jagdwaffe, den Duft des von Mutter gestrickten Angorapullovers. Ich sehe die zahllosen echten Wachskerzen, ich höre das Klingeln der Weihnachtsglocke, ich sehe um mich all die lieben Menschen, die ich sehr geliebt habe und von denen kaum einer mehr am Leben ist. Es gibt Stationen im Leben des Menschen, die für immer unvergessen bleiben.

Aus der Rückschau entstehen für mich immer Trost und Optimismus. Denn ich weiß, dass die Festtage menschlichen Lebens bei uns bleiben und mit uns in die Ewigkeit gehen werden. Das Jahr ist nur ein Sekundenbruchteil im ewigen Ablauf der Natur: Frühling, Sommer, Herbst und Winter – Morgen, Mittag, Abend und Nacht –, der Kreislauf ist der gleiche. Der Allmächtige und Ewige sieht alles in anderen Dimensionen und außerhalb der – begrenzten – menschlichen Zeit. Und in der Unendlichkeit seiner Schöpfung findet die Hoffnung des gläubigen Menschen – irgendwann, aber mit Sicherheit – Erfüllung.

# *Gedanken über die Jagd*

Es ist leider eine Zeiterscheinung, dass immer mehr Menschen sich über etwas äußern, von dem sie – oft nicht durch eigene Schuld, sondern durch Fehlinformation – nichts oder nur wenig verstehen. Das ist im Zeitalter der Spezialisierung auf Kosten der Allgemeinbildung und einer modisch gewordenen „Enttraditionalisierung“ kein Wunder. Parolen nachplappern, die man uns – vor allem medial – vorlegt, ist heute modern, das Nachdenken weniger beliebt. Die tiefe Weisheit des Schweigens aber war schon den Römern bekannt. „Si tacuisses, philosophus mansisses“. (Hättest du geschwiegen, wärst du ein Philosoph geblieben.) Es ist besser erst dann zu reden, wenn man alle Seiten angehört und die Argumente abgewogen hat.

So kommen ungerechte und zutiefst beleidigende Angriffe gegen die Jagd, die Jäger im Allgemeinen oder einzelne Jäger, und zwar von Menschen, die sich mit dem Fragenkreis „Jagd und Jäger“ höchstens oberflächlich, oder einseitig beeinflusst, befasst haben. Die Jäger werden nicht selten als „Mörder, Sadisten und schießwütige Waffennarren“ bezeichnet und als „unzeitgemäße bzw. abnormale Minderheit“ ausgegrenzt. Die Ausgrenzung von Minderheiten ist gefährlich, denn man weiß nie, wo sie beginnt, und ahnt kaum, wo sie enden kann. Die Ausgrenzung Andersartiger, der Mehrheit nicht Entsprechender, mit einem Wort von Minderheiten, ist vom Gesetz verboten.

Nun, der Mensch ist bekanntlich ein „Allesfresser“. Er isst also auch, ja sogar gerne, Fleisch. Vor nicht so langer Zeit waren die meisten Menschen noch nicht so pharisäisch, ja heuchlerisch wie heute, dass sie verdrängt bzw. „vergessen“ hätten, dass das von ihnen mit Gusto verspeiste Fleisch von Tieren kommt, die vorher getötet werden mussten. Getötet haben die Tiere im Laufe der langen Menschheitsgeschichte die Jäger, Bauern und Fischer, die Fleischhauer und Hausfrauen. Niemandem kam es in den Sinn, dass einer der Angeführten eine verachtenswerte, böse, ja sündhafte Tätigkeit ausgeübt hätte. Tiere wurden immer schon zum Zweck der Fleisch-, Leder- oder Pelzgewinnung gezüchtet, gemästet und getötet. Nur wer kein Fleisch isst, keine Lederschuhe oder -kleidung verwendet und niemals Tierpelze trägt, kann das Töten von Tieren kritisieren. Aber auch ein solcher Mensch sollte versuchen, die Mehrheit zu verstehen, die Argumente der anderen kennen zu lernen. Und wie viele Millionen von Tieren werden heutzutage, um Kosten zu sparen, in zweckmäßig hygienischen, aber oft auch grausamen „Apparaturen“ gehalten, wo sie ihr kurzes Leben zweckgebunden fristen müssen. Die Zahl der Fleischesser soll ja nicht ab-, sondern eher zugenommen haben. Im Gegensatz zur Intensivhaltung in den Ställen betreut der Jäger die Wildtiere in ihrem ursprünglichen Lebensraum, wo sie sich wohl fühlen, und auch bei der Jagd haben sie nur eine kurze Zeit der Angst auszustehen. Trotzdem wird der Jäger von allen „Tiertötern“ als Erster und am härtesten angegriffen. Sind da nicht vielleicht andere Triebfedern im Hintergrund als die vorgeschützte Tierliebe?

Wer von den Kritikern denkt schon daran, dass der Jäger auch Wildarten hegt und betreut, die ohne sein Eingreifen schon lange ausgestorben wären, dass er die Bestände nach strengen Regeln reguliert und sich zudem auch um Wild kümmert, dass seit langem gesetzlich geschont wird? All das tut der Jäger kostenlos. Ihn treibt seine Passion und sein Idealismus dazu, darüber hinaus seine Tierliebe. Denn ein Jäger ohne Liebe zu Wild und Natur ist kein rechter Jäger. Er kommt aus eigener Tasche für die Wildschäden auf, die überall dort, wo frei lebendes Wild vorkommt, unvermeidlich sind. Ohne die Jäger hätten die Wildbiologen und andere Forscher nur mangelhafte Daten über die Wildbestände, die sie zum Teil aus den genauest geführten Abschussstatistiken und -daten, die dem Jäger gesetzlich vorgeschrieben sind, entnehmen. Gäbe es keine Jäger, hätte die Wilddieberei unser Wild schon lange ausgerottet. Ein Beispiel dafür ist das Wildern in Teilen von Afrika und in den ehemaligen sozialistischen Oststaaten, wo die Jäger einen gefährlichen und schweren Kampf im Interesse des Wildes führen, von Behörden und der Gesetzeslage kaum unterstützt. Die kartographische Erfassung von Tollwut, Gamsräude, Schweinepest und anderen Wildkrankheiten wäre ohne die Arbeit der Jägerschaft unmöglich.

Es ist eine Tatsache, längst bewiesen und immer mehr Wildforschern bekannt, dass der Jäger der prädestinierte und aktivste Helfer des Natur- und Tierschutzes war und ist. Der Jäger ist ein aktiver Helfer, der fast rund um die Uhr draußen in der Natur ist und dessen Leistungen den Steuerzahler nichts kosten. Nur völlig desorientierte oder aus irgendeinem anderen Grund der Jagd feindlich eingestellte Menschen können behaupten, dass die Jäger mit ihren Organisationen, ihren strengen Gesetzen, ihrer freiwilligen Arbeitsleistung nicht dringend gebraucht würden. Auch die frei lebenden Wildarten müssen ordentlich und professionell bewirtschaftet werden. Bis zur Ernte bedarf es vieler materieller und ideeller Opfer! Und diese Ernte erfolgt bei der Jagd eben mit der Waffe, in der Landwirtschaft mit dem Mähdrescher, der Forstwirt gebraucht die Motorsäge, der Fischer verwendet Netze und Angeln. Aber um ernten zu können, muss man säen, um die Gesundheit zu erhalten, muss man Krankheiten und Seuchen bekämpfen. Gäbe es die Bewirtschaftung in ihrer heutigen professionellen Art nicht, bräche sehr bald das Chaos aus. Kriege und Nachkriegszeiten, nicht nur im 20. Jahrhundert, haben uns anschaulich vor Augen geführt, was in einer „jägerlosen Zeit" passieren kann.

Die heutige Zeit wird besonders stark durch Parolen, Schlagworte und modische Trends beeinflusst. Manche Medien transportieren diese überall hin, ohne den Wahrheitsgehalt genau zu prüfen. Ein solches Modewort – inmitten einer in manchen Bereichen übertoleranten Zeit – ist der Begriff „Ausgrenzung". Wer garantiert uns, dass nicht einmal einer daherkommt und medial wirksam behauptet, dass das Schlagen von Bäumen, das Mähen von Wiesen, ja das Ernten von Getreide „Mord" an der Natur sei? Ganz allgemein gesehen, scheint mir das Ausgrenzen von einzelnen Gruppen bzw. von Minderheiten faschistoid zu sein, oder das, was man darunter zu verstehen hat. Aber es gibt Medien, die aus verschiedenen Gründen Minderheiten und „nichtangepasste" Gruppen anprangern. Niemand kann voraussehen, wo solche Ausgrenzungen enden, wenn sie einmal „zum guten Ton", zur Mode, geworden sind.

Heute verurteilt man den Jäger, morgen den Fleischhauer, übermorgen den Autofahrer, irgendwann vielleicht den Frühaufsteher. Man muss den Anfängen wehren! Die Jägerschaft kann als eine mit eigener Kultur ausgestattete, uralten Traditionen und Bräuchen, aber auch der modernen Wissenschaft offene und strengsten Vorschriften verpflichtete Minderheit angesehen werden. Diese Jägerschaft ist zum Beispiel in Österreich eine öffentlich-rechtlich organisierte Minderheit mit rund 120.000 strengstens geprüften und behördlich überwachten Mitgliedern. Die Jäger haben hervorragende Lehrbücher, sie haben ihre eigene Literatur, sie beeinflussen seit Jahrtausenden Kunst und Kultur.

Von der Waidmannssprache ist vieles in den Allgemeingebrauch übergegangen. Von der Jagd leben Zehntausende Mitarbeiter verschiedener Wirtschaftszweige, die Milliardenumsätze erzielen. Die Jäger sind traditionell motivierte Idealisten, die ihre Passion, die Jagd auszuüben, Wild zu erbeuten niemals verleugnet haben. So gesehen, gibt es nicht nur ethnische Minderheiten. Jede Ausgrenzung von Minderheiten durch die Hetze weniger Fanatiker ist fragwürdig und gefährlich. Den radikalen „Schwarz-weiß-Malern" sind keine Grenzen gesetzt, auch haben sie in einer pluralistischen Gesellschaft nichts verloren. Heute sind es die Jäger, morgen die Konservativen oder Gläubigen und vielleicht übermorgen schon die „nutzlosen" Alten, die ausgegrenzt werden. Auf der anderen Seite haben manche Menschengruppen Freiheiten in ihrem oft unverständlichen, nicht selten fragwürdigen Tun. Wehren wir uns gegen Ausgrenzungen aller Art! Man sollte auch jenen Menschen ein gewisses Verständnis entgegenbringen, die man weder versteht noch als Menschengruppe besonders liebt. Wer könnte noch an das Ideal der Toleranz glauben, wenn ihr Weg nur in gewissen Richtungen geebnet wird?

Zum Gebot dieser – immer wieder als so notwendig gepriesenen – Toleranz gehört es auch, die gute Absicht der Jäger anzuerkennen und ihre unbestreitbaren Leistungen – auch für das Gesamtwohl – zu würdigen. Auch derjenige, der Jagd und Jäger nicht ganz versteht, sollte sie wenigstens tolerieren. Das Gleiche gilt auch für andere Minderheiten. Ausgrenzungen sollten endgültig der Vergangenheit angehören.

# *Die Zerstörung hat schon begonnen*

In meinen zwei letzten Erinnerungsbüchern, 1992 und 1995, habe ich davor gewarnt, dass gewisse Pläne bestehen, das von mir errichtete und vierzig Jahre hindurch geleitete, in Schloss Eggenberg berühmt gewordene Steirische Jagdmuseum zu liquidieren. Es ist nicht von Belang, ob man an eine Aufteilung auf andere Museen, eine Verkleinerung oder eine Verbannung in die Provinz dachte. Das Museum schien mir in großer Gefahr zu sein. Die vergangenen Jahre – seit dem Erscheinen meines Buches „Ein Jägerherz bleibt ewig jung" – haben meine diesbezüglichen Befürchtungen in drastischer Weise voll bestätigt.

Meine – rechtzeitigen – Warnungen wurden an hoher und höchster politischer Stelle deponiert. Zuerst wurden sie nicht ernst genommen, später bekam ich Versicherungen tatkräftiger Hilfe, zuletzt schien man zu resignieren, und in allerletzter Zeit gab es auf meine Hilferufe keine Antworten mehr. Mein Lebenswerk, das erste österreichische und fünfte europäische und einzige steirische Jagdmuseum, das von 1952 bis 1995 im Repräsentationsschloss des Landes Besucher aus über hundert Nationen erfreute und der Stolz unserer steirischer Jäger war, soll nun aus den 24 Räumen, in denen es errichtet wurde, entfernt werden. Der schönste Teil des Museums, die Unterabteilung „Jagd und Kunst", wurde auf die schnelle Art für eine Sonderausstellung, die auch woanders Platz gehabt hätte, von ihrem angestammten Platz in Depoträume verlegt.

Obgleich in Anwesenheit des Landesjägermeisters feierlich versprochen wurde, die Räume nach der Sonderausstellung wieder einzurichten, geschah dies nicht. Das Protokoll beweist das Versprechen, ebenso Zeugen. Die Demontage der beliebten und wegen ihrer Einmaligkeit einzigartigen Dioramen des Künstlers Franz Jung-Ilsenheim hat bereits begonnen. Vom Museum existieren – während ich dies schreibe – Sommer 1998 nur noch Reste. Im Vorjahr, als das Museum „halbiert wurde", besuchten immer noch rund 20.000 Menschen die restlichen Räume. Im Jahr 1998 wurde erstmalig seit 1952 der Besuch verboten, das Museum zugesperrt. Ohne Grund, ohne Sinn, gegen den Willen der von weit angereisten Besucher. Ein kultureller Skandal, den nichts entschuldigen kann.

Ich darf an dieser Stelle festhalten, dass unser Steirisches Jagdmuseum jahrzehntelang das weitaus bestbesuchte Museum des Landes war. In der Kommission „Jagdkunst, Geschichte und Jagdmuseen" des Internationalen Jagdrates CIC wurde von dessen Vorsitzenden, Dr. René La Roche und Rudolf Hoesch, das Jagdmuseum als eines der drei bedeutendsten Jagdmuseen Europas bezeichnet. Tausende Unterschriften verlangen die Beibehaltung des Steirischen Jagdmuseums in Schloss Eggenberg, zahllose Protestschreiben vom In- und Ausland sind ohne Erfolg an die Verantwortlichen des Landes abgeschickt worden. Ich wäre ein inkonsequenter Jagdschriftsteller, würde ich mein Leserpublikum nicht auf die Ungeheuerlichkeit und Unfassbarkeit dieser Vorgänge aufmerksam machen. Ich kann es auch nicht ganz verschweigen, dass ich über das betont neutrale Verhalten und das schon fast feige Schweigen so mancher Prominenter, die es besser wissen sollten, zutiefst enttäuscht bin. Ich denke dabei nicht an mich und meine 42 – scheinbar erfolg- und sinnlosen – Aufbaujahre. Ich denke auch nicht in erster Linie daran, dass all meine mit Liebe und Leidenschaft vollbrachte Arbeit umsonst sein sollte, dass mein Vermächtnis an kommende Generationen nur ein Traum war. Ich denke vor allem an das solcherart schwerstens enttäuschte Publikum und an die auf brutalste Weise brüskierte Jägerschaft unserer Steiermark, Österreichs und Europas. Es handelt sich hier um eine sinnlose Destruierung eines gut funktionierenden, beliebten und bestens besuchten Museums, eine in Zeiten notwendiger Sparsamkeit eingeleitete Willkür, einen Schlag, der letztlich den Schläger treffen kann.

Mein Lebensweg, den meine Leser gut kennen, war schon in früher Jugend geprägt von Verlust, Enttäuschung und Zerstörung. Meine körperliche Widerstandskraft ist relativ stabil, obgleich mir die niemals für möglich gehaltenen Aufregungen schon einen Herzinfarkt eingebracht haben. In letzter Zeit scheinen aber gewisse Leute unbeherrscht um sich zu schlagen, da der Widerstand der Jägerschaft größer und ausdauernder ist als vorhergesehen. Da hört man, dass der Künstler Jung-Ilsenheim als deutsch-nationaler Wirtshausmaler bezeichnet werde, dass das Jagdmuseum „ein Dreck" sei, dass in einer fürstlichen Residenz keine Jagdsammlung Platz habe. Sogar ein alter Freund wird als Kritiker eingespannt.

Alt zu sein ist kein Verdienst. Daher sage ich auch nicht, dass ich schon Leiter des Eggenberger Jagdmuseums war, als gewisse „Gegner“ noch nicht auf der Welt waren. Alter ist zwar kein Verdienst, bringt aber zwangsläufig Erfahrung mit sich. Ich darf erwähnen, dass ich von den heute existierenden rund vierzig Jagdmuseen Europas mehr als die Hälfte gesehen und studiert habe. Bei Neuaufstellungen kamen Kollegen vom In- und Ausland nicht selten nach Eggenberg, um Anregungen für den Aufbau zu holen. Soll ich Namen nennen? Knapp nach dem Zweiten Weltkrieg gab es noch sehr wenige der Öffentlichkeit zugängliche Jagdmuseen. Es ist dem größten Kulturpolitiker der steirischen Nachkriegszeit, Dr. Udo Illig, zu verdanken, dass knapp nach dem Krieg in Schloss Eggenberg ein Jagdmuseum errichtet werden konnte; wir also relativ früh ein fertiges Museum präsentieren konnten.

Es gelang uns wie durch ein Wunder, in Zeiten wirtschaftlicher Not ein Jagdmuseum von 24 Räumen aufzustellen und im Laufe der späteren Jahre zu komplettieren. Ungarn zum Beispiel besitzt als eines der führenden Jagdländer Europas 1998 noch kein Jagdmuseum. Es bringt einfach das Geld nicht auf, obgleich in allerletzter Zeit das kaiserliche Schloss Gödöllő – neu aufgebaut – anscheinend zur Diskussion steht. Wir hingegen leisten uns den Luxus, ein fix und fertiges, Geld einbringendes, bekanntes und beliebtes Jagdmuseum zu demontieren, und das im Zeitalter der Sparpakete, neuer wirtschaftlicher Not (Verschuldung), einer nicht zu übersehenden wachsenden Armut und mehr als ungewissen Zukunft. Gibt ein solches Verhalten den verantwortlichen Politikern überhaupt nicht zu denken?

Durch meine Tätigkeit im CIC habe ich, wie schon erwähnt, einen sehr großen Teil der in Europa existierenden Jagdmuseen besichtigen und studieren können. Ich kann daher die derzeitige Qualität unseres Museums recht gut einschätzen. Nicht ich, weitaus prominentere Fachleute sagen und schreiben es: Wir haben uns nicht zu schämen, ganz im Gegenteil. Prominente Kollegen aus dem In- und Ausland, sogar aus Übersee haben stets die gelungene Synthese aus einem nicht gewachsenen, sondern aufgestellten Museum und einem Schloss lobend erwähnt. Einer der Ersten, die mir in den fünfziger Jahren viel Mut einflößten, war der damalige Generaldirektor des „Museum of modern Art“ in New York, Dr. René Harnoncourt. Der Leiter eines ausländischen, sehr berühmten Jagdmuseums hat noch vor kurzem die von mir für das Jagdmuseum entworfenen, derzeit in Depots stehenden Vitrinen so gelobt, dass er sie käuflich erwerben wollte. Ähnliches schreiben und schrieben mir etliche Fachleute, vor allem aus dem Ausland.

Museologen aus West und Ost in der Kommission für „Jagdkunst, Geschichte und Jagdmuseen“ hatten einige Tagungen in Eggenberg. Bei solchen Anlässen wird unter Kollegen offen gesprochen. Von keinem einzigen hörte ich abschätzige Urteile. Solche stammen allesamt von ein und derselben Persönlichkeit, und wenn man etwas oft wiederholt, bleibt bei oberflächlichen Menschen immer etwas hängen. Wir haben im Jagdmuseum eine Sammlung aller seit 40 Jahren aufliegender Gästebücher, in denen die Besucher ihre ehrliche Meinung über dieses Museum eintrugen! Ich weiß nicht, ob diese Gästebücher noch existieren. Aber wenn ja, so kann man gerne darin die Meinungen der Besucher nachlesen. Über 90 Prozent waren positiv. Wenn jemand kritisierte, so waren es Tierschützer, die präpariertes Wild prinzipiell ablehnten. Die überwältigende Mehrheit aber war begeistert.

Nur wenige halten es für möglich, aber es ist wahr und den Kollegen im Joanneum bekannt: Für Ankäufe bekam dieses jüngste, noch lange nicht fertige Museum jährlich in den letzten Jahren meiner aktiven Zeit fünftausend Schilling. Genauer ausgedrückt, einen beschämend niedrigen „Pappenstiel“, den zu erwähnen ich mich kaum getraue. In meiner besten Zeit hatte ich einen Mitarbeiter für das Jagdmuseum und einen für den aus dem Museumsbudget „mitgetragenen“, äußerst beliebten Wildpark Eggenberg. Es war oft kurios, wenn ich vom Ausland Briefe bekam, die tituliert waren „an den Leiter der Buchabteilung“, an die „Mitarbeiter der Waffensammlung“, an die „Sektion Wildkrankheiten“, an die „Statistische Abteilung“. Für 24 Räume hatten wir einen oder zwei Aufseher. Wenn die ausländischen Kollegen das geahnt hätten, wie großzügig-nonchalant man das bestbesuchte Museum unseres Landes Jahrzehnte hindurch pekuniär und personell behandelte, als wären wir ein zweiräumiges Heimatmuseum auf einer Alm!

Die Arbeit des Aufbaues, der Planung und Platzierung konnte also nur meine Aufgabe sein. Ist es ein Wunder, wenn jedes einzelne Stück von mir erworben, aufgestellt oder aufgehängt wurde und mir das ganze Museum daher über die Norm hinaus ans Herz gewachsen ist? Ich wollte der Jägerschaft meines über alles geliebten Landes ein Denkmal hinterlassen, ein kleines Stück von mir, für eine Zeit, da ich nicht mehr sein werde. Jene aber, die auf rücksichtslose Weise, alle Mittel einsetzend, mit der Zerstörung des Museums die Jägerschaft aufs tiefste verletzen, werden einmal für diese unfassbar beschämenden Taten Rechenschaft ablegen müssen. Auch dann, wenn Gottes Mühlen bekanntlich langsam mahlen ...

Zum Schluss meiner Ausführungen möchte ich all jenen engagierten und selbstlosen Funktionären der Jägerschaft und des Jägerschutzvereines, der Gesellschaft der Freunde des Jagdmuseums in Schloss Eggenberg, aber auch vielen in- und ausländischen Kollegen herzlich danken. Nicht zuletzt jenen vielen Tausenden Freunden und Waidkameraden, die für die Beibehaltung des Jagdmuseums in Eggenberg ihre Unterschrift geleistet haben, möchte ich hier und jetzt meinen allerherzlichsten Dank in aufrichtiger Verbundenheit aussprechen. Ich danke auch der ungarischen Jägerschaft, die zu Zehntausenden das Museum besucht hat, für ihre Unterschriftenaktion. Vor allem aber den Besuchern, vom Kind bis zum Greis, die nunmehr fast drei Generationen hindurch dem Jagdmuseum in Schloss Eggenberg die Treue bewahrt haben. Vielen herzlichen Dank!

# *Bildquellenverzeichnis*

| | |
|---|---|
| *Bagyi Franz:* | 2 Bilder |
| *Ctverak Helmut:* | 4 Bilder |
| *Danegger Manfred:* | 10 Bilder |
| *Meran Philipp:* | 20 Bilder, 12 Zeichnungen |
| *Reinhard-Tierfoto:* | 7 Bilder |
| *Schilling Adolf:* | 8 Bilder |
| *Schneider Klaus:* | 6 Bilder |
| *Volkmar Karl-Heinz:* | 4 Bilder |
| *Prof. Muray Robert:* | 7 Gemälde |

*Vor- und Nachsatz:* Franz Lamberg

Diesen starken Hirsch – *Rucksetzer* – von geraden 10 Enden hat H. G. Geyza Festetits, auf der G. R. Lamberg'schen Herschaft Csákberény, Csakb. Revir, im Pátracxos Völgy geschossen Am 26t Sept 1859.